普通高等院校环境科学与工程类系列规划教材

环 境 评 价

主　编　何德文

中国建材工业出版社

图书在版编目(CIP)数据

环境评价 / 何德文主编. —北京：中国建材工业
出版社，2014.12

普通高等院校环境科学与工程类系列规划教材

ISBN 978-7-5160-0930-7

Ⅰ. ①环… Ⅱ. ①何… Ⅲ. ①环境质量评价-高
等学校-教材 Ⅳ. ①X82

中国版本图书馆 CIP 数据核字(2014)第 176277 号

内 容 简 介

环境评价作为一门集技术程序与方法学的学科体系，其理论、方法和技术还在
不断发展和完善。本书内容涵盖建设项目、区域开发和战略政策三个层次，总计
15 章。第 1 章、第 2 章和第 3 章介绍了环境评价的基本概念、评判依据和标准及其
制定方法，环境影响评价的工作与管理程序；第 4 章至第 6 章介绍了环境评价主要
的方法学：工程分析、生命周期分析和清洁生产评价；第 7 章至第 11 章分别论述
了建设项目中大气、水、固体废物、噪声和生态环境影响评价并辅以案例说明；第
12 章至第 15 章重点介绍环境评价的进展，如区域环境影响评价、战略环境影响评
价、累积环境影响评价和环境风险评价等。

本书可作为普通高等院校环境科学与工程类专业高年级本科生和研究生教材，
也可作为相关专业的科研、管理人员的参考用书。

环境评价

何德文 主编

出版发行：中国建材工业出版社

地　　址：北京市海淀区三里河路 1 号

邮　　编：100044

经　　销：全国各地新华书店

印　　刷：北京鑫正大印刷有限公司

开　　本：787mm×1092mm 1/16

印　　张：18.75

字　　数：462 千字

版　　次：2014 年 12 月第 1 版

印　　次：2014 年 12 月第 1 次

定　　价：48.00 元

本社网址：www.jccbs.com.cn 微信公众号：zgjcgycbs

本书如出现印装质量问题，由我社市场营销部负责调换。联系电话：(010) 88386906

本书编委会

主　　编：何德文

编写人员：何德文　　　　　　教　授、博士　　　　中南大学

　　　　　　刘兴旺　　　　　　副教授、博士　　　　湘潭大学

　　　　　　李彩亭　　　　　　教　授、博士　　　　湖南大学

　　　　　　沈东升　　　　　　教　授、博士　　　　浙江工商大学

　　　　　　肖羽堂　　　　　　教　授、博士　　　　华南师范大学

　　　　　　张秋云　　　高级工程师、硕士　　　　华南师范大学

　　　　　　秦普丰　　　　　　教　授、硕士　　　　湖南农业大学

　　　　　　雷　鸣　　　　　　副教授、博士　　　　湖南农业大学

China Building Materials Press

我们提供

图书出版、图书广告宣传、企业/个人定向出版、设计业务、企业内刊等外包、代选代购图书、团体用书、会议、培训，其他深度合作等优质高效服务。

编辑部	宣传推广	出版咨询	图书销售	设计业务
010-88364778	010-68361706	010-68343948	010-88386906	010-68361706

邮箱：jccbs-zbs@163.com　　网址：www.jccbs.com.cn

发展出版传媒　服务经济建设

传播科技进步　满足社会需求

前 言

环境是人类赖以生存和发展的基础，为了避免环境污染和生态破坏，必须协调经济发展、资源利用和环境保护三者关系，走可持续发展之路。环境评价是正确认识经济、社会与环境协调发展的科学方法，对确定正确的经济发展方向和保护环境与生态等一系列政策决策、规划和重大行动决策有十分重要的意义。

环境评价作为一门集技术程序与方法学的学科体系，其理论、方法和技术还在不断发展和完善。本书主编及参编人员是从事环境影响评价教学与科研的学者，也是环境影响评价项目评审的专家，按照环境评价自身理论框架结构和发展特点，教材内容涵盖建设项目、区域开发和战略政策三个层次，总计 15 章。前面三章即第 1 章、第 2 章和第 3 章，介绍了环境评价的基本概念、评判依据和标准及其制定方法、环境影响评价的工作与管理程序；第 4 章至第 6 章介绍了环境评价的主要方法学：工程分析、生命周期分析和清洁生产评价；第 7 章至第 11 章分别论述了建设项目中大气、水、固体废物、噪声和生态环境影响评价并辅以案例说明；第 12 章至第 15 章重点介绍环境评价的进展，如区域环境影响评价、战略环境影响评价、累积环境影响评价和环境风险评价等。

本教材涵盖面广、内容前沿、丰富，部分内容甚至是主编自己承担科研的项目，在此特别感谢主编的导师陆雍森教授、师兄弟林逢春教授、包存宽教授对此书的指导和审核。教材结构紧凑、逻辑性强，具有很强的综合归纳性，力图使学生全面了解目前环境评价的现状、理论和评价方法，掌握现阶段所使用的评价技术。尽管作者已经对书稿进行多次检查，但由于时间关系和作者水平有限，文中肯定还有疏漏和不妥之处，恳请大家批评指正。编写过程中引用了环境影响评价技术导则以及国内出版的多本环境评价教材及参考资料，在此深表谢意。

本教材可作为环境科学与工程类专业高年级本科生和研究生教材，也可作为相关专业的科研、管理人员的参考书。

编者

2014.8

目　录

第1章 环境评价概论

1.1 环境与环境影响

1.1.1 环境与环境质量

1. 环境

环境是相对于中心事物而言的。某一中心事物周围的事物，就是这一中心事物的环境。我们所说的环境，是指以人类为主体的外部世界，即人类赖以生存和发展的物质条件综合体。人类环境包括自然环境和社会环境。《中华人民共和国环境保护法》所称的环境是：影响人类生存和发展的各种天然的和经过人工改造的自然因素的总体，包括大气、水、海洋、土地、矿藏、森林、草原、野生动物、自然遗迹、自然保护区、风景名胜区、城市和乡村等。

环境科学将地球环境按其组成要素分为大气环境、水环境、土壤环境和生态环境。前三种环境又可称为物化环境，有时还形象地称之为大气圈、水圈、岩石圈（土圈）和居于上述三圈交接带或界面上的生物圈。从人类的角度看，它们都是人类生存与发展所依赖的环境，其中生物圈就是通常所称的生态环境。

大气、水、土壤和生物圈都是地球长期进化形成的，具有特定的组成、结构和按一定的自然规律运行。这些性质就构成了它们的质量要素。地球上一切生物，包括人类在内，都是在特定的环境中产生和发展的。生物与其环境相互作用，相互适应，最终形成一种平衡和协调的关系。但是，人类活动增加或减少某种环境组成成分，或破坏其固有结构，或扰乱其运行规律，会造成社会环境质量的下降，破坏生物（包括人类）与环境长期形成的和谐关系，或者说使环境变得不大适宜于人类的生存和发展需要。所以，环境质量是一种对人类生存和发展适宜程度的标志，环境问题也大多是指环境质量变化问题。

2. 环境质量

环境质量包括环境的整体质量（或综合质量），如城市环境质量和各环境要素的质量，即大气环境质量、水环境质量、土壤环境质量、生态环境质量。

表征环境质量的优劣或变化趋势常采用一组参数，可称为环境质量参数。它们是对环境组成要素中各种物质的测定值或评定值。例如，以 pH 值、化学需氧量、溶解氧浓度和微量有害化学元素的含量、农药含量、细菌菌群数等参数表征水环境质量。

为了保护人体健康和生物的生存环境，以对污染物（或有害因素）的含量做出限制性规定，或者根据不同的用途和适宜性，要将环境质量分为不同的等级，并规定其污染物含量限值或某些环境参数（如水中溶解氧）的要求值，这就构成了环境质量标准。这些标准就成为衡量环境质量的尺度。

1.1.2 环境的基本特性

环境的特性可以从不同的角度来认识和表述。从与环境影响评价有密切关系出发，可把环境系统的特性归纳为如下几点。

1. 整体性与区域性

环境的整体性体现在环境系统的结构和功能方面。环境系统的各要素或各组成部分之间通过物质、能量流动网络而彼此关联，在不同的时刻呈现出不同的状态。环境系统的功能也不是各组成要素功能的简单加和，而是由各要素通过一定的联系方式所形成的与结构紧密相关的功能状态。

环境的整体性是环境最基本的特性。因此，对待环境问题也不能用孤立的观点。任何一种环境因素的变化，都可能导致环境整体质量的降低，并最终影响到人类的生存和发展。例如，燃煤排放 SO_2，恶化了大气环境质量；酸沉降酸化水体和土壤，进而导致水生生态系统和农业生态环境质量恶化，因而减少了农业产量并降低了农产品的品质。

同时，环境又有明显的区域差异，这一点生态环境表现得尤为突出。内陆的季风和逆温、滨海的海陆风，就是地理区域不同导致的大气环境差异。海南岛是热带生态系统，西北内陆却是荒漠生态系统，这是气候不同造成的生态环境差异。因此研究环境问题又必须注意其区域差异造成的差别和特殊性。

2. 变动性和稳定性

环境的变动性是指在自然的、人为的或两者共同的作用下，环境的内部结构和外在状态始终处于不断变化之中。环境的稳定性是相对于变动性而言的。所谓稳定性是指环境系统具有一定的自我调节功能的特性，也就是说，环境结构与状态在自然的和人类社会行为的作用下，所发生的变化不超过这一限度时，环境可以借助于自身的调节功能使这些变化逐渐消失，环境结构和状态可以基本恢复到变化前的状态。例如，生态系统的恢复，水体自净作用等，都是这种调节功能的体现。

环境的变动性和稳定性是相辅相成的。变动是绝对的，稳定是相对的。前述的"限度"是决定能否稳定的条件，而这种"限度"由环境本身的结构和状态决定。目前的问题是由于人口快速增长，工业迅速发展，人类干扰环境和无止境的需求与自然的供给不成比例，各种污染物与日俱增，自然资源日趋枯竭，从而使环境发生剧烈变化，破坏了其稳定性。

3. 资源性与价值性

环境提供了人类存在和发展的空间，同时也提供了人类必需的物质和能量。环境为人类生存和发展提供必需的资源，这就是环境的资源性。也可以说，环境就是资源。

环境资源包括空气资源、生物资源、矿产资源、淡水资源、海洋资源、土地资源、森林资源等，这些环境资源属于物质性方面。环境提供的美好景观，广阔的空间，是另一类可满足人类精神需求的资源。环境也提供给人类多方面的服务，尤其是生态系统的环境服务功能，如涵养水源、防风固沙、保持水土等，都是人类不可缺少的生存与发展条件。

环境具有资源性，当然就具有价值性。人类的生存与发展，社会的进步，一刻都离不开环境。从这个意义上来看，环境具有不可估量的价值。

对于环境的价值，有一个如何认识和评价的问题。历史地看，最初人们从环境中取得物质资料，满足生活和生产的需要，这是自然的行为，对环境造成的影响也不大。在长期的有意无意之中，形成了环境资源是取之不尽、用之不竭的观念，或者说环境无所谓价值、环境无价值的言论。随着人类社会的发展进步，特别是自工业革命以来，人类社会在经济、技术、文化等方面都得到突飞猛进的发展；人类对环境的要求增加，干预环境的程度、范围、方式等都大大不同于以往，对环境的压力增大。环境污染的产生，危害人群健康；环境资源的短缺，阻碍社会经济的可持续发展。人们开始认识到环境价值的存在。但不同的地区，由于文化传统、道德观念以及社会经济水平等的不同，所认为的环境价值往往有差异。

环境价值是一个动态的概念，随着社会的发展，环境资源日趋稀缺，人们对环境价值的认识在不断深入，环境的价值正在迅速增加。有些原先并不成为有价值的东西，也变得十分珍贵了。例如，阳光—海水—沙滩，现称"3S"资源，在农业社会是无所谓价值的，但在工业社会和城市化高度发展的今天，它们已成为旅游业的资源基础。从这点出发，对环境资源应持动态的、进步的观点。

1.1.3 环境影响及其特征

1. 环境影响的定义

环境影响是指人类活动（经济活动和社会活动）对环境的作用和导致的环境变化以及由此引起的对人类社会和经济的效应。环境影响的程度与人的开发行动密切相关，开发行动的性质、范围和地点不同，受影响的环境要素变化的范围和程度也不同。在研究一项开发行动对环境的影响时，首先应该注意那些受到重大影响的环境要素的质量参数（或称环境因子）的变化。例如，建设一个大型的燃煤火力发电厂，使周围大气中二氧化硫浓度显著增加，城市污水经过一级处理后排入海湾会使排放口附近海水中有机物浓度显著升高，会影响原有水生生态的平衡。

2. 环境影响的分类

（1）按影响的来源分类

可分为直接影响、间接影响和累积影响。直接影响与人类活动在时间上同时，在空间上同地；而间接影响在时间上推迟，在空间上较远，但是在可合理预见的范围内。如某一开发建设造成大气和水体的质量变化，或改变区域生态系统结构，造成区域环境功能改变，这是直接影响；而导致该地区人口集中、产业结构和经济类型的变化是间接影响。直接影响一般比较容易分析和测定，而间接影响就不太容易。间接影响空间和时间范围的确定，影响结果的量化等，都是环境影响评价中比较困难的工作。确定直接影响和间接影响并对其进行分析和评价，可以有效地认识评价项目的影响途径、范围、影响状况等，对于如何缓解不良影响和采用替代方案有重要意义。

累积影响是指一项活动的过去、现在及可以预见的将来影响具有累积性质，或多项活动对同一地区可能叠加的影响。当建设项目的环境影响在时间上过于频繁或在空间上过于密集，以至于各项目的影响得不到及时消除时，都会产生累积影响。

（2）按影响效果分类

环境影响可分为有利影响和不利影响。这是一种从受影响对象的损益角度进行划分的方法。有利影响是指对人群健康、社会经济发展或其他环境的状况和功能有积极的促进作用的影响。反之，对人群健康有害、或对社会经济发展或其他环境状况有消极阻碍或破坏作用的影响，则为不利影响。需注意的是，不利与有利是相对的，是可以相互转化的，而且不同的个人、团体、组织等由于价值观念、利益等的不同，对同一环境的评价会不尽相同。环境影响的有利和不利的确定，要考虑多方面的因素，是一个比较困难的问题，也是环境影响评价工作中经常需要认真考虑、调研和权衡的问题。

（3）按影响性质划分类

环境影响可分为可恢复影响和不可恢复影响。可恢复影响是指人类活动造成的环境某特性改变或某价值丧失后可能恢复，如油轮泄油事件，造成大面积海域污染，但经过一段时间后，在人为努力和环境自净作用下，又可恢复到污染以前的状态，这是可恢复影响。而开发建设活动使某自然风景区改变成为工业区，造成其观赏价值或舒适性价值的完全丧失，是不可恢复影响。一般认为，在环境承载力范围内对环境造成的影响是可恢复的；超出了环境承载力范围，则为不可恢复影响。

另外，环境影响还可分为短期影响和长期影响，地方、区域影响或国家和全球影响，建设阶段影响和运行阶段影响等。

3. 环境影响的特征

人们的一项拟议的开发行动，无论是一个建设项目或者是区域的社会经济发展，都包含了无数的活动，它们对环境的影响是多种多样的。虽然各种影响的性质不同，但具有某些共同的特征。以下研究这些共同的特征。

（1）一种环境影响

一项拟议的开发行动对环境产生的影响是十分复杂的。人们在进行环境影响分析时，一般是通过影响识别，将拟议行动所产生的复杂影响分解成很多单一的环境影响或者称作一种环境影响；然后分别地和互相联系地进行研究，在这基础上再进行综合。一种影响限于单一的环境因子的变化，这种变化是由开发行动的特定活动所引起的。

（2）一种环境影响的性质

①一种影响可以是好的（对人群有利）或不好的（对人群不利），分别以（＋）或（－）表示。但是，对于一种影响是好还是坏的判别是具有社会性的。环境影响是施加于人类和人群的，其只有极少数是仅影响个人或不影响个人的。由于影响的后果不可能均匀分配于全社会或每个人，而总是某些人赞成，某些人反对；某些人受影响小，某些人受影响大；某些人受益，某些人受害。重要的是全面了解哪些人受益，受益的情况和程度如何？哪些人受害，受害的情况和程度如何？这类信息对拟议行动的决策十分重要。

②一种环境影响可以是明显的或显著的，也可以是潜在的、可能发生的（或潜能的）。在很多场合下，潜在的（潜能的）影响往往比明显的影响严重。例如饮用水水源 COD_{Cr} 浓度偏高的明显影响是水味较差，而潜在影响则是这种水经消毒后可能产生致癌物质。

③在一个环境影响因素作用下，环境因子的变化具有空间分布的特征。例如城市污水排入河道后，河流中的溶解氧浓度沿着河流发生变化，在离排放口不同距离的断面上，溶解氧浓度是不同的。

④一种环境影响是随时间变化的，这种影响所产生的变化是长期的或短期的。它包含两方面的含义：a. 在拟议行动的不同时期有不同影响。例如，造纸厂在施工阶段，向河流中排放泥浆水，使河水中 SS 浓度增高，在运行阶段则排放含草屑、纸浆纤维的废水，也使河水中 SS 浓度增高，但影响的性质是不同的。b. 一种影响随着时间延续，影响的强度和性质也发生变化。例如，向海湾水域排放含汞废水，海水中汞离子浓度随即升高，随着时间的延续，发生汞离子的迁移变化，海水中汞离子浓度降低，但水域底泥和一些小生物体内的甲基汞浓度增加，形成了不同性质的新的影响。

⑤一种环境因素引起环境因子变化的可能性和大小是随机的，具有一定概率分布的特

征。例如，有一个城市的污水均匀地排入一条河流，在某些季节的某些日子出现河水的
BOD_5 超标，这种超标出现的时间并不完全呈周期性变化，而是随机的。

⑥是可逆的或不可逆的。有些影响是可逆的，例如施工期打桩噪声，在施工结束后即消
失、复原。而改变土地利用方式，绿色植被消失，代之水泥或沥青铺砌则是不可逆的影响。
一般来说，所谓可逆和不可逆影响是相对的；可逆影响是可以恢复的，不可逆影响是不可恢
复的。不可逆影响主要是作用于不可更新资源产生的。不可恢复性也指环境资源某些价值的
丧失或不可恢复。例如，破坏野生生物独一无二的栖息地；增加一个河口湾的淡水注入量从
而改变其淡-咸水平衡；占用稀有植物保留地；改变有特殊风景的河流的流量的行动，如建
坝、泄洪道、人工湖、游泳池、渠道和游览设施等改变水流方向的项目。

一个开发项目还可诱发对资源产生不可逆和不可恢复性影响的行动。例如，一个运输设
施会促进土地开发、资源开采、旅游等对该地区有不可逆性影响的行动。

⑦各种影响之间是相互联系的，可以转化的。例如排放燃煤废气造成大气中 SO_2 和 TSP
浓度的增加，而 SO_2 和 TSP 在一起又会产生协同作用，提高污染的危害。

⑧原发性（初级）环境影响往往产生继发性（次级）影响。原发性（初级）影响是开
发行动的直接结果，继发性（次级）影响是由原发性影响诱发的影响。例如，一块农田改
变为城市工业和居住用地，使原来的农作物和绿色植被消失是原发性影响，随后，工厂和居住
区发展起来，人口增加，能耗增加，继而增加了对大气、水环境质量的影响，大气和水质下降
后又引起居民健康方面的问题等。一般来说，继发性影响应与原发性影响一样受到重视。

⑨影响的效应是短期的或长期的。短期影响常是由行动直接产生的；长期影响常引起继
发性影响。

例如，穿过港湾、沼泽的公路工程会使这些地区不能用于其他类型的开发，并对这些地
区的生态系统产生永久性损害。建大型娱乐场和大公园会使该地区的社会经济条件发生惊人
的变化。使用除莠剂和杀虫剂能消灭不良的物种，但长期使用则可对其他植物的生长产生永
久性损害或导致生态平衡的破坏。建造废水处理厂会产生噪声、尘土或土壤侵蚀等短期影
响，但却具有改善水质的长期效应。

典型的短期效应包括：使用活性污泥处理废水的系统和焚烧炉烧却垃圾等产生的臭气，
新增人口使学校、交通、社会服务、废水和固体废物处理等基础设施超过负荷，使一个地区
的特征发生重大改变的效应（在建筑物不高的街区中建造一座高层建筑物，提高建筑密度，
增加人口密度），有独特自然特点的地区发生重大改变；破坏一个历史性建筑，一个地区的
经济基础发生改变等。

1.2 环境评价及其发展过程

1.2.1 概念

"环境评价"是"环境影响评价"和"环境质量评价"的简称。

"环境影响评价"（EIA）是人们在采取对环境有重大影响的行动之前，在充分调查研究
的基础上，识别、预测和评价该行动可能带来的影响，按照社会经济发展与环境保护相协调

的原则进行决策，并在行动之前制定出消除或减轻负面影响的措施。坎特（L·W·Canter）定义的环境影响评价是系统识别和评估拟议的项目、规划、计划或立法行动对总体环境的物理、化学、生物、文化和社会经济等要素的潜能影响。"潜能影响"指通过人类行动将会变为现实的影响。上述的各种行动常称为"拟议开发行动"。

"环境质量评价"是 20 世纪 70 年代以来在我国广泛应用的名词，"是研究人类环境质量的变化规律，评价人类环境质量水平，并对环境要素或区域环境状况的优劣进行定量描述，也是研究改善和提高人类环境质量的方法和途径。环境质量评价，包括自然环境和社会环境两方面的内容"。由上可见，"环境质量评价"的重点是环境现状的研究、评价和探讨改善并提高环境质量的方法和途径，而环境质量现状的形成是人们过去各种行动所产生影响的后果。在提出改善和提高环境质量的对策时，必然要分析过去的行动，总结经验教训。

因此，从本质上说，环境质量现状评价和环境质量回顾评价属于环境影响评价的范畴。本书介绍和研究的内容归于环境影响评价的学科范围。

1.2.2 开发决策和环境评价

既然人们的开发行动可能对环境产生影响，这些影响的后果有时会十分严重。那么，人们在进行对环境有影响的行动之前，在充分调查研究的基础上，识别、预测和评价这种行动的多种方案可能带来的影响，按照社会经济发展与环境保护相协调的原则判断各个方案对环境的影响，同时制定消除和减轻环境污染和破坏的对策，通过比较，对方案的选择做出决策。这样做就能比较适当地解决社会经济发展与环境保护之间的矛盾。

"对环境有影响的行动"所包含的内容十分广泛，如前所述的对环境有影响的立法议案，政府拟议的方针政策，社会经济发展规划，工农业建设项目和新工艺、新技术及新产品的开发等都包含其内。在本课程中，既研究建设项目的环境影响，也讨论区域社会经济发展和其他开发行动的环境影响评价。

在地球生态系统中，人类社会是主动环节，而自然环境却是人类社会得以生存和发展的基础。我们总称人类为维持和改善自己生存条件而对自然环境采取的一切行动为人类的开发行动，通过这种开发行动，人类从自然环境得到了维持和改善自己生存条件的物质和能量，同时，也使环境发生重大变化。这种变化在一定条件下，经过复杂的演变导致环境问题，从而影响到人类社会本身。

显然，环境问题的产生，直接与开发行动的环境影响程度和范围有关，而这种影响程度则取决于开发行动的种类、规模实施的地点和方式。开发行动的种类、规模地点及方式是开发决策的重要的内容。所以开发决策与环境问题密切地联系在一起。

传统的开发决策追求的目标只是经济的高速增长，甚至只是相对说较短时期内的经济的高速增长，所以决策时所考虑的约束条件只是直接与经济增长有关的那些技术和经济条件。如：交通、市场、原料、劳动力、工艺、设备等，很少甚至完全不考虑对环境的影响，即片面地对开发行动进行技术经济评价，并在此基础上作出决策。

合理的开发决策所追求的目标，应该以人类可持续发展为前提。这里不仅包括由于经济增长带来消费的改善，而且也包括人类环境（自然的和社会的）的不断改善、资源的保护和有限利用。这是一个把人类眼前利益和长远利益结合起来的目标。在这一目标下决策时，不仅需要考虑技术经济条件的约束，而且必须考虑保护环境与资源的约束，即对开发行动进行可行性研究时，不仅要进行技术经济评价，同时还必须进行环境影响评价，以确定开发行动对环境的影响和对策，并在这两个评价的基础上进行开发决策。

开发行动必然会改变环境、消耗资源，但并不一定引起环境问题。在亿万年的进化演变过程中，环境系统形成了自身的稳定性和惯性，只要外加的影响不超过一定限度，它就可以保持原状，或在一定时期内恢复原状。因此，是否引起环境问题，关键在于开发行动的类型、规模、地点和方式以及为消除和减轻环境影响所采取的措施如何。那种认为必须停止经济发展来达到保护环境的观点是行不通的。因为人类只要存在和发展，就会不断改变环境。正确的做法只能是在开发决策时，考虑环境与资源的约束，选择最适当的开发行动种类、规模、地点和方式，以合理的代价协调发展与环境的关系，以达到社会经济的可持续发展；作为立法决策的基础之一，环境影响评价工作应该包括两部分内容，其一是对拟议开发行动的多种方案进行环境影响预测和评价，其二是从中选择环境上满意的方案，并提出避免和消减负面影响的对策建议，即在环境预测和评价的基础上，对可能采取的环保措施进行分析，权衡拟议开发活动的效益和环境影响的得失，并提出有效对策。

通过 EIA 时的开发决策符合可持续发展战略要求。

1.2.3　分类

从不同角度出发，可以对"环境评价"作不同的分类。

1. 评价的时序

（1）回顾评价

这是根据历史资料对一个区域过去某一历史时期的环境质量进行的回顾性评价。通过回顾评价可以揭示出区域环境污染的发展变化过程，推测今后的趋势。这种评价需要大量过去的环境历史资料，而实际所能提供的资料往往有限，特别是对不发达地区。因此局限性很大，所得的评价结论往往可靠性较差。

（2）现状评价

这种评价一般是根据近一、两年的环境监测、调查资料，对一个区域内环境质量的变化及现状进行评定。它可以近似地反映环境质量现状，探索形成环境质量现状的原因，为该区域环境污染的综合防治和制定环境规划等提供科学依据，它也是环境影响评价的基础工作。

（3）影响评价

这类评价是对一项拟议的开发行动方案或规划所产生的环境影响进行识别、预测和评价，并在评价基础上提出合理避免和消减负面环境影响的对策。环境影响评价包含了很广泛的内容，它的评价结论是环境保护决策的重要依据。这类评价也包括新产品和技术开发所产生的环境影响评价。还有些专家将企业环境管理中的评估和审计（如 ISO 14000 系列）也归入影响评价的范围。

从理论上说，回顾评价和现状评价可以归入环境影响评价的范畴。

2. 评价的要素

按照评价要素来划分，环境评价分为单个环境要素的评价、几个环境要素的联合评价和区域环境的综合评价。单个环境要素的评价如大气、地表水、地下水等的评价；联合评价如土壤和作物联合评价，地表水、地下水和土壤的联合评价；区域环境综合评价。

3. 评价的层次和性质

（1）战略性环境影响评价

这是一个国家或地区在拟定立法议案、重大方针、战略发展规划和采取战略行动前开展的环境影响评价。近年来，一些国际组织在采取重大行动前也开展了战略性环境影响评价。

（2）区域环境影响评价

这里所指区域的范围比国家和地区小。以区域为单元进行整体性规划和开发是近代世界各国发展的重要方式。在一个区域内，将容纳许多建设项目。要协调好区域发展与建设和环境保护的关系，必须按照一定的发展战略制定全面的环境规划；而区域环境规划的基础工作是区域环境影响评价。近年来，区域环境影响评价已在我国普遍开展。

（3）建设项目环境影响评价

拟议建设项目的环境影响评价是为其合理布局和选址、确定生产类型和规模以及拟采取的环保措施等决策服务的。这类环境影响评价的种类最繁杂，数量最大。

（4）新产品和新技术开发的环境影响评价

"技术评价"是从 20 世纪 70 年代起在国际上广为开展的工作。新产品和新技术开发的环境影响评价是其中重要组成部分。这类评价的对象是新产品和新技术在开发、生产和应用过程中的潜能影响。其特点是范围广，涉及应用该产品和技术的区域广大；时间跨度大，从"立即"到久远的未来。

（5）生命周期评价（LCA）

"生命周期评价"也称"产品的生命周期分析"，是详细研究一种产品从原料开采、生产到产品使用后最终处置的全过程，即生命周期内的能源需求、原材料利用、生产过程产生的废物（包括包装材料）、产品在消费和报废后的处置中能量和材料的流失及其环境影响定量化。

这五类环境影响评价之间的关系如图 1-1 所示。

图 1-1　环境影响评价类型及其相互关系

图 1-1 中表示的战略行动是用来指导其他行动的，战略环境影响评价的结果是各个层次开发行动决策的重要依据。

1.3 环境影响评价

环境影响评价是指对拟议中的人类的重要决策和开发建设活动，可能对环境产生的物理性、化学性或生物性的作用及其造成的环境变化和对人类健康和福利的可能影响，进行系统的分析和评估，并提出减少这些影响的对策措施。

环境影响评价可明确开发建设者的环境责任及规定应采取的行动，可为建设项目的工程设计提出环保要求和建议，可为环境管理者提供对建设项目实施有效管理的科学依据。

1.3.1 环境影响评价类别

环境影响评价一般分为环境质量评价（主要是环境现状质量评价）、环境影响预测与评价以及环境影响后评估。这是一个不断评价和不断完善决策的过程。

环境质量评价，是依据国家和地方制定的环境质量标准，用调查、监测和分析的方法，对区域环境质量进行定量判断，并说明其与人体健康、生态系统的相关关系。环境质量评价根据不同时间域，可分为环境质量回顾评价（过去的环境质量）、环境质量现状评价和环境质量预测评价。在空间域上，可分为局地环境质量评价、区域环境质量评价和全球环境质量评价等。涉及建设项目的环境质量评价主要是环境质量现状评价。

环境影响后评估可以认为是环境影响评价的延续，是在开发建设活动实施后，对环境的实际影响程度进行系统调查和评估，检查对减少环境影响的落实程度和实施效果，验证环境影响评价结论的正确可靠性，判断提出的环保措施的有效性，对一些评价时尚未认识到的影响进行分析研究，以达到改进环境影响评价技术方法和管理水平，并采取补救措施达到消除不利影响的作用。

1.3.2 环境影响评价基本内容

环境影响评价是一种过程，这种过程重点在决策和开发建设活动开始前，体现出环境影响评价的预防功能。决策后或开发建设活动开始，通过实施环境监测计划和持续性研究，环境影响评价还在延续，不断验证其评价结论，并反馈给决策者和开发者，进一步修改和完善其决策和开发建设活动。环境影响评价的过程包括一系列的步骤，这些步骤按顺序进行。各个步骤之间存在着相互作用和反馈机制。在实际工作中，环境影响评价的工作过程可以有所不同，而且各步骤的顺序也可能变化。环境影响评价是一个循环的和补充的过程。

一种理想的环境影响评价过程，应该能够满足以下条件：①基本上适应所有可能对环境造成显著影响的项目，并能够对所有可能的显著影响作出识别和评估；②对各种替代方案（包括项目不建设或地区不开发的方案）、管理技术、减缓措施进行比较；③编写出清楚的环境影响报告书（EIS），以使专家和非专家都能了解可能影响的特征及其重要性；④进行广泛的公众参与和严格的行政审查；⑤能够及时为决策提供有效信息。

环境影响评价工作的执行者是具备环境影响评价能力的法人单位，包括从事环境科学研究与管理的研究院所、大专院校、规划设计部门、咨询机构及企业公司。参与者包括环境学者、工程师、规划者、生物学家、经济学家、地理学家、社会学家、景观设计者、考古学家以及公众等。

一般来说，环境影响评价工作的成果要有一个评价报告，即环境影响报告书（EIS）。各国根据其具体情况，有不同要求。我国《建设项目环境保护管理条例》规定："建设项目对环境可能造成重大影响的，应当编制环境影响报告书，对建设项目产生的污染和对环境的影响进行全面、详细的评价。"同时规定了编制环境影响报告表的类型。

1.3.3　环境影响评价的基本功能

环境影响评价作为一项有效管理工具具有四种最为基本的功能：判断功能、预测功能、选择功能和导向功能。评价的基本功能在评价的基本形式中得到充分的体现。

评价的基本形式之一，是以人的需要为尺度，对已有的客体作出价值判断。从可持续发展角度，对人的行为作出功利判断和道德判断，对自然风景区作出审美价值判断等。现实生活中，人们对许多已存在的有利或有害的价值关系并不了解，越是熟悉的东西，越有可能因熟视无睹而一无所知。而通过这一判断，可以了解客体的当前状态，并提示客体与主体需要的满足关系是否存在以及在多大程度上存在。

评价的基本形式之二，是以人的需要为尺度，对将形成的客体的价值作出判断。显然，这是具有超前性的价值判断。其特点在于，它是思维中构建未来的客体，并对这一客体与人的需要的关系作出判断，从而预测未来客体的价值。这一未来客体，有可能是现有客体所导致的客体，也可能是现有客体可能导致的客体中的一种，还可能是新创造的客体。这时的评价是对这些客体与人的需要的满足关系的预测，或者说是一种可能的价值关系的预测。人类通过这种预测而确定自己的实践目标，确定哪些是应当争取的，而哪些是应当避免的。评价的预测功能是其基本功能中非常重要的一种功能。

评价的另外一种基本形式，是将同样都具有价值的客体进行比较，从而确定其中哪一个是更有价值，更值得争取的，这是对价值序列的判断，也可称为对价值程度的判断。在现实生活中，人们常常面临着不同的选择，面临鱼与熊掌不可兼得或两权相害取其轻时应有所取有所舍，在这种必须作出选择的情况中，评价的功能就是确定哪一种更值得取，而哪一种更应该舍。这就是评价所具有的选择功能。通过评价而将取与舍在人的需要的基础上统一起来，理智且自觉地倾向于被选择之物，以使实践活动更加符合目的和顺利开展。

在人类活动中，评价最为重要的、处于核心地位的功能是导向功能，以上三种功能都隶属于这一功能。人类理想的活动是使目的与规律达到统一，其中目的的确立要以评价所判定的价值为基础和前提，而对价值的判断是通过对价值的认识、预测和选择这些评价形式才得以实现的。所以也可以说，人类活动目的的确立应基于评价，只有通过评价，才能建立合理的合乎规律的目的，才能对实践活动进行导向和调控。

综上所述，可以简单地说，评价是人或人类社会对价值的一种能动的反映，评价具有判断、预测、选择和导向四种基本功能，这就是环境影响评价的哲学依据。在环境影响评价的实际工作中，环境影响评价的概念、内容、方法、程序以及决策等都体现出上述依据。同时，我们也在不断地运用环境影响评价的哲学依据，发现环境影响评价中的不足，解决面临的问题，不断地充实和发展环境影响评价，使这一领域的工作顺应社会的要求，实现可持续发展。

1.3.4　环境影响评价的重要性

环境影响评价是一项技术，也是正确认识经济发展、社会发展和环境发展之间相互关系的科学方法，是正确处于经济发展使之符合国家总体利益和长远利益，强化环境管理的有效手段，对确定经济发展方向和保护环境等一系列重大决策上都有重要作用。环境影响评价能为地区社会经济发展指明方向，合理确定地区发展的产业结构、产业规模和产业布局。环境影响评价过程是对一个地区的自然条件、资源条件、环境质量条件和社会经济发展现状进行综合分析的过程，它是根据一个地区的环境、社会、资源的综合能力，使人类活动对环境的不利影响限制到最小。

1. 保证项目选址和布局的合理性

合理的经济布局是保证环境与经济持续发展的前提条件，而不合理的布局则是造成环境污染的重要原因。环境影响评价从项目所在地区的整体出发，考察建设项目的不同选址和布局对区域整体的不同影响，并进行比较和取舍，选择最有利的方案，保证建设选址和布局的合理性。

2. 指导环境保护设计、强化环境管理

一般来说，开发建设活动和生产活动，都要消耗一定的资源，都会给环境带来一定的污染与破坏，因此必须采取相应的环境保护措施。环境影响评价针对具体的开发建设活动或生产活动，综合考虑开发活动特征和环境特征，通过对污染治理设施的技术、经济和环境论证，可以得到相对合理的环境保护对策和措施，把因人类活动而产生的环境污染或生态破坏限制在最小范围内。

3. 为区域的社会经济发展提供导向

环境影响评价可以通过对区域的自然条件、资源条件、社会条件和经济发展等进行综合分析，掌握该地区的资源、环境和社会等状况，从而对该地区的发展方向、发展规模、产业结构和产业布局等作出科学的决策和规划，指导区域活动，实现可持续发展。

4. 促进相关环境科学技术的发展

环境影响评价涉及自然科学和社会科学的广泛领域，包括基础理论研究和应用技术开发。环境影响评价工作中遇到的问题，必然会对相关环境科学技术提出挑战，进而推动相关环境科学技术的发展。

1.4　环境影响评价制度

环境影响评价是分析预测人为活动造成环境质量变化的一种科学方法和技术手段。这种科学方法和技术被法律强制规定为指导人们开发活动的必须行为，成为环境影响评价制度。进入 20 世纪中期，科学、工业、交通迅猛发展，工业过度集中，城市人口过度密集，环境污染由局部扩大到区域，大气、水体、土壤、食品都出现了污染，屡有公害事件发生。森林过度采伐、草原垦荒、湿地破坏，又带来一系列生态环境恶化问题。人们逐渐认识到，人类不能不加节制的开发利用环境，在寻求自然资源改善人类物质精神生活的同时，必须尊重自然规律，在环境容量允许的范围内进行开发建设活动，否则，将会给自然环境带来不可逆转的破坏，最终毁了人类的家园。

环境影响评价是建立在环境监测技术、污染物扩散规律、环境质量对人体健康影响、自然界自净能力等学科研究分析基础上发展起来的一门科学技术。20 世纪 50 年代初期，核设施已开始评价环境影响辐射状况，60 年代英国总结出环境影响评价"三关键"（关键核素、

关键途径、关键居民区），已有较明确的污染源－污染途径（扩散迁移方式）——受影响人群的环境影响评价模式。

1.4.1 国外的环境影响评价影响制度

环境影响评价作为一种科学方法和技术手段，任何个人和组织都可应用，为人类开发活动提供指导依据，但并没有约束力，而美国是世界上第一个把环境影响评价用法律固定下来并建立环境影响评价制度的国家。

1969 年，美国国会通过了《国家环境政策法》，1970 年 1 月 1 日起，正式实施，法中第二节第二条的第三款规定：在对人类环境质量具有重大影响的每一生态建议或立法建议报告和其他重大联邦行动中，均应由负责官员提供一份包括下列各项内容的详细说明。

第一项：拟议中的行动将会对环境产生的影响。

第二项：如果建议付诸实施，不可避免地将会出现的任何不利于环境的影响。

第三项：拟议中的行动的各种选择方案。

第四项：地方对人类环境的短期使用与维持和驾驭长期生产能力之间的关系。

第五项：拟议中的行动如付诸实施，将要造成的无法改变和无法恢复的资源损失。

继美国建立环境影响评价制度后，先后有瑞典（1970 年）、新西兰（1973 年）、加拿大（1973 年）、澳大利亚（1974 年）、马来西亚（1974 年）、德国（1976 年）、菲律宾（1979 年）、印度（1978 年）、泰国（1979 年）、中国（1979 年）、印尼（1979 年）、斯里兰卡（1979 年）等国家建立了环境影响评价制度。与此同时，国际上也设立了许多有关环境影响评价的机构，召开了一系列有关环境影响评价的会议，开展了环境影响评价的研究和交流，进一步促进了各国环境影响评价的应用与发展。1970 年世界银行设立环境与健康事务办公室，对其每一个投资项目的环境影响作出审查和评价。1974 年联合国环境规划署与加拿大联合召开了第一次环境影响评价会议。1984 年 5 月联合国环境规划理事会第 12 届会议建议组织各国环境影响评价专家进行环境影响评价研究，为各国开展环境影响评价提供了方法和理论基础。1992 年联合国环境与发展大会在里约热内卢召开，会议通过的《里约环境与发展宣言》和《21 世纪议程》中都写入了有关环境影响评价内容。《里约环境与发展宣言》原则 17 宣告：对于拟议中可能对环境产生重大不利影响的活动，应进行环境影响评价，作为一项国家手段，并应由国家主管当局作出决定。

1994 年由加拿大环境评价办公室（FERO）和国际评估学会（IAIA）在魁北克市联合召开了第一届国际环境影响评价部长级会议，有 52 个国家和组织机构参加了会议，会议作出了进行环境评价有效性研究的决议。

经过 30 年的发展，已有 100 多个国家建立了环境影响评价制度。环境影响评价的内涵不断提高，从对自然环境影响评价发展到社会环境影响评价；自然环境的影响不仅考虑环境污染，还注重了生态影响；开展了风险评价；关注对累积性影响并开始对环境影响进行后评估；环境影响评价并从最初单纯的工程项目环境影响评价，发展到区域开发环境影响评价和战略影响评价，环境影响技术方法和程序也在发展中不断地得以完善。

1.4.2 中国的环境影响评价影响制度

1. 中国环境影响评价制度的建立

从 1973 年第一次全国环境保护会议后，环境影响评价的概念开始引入我国。高等院校和科研单位一些专家、学者、在报刊和学术会上，宣传和倡导环境影响评价，并参与了环境质量评价及其方法的研究。

1973 年"北京西郊环境质量评价研究"协作组成立，开始进行环境质量评价的研究。随后，官厅流域、南京市、茂名市也开展了环境质量评价。1977 年中国科学院召开"区域环境学"讨论会，推动了大中城市环境质量现状评价，如北京市东南郊、沈阳市、天津市河东区、上海市吴淞区、广州市荔湾区、保定市、乌鲁木齐市等。其中北京西郊、沈阳市、南京市的环境质量评价是有代表性的。同时，也开展了松花江、图们江、白洋淀、湘江及杭州西湖等重要水堰的环境质量现状评价。1979 年 11 月在南京召开的中国环境学会环境质量评价委员会学术座谈会上，总结了这一阶段环境质量评价的工作经验，编写了"环境质量评价参考提纲"，为各地进行环境质量现状评价研究提供了方法。

1978 年 12 月 31 日，国务院环境保护领导小组在《环境保护工作汇报要点》中首先提出了环境影响评价的意向，1979 年 4 月，国务院环境保护领导小组在《关于全国环境保护工作会议情况的报告》中，把环境影响评价作为一项方针政策再次提出。在国家支持下，北京师范大学等单位率先在江西永平铜矿开展了我国第一个建设项目的环境影响评价工作。

1979 年 9 月，《中华人们共和国环境保护法（试行）》颁布，规定："一切企业、事业单位的选址、设计、建设和生产，都必须注意防止对环境的污染和破坏。在进行新建、改建和扩建工程中，必须提出环境影响报告书，经环境保护主管部门和其他有关部门审查批准后才能进行设计。"我国的环境影响评价制度正式建立起来。

2. 中国环境影响评价制度的发展

中国环境影响评价制度建立后大致经历了三个阶段。

（1）规范建设阶段（1979～1989 年）

1979 年《环境保护法（试行）》确立了环境影响评价制度后，在以后颁布的各种环境保护法律、法规中，不断对环境影响评价进行规范，通过行政规章，逐步规范环境影响评价的内容、范围、程序，环境影响评价的技术方法也不断完善。

1）法律规范

①《中华人民共和国环境保护法》（1989 年）第十三条中规定："建设污染环境的项目，必须遵守国家有关建设项目环境管理的规定。"

"建设项目环境影响报告书，必须对建设项目产生的污染和对环境的影响作出评价，规定防治措施，经项目主管部门预审，并依照规定的程序报环境保护行政主管部门批准。环境影响报告书经批准后，计划部门方可批准建设项目设计任务书。"

在这一条款中，对环境影响评价制度的执行对象和任务、工作原则和审批程序、执行时段和与基本建设程序之间的关系作了原则规定，是行政法规中具体规范环境影响评价制度的法律依据和基础。

②《中华人民共和国海洋环境保护法》（1982 年）第六条："海岸工程建设项目的主管单位，……国家有关规定，编报环境影响报告书。"第九条、第十条，又分别对围海工程和开发海洋石油的企业，要求提出工程环境影响报告书。

③《中华人民共和国水污染防治法》（1984 年）第十三条："新建、扩建、改建直接或者间接向水体排放污染物的建设项目和其他水上设施，必须遵守国家有关建设项目环境管理的规定。"

"建设项目的环境影响报告书，必须对建设项目可能产生的水污染和对生态环境的影响作出评价，规定防治的措施，按照规定的程序报经有关环境保护部门审查批准。……"

《中华人民共和国海洋环境保护法》中第九条："对围海造地或其他围海工程，以及采挖矿石，应当严格控制，确需进行的，必须在调查研究和经济效果对比的项目，提出工程的环境影响报告书。……"

④《中华人民共和国大气污染防治法》（1987年）第九条："新建、扩建、改建向大气排放污染物的项目，必须遵守国家有关建设项目环境保护管理的规定。"

建设项目的环境影响报告书，必须对建设项目可能产生的大气污染和对生态环境的影响作出评价，规定防治措施，并按照规定的程序报环境保护部门审查批准。

⑤《中华人民共和国野生动物保护法》（1988年）第十二条："建设项目对国家或者地方重点保护野生动物的生存环境产生不利影响的，建设单位应当提交环境影响报告书；环境保护部门在审批时，应当征求同级野生动物行政主管部门的意见。"

⑥《中华人民共和国环境噪声污染防治条例》（1989年）第十五条："新建、改建、扩建的建设项目，必须遵守国家有关建设项目环境保护管理的规定。"

2）部门行政规章

部门行政规章是执行制度时的具体工作准则，可保证环境影响评价制度的有效执行，这阶段主要的部门行政规章如下。

①国家计委、国家经贸委、国家建委、国务院环境保护领导小组1981年12号：《基本建设项目环境保护管理办法》。明确把环境影响评价制度纳入到基本建设项目审批程序中。

②国务院环境保护委员会、国家计委、国家经贸委（86）国环字第003号：《建设项目环境保护管理办法》。对建设项目环境影响评价的范围、程序、审批和报告书（表）编制格式都做了明确规定。

③国家环保局1986年颁布《建设项目环境影响评价证书管理办法》（试行），核发综合和单项证书单位1536个。

④国家环保局（86）环建字第306号：《关于建设项目环境影响报告书审批权限问题的通知》。

⑤国家环保局（88）环建字第117号：《关于建设项目环境管理问题的若干意见》。

⑥国家环保局环监福字（89）第53号：《关于重审核设施环境影响报告书审批程序的通知》。

⑦国家环保局（89）环建字第281号：《建设项目环境影响评价证书管理办法》，将环评证书改为部级和乙级。

⑧国家环保局、财政部、国家物价局（89）环监字第141号：《关于颁发建设项目环境影响评价收费标准的原则与方法（试行）的通知》。

各地方根据《建设项目环境保护管理办法》制定了以适用于本地的建设项目环境管理办法的实施细则为主体的地方环境影响评价行政法规，各行业主管部门也陆续制定了建设项目环境保护管理行业行政规章，共50多个，初步形成了国家、地方、行业相配套的建设项目环境影响评价的多层次法规体系。通过上述法规，基本理顺了环境影响评价的程序，确定了"按工作量收费"的环境影响评价收费原则，并对评价单位的资质认可做了明确规定，建设了一支环境影响评价专业队伍。

这阶段，在环境影响评价技术方法上也进行了广泛研究和探讨，取得明显进展。环境影响评价覆盖面积越来越大，"六五"期间（1980～1985年）全国完成大中型建设环境影报告书 445 项，其中有 4 项确定了原选址方案。"七五"期间（1986～1990 年）全国共完成大中型项目环境影响评价 2592 个，其中有 84 个项目的环境影响评价指导和优化了项目选址。1979～1989 年的十年，是环境影响评价制度在中国形成规范和建设发展阶段。

（2）强化和完善阶段（1990～1998 年）

从 1989 年 12 月 26 日通过《中华人民共和国环境保护法》到 1998 年 11 月 29 日国务院发布《建设项目环境保护管理条例》，是建设项目环境影响评价强化和完善的阶段。

《中华人民共和国环境保护法》第十三条，重新规定了环境影响评价制度。随着我国改革开放的深入发展，社会主义计划经济向市场经济转轨，建设项目的环境保护管理也不断地改革、强化。这期间加强了国际合作与交流，把中国环境影响评价制度向世界介绍和汲取国外有益经验，进一步完善了中国的环境影响评价制度。

针对建设项目的多渠道立项和开发区的兴起，1993 年国家环保局及时下发了《关于进一步做好建设项目环境保护管理工作的几点意见》，提出了"先评价，后建设"、环境影响评价分类指导和开发区进行区域环境影响评价的规定。

随着外商投资和国际金融组织贷款项目的增多，1992 年，原国家环保局和外经贸部又联合颁发了《关于加强外商投资建设项目环境保护管理的通知》；1993 年原国家环保局、国家计委、财政部联合颁布了《关于加强国际金融组织贷款建设项目环境影响评价管理工作的通知》。

第三产业蓬勃发展相应的也带来了扰民问题，1995 年原国家环保局、国家工商行政管理局又联合颁发《关于加强饮食娱乐服务企业环境管理的通知》，及时抓住改革开放新形势下的新问题，进行规范，刹住了建设项目中出现的一些错误倾向，纠正了不依法行政的违法行为。

1994 年起，开始了环境影响评价招标试点，原国家环保局选择上海吴泾电厂、常熟氟化工项目等十几个项目陆续进行了公开招标，甘肃、福建、陕西、辽宁、新疆、江苏等省积极进行了招标试点和推广，江苏、陕西、甘肃等省还制定了较规范的招标办法。招标对提高环境影响评价质量，克服地方和行业的狭隘保护主义起到了积极推动作用。

这期间马鞍山市、海南洋浦开发区、浙江大榭岛、兰州西固工业区等有影响的区域开发活动都进行了区域环境影响评价，开发区的环境管理得到明显加强，并明确了区域环境影响评价重点是区域的合理规划布局，污染物总量控制和污染物集中处理。

"八五"期间，由于加强了环境影响评价制度的执行力度，全国环评执行率从 1995 年的 61% 提高到 2000 年的 81%。

1996 年召开了第四次全国环境保护工作会议，各级环境保护主管部门认真落实《国务院关于环境保护若干问题的决定》，严格把关，坚决控制新污染，对不符合环境保护要求的项目实施"一票否决"。各地加强了对建设项目的检查和审批，并实施污染物总量控制，环评中还强化了"清洁生产"和"公众参与"的内容，强化了生态环境影响评价。环境影响评价的深度和广度得到进一步扩展。原国家环保局又开展了环境影响评价的后评估试点，对海口电厂、齐鲁石化等项目环境保护管理的技术支持单位，对环境影响报告书进行技术审查。几年来，评估中心不断地发展壮大，其技术支持作用也越来越大。甘肃、福建、四川、辽宁、重庆等省市也分别成立了"环境评估中心"，加强了环境影响评价的技术把关。国家加强了对评价队伍的管理，进行了环境影响评价人员的持证上岗培训。全国有甲级评价证书单位 264 个，乙级评价证书单位 455 个，评价队伍达 11000 余人。到 1998 年底培训了 7100

余人，提高了环评人员的业务素质。这期间加强了环境影响评价的技术规范的制订工作，在已有工作的基础上，1993 年原国家环保局发布了《环境影响评价技术导则》（总纲、大气环境、地面水环境），1996 年发布《辐射环境保护管理导则、电磁辐射环境影响评价方法与标准》，环境影响评价技术导则（声环境），1998 年发布环境影响评价技术导则（非污染生态影响），1996 年原国家环保局电力部还联合发布《火电厂建设项目环境影响报告书编制》规范。此外，地下水、环境工程分析及固体废弃物的环境影响评价导则正在编制。1990 年至1998 年期间，是中国环境影响评价制度不断强化和完善阶段。

（3）提高阶段（1999～）

1998 年 11 月 29 日国务院 253 号令发布实施《建设项目环境保护管理条例》，这是建设项目环境管理的第一个行政法规，环境影响评价作为《条例》中的一章做了详细明确的规定。

1999 年 1 月 20～22 日，在北京召开了第三次全国建设项目环境保护管理工作会议，认真研究贯彻《条例》，把中国的环境影响评价制度推向了一个新的时期。

①陆续颁布了一系列配套法规

1999 年 3 月，国家环保总局令第 2 号，公布《建设项目环境影响评价资格证书管理办法》，对评价单位资质进行了规定；1999 年 4 月，国家环保总局《关于公布建设项目环境保护分类管理名录（试行）的通知》，公布了分类管理名录；1999 年 4 月，国有环保总局《关于执行建设项目环境影响评价制度有关问题的通知》（环发［1999］107 号文），对《建设项目环境保护管理条例》中涉及环境影响评价程序，审批及评价资格等问题进一步明确。

上述部门行政规章是贯彻落实《建设项目环境保护管理条例》、把环境影响评价推向新阶段的有力保证。

②整顿评价队伍

在对评价单位进行全面考核的项目，国家环保总局加大对评价单位的管理，坚决贯彻评价单位"少而精"的原则。1999 年 3 月，国家环保总局关于吊销中止部分单位《建设项目环境影响评价证书（甲级）的公告》（环发）［1999］94 号，吊销、中止了 10 个不合乎要求单位的甲级评价单位资格。

1999 年 4 月和 6 月，又分别下发《关于重新申领建设项目环境影响评价资格证书（甲级）》的通知》（环办［1999］41 号）和《关于重新申领建设项目环境影响评价资格证书（乙级）》的通知》（环办［1999］59 号），对原持证单位重新考核。1999 年 7 月，国家环保总局公布了第一批《建设项目环境影响评价资格证书（甲级）持证单位的公告》（环发［1999］168 号）公布了 122 个单位的甲级评价证书资格，10 月，又公布了第二批 68 个单位的甲级评价证书资格（环发［1999］236 号）。并对全国环评人员开展了大规模持证上岗培训，仅 1999 年 9 月，全国就培训了 800 余人，促进了环评队伍的健康发展。

国家环保总局还下发了《关于贯彻实施（建设项目环境保护管理条例）的通知》加强了国家和地方项目环境影响评价制度执行情况的检查，环境影响评价制度迈进了继续提高的阶段。

3. 中国环境影响评价制度的特点

中国的环境影响评价制度是借鉴国外经验并结合中国的实际情况，逐渐形成的。中国的环境影响评价制度主要特点表现在以下几方面。

（1）以建设项目环境影响评价为主

现行法律法规中都规定建设项目必须执行环境影响评价制度，包括区域开发、流域开发，工业基地的发展计划，开发区建设等。对环境有重大影响的决策行为和经济发展规划、计划的制订，没有规定开展环境影响评价。

（2）具有法律强制性

中国的环境影响评价制度是国家环境保护法明令规定的一项法律制度，以法律形式约束人们必须遵照执行，具有不可违背的强制性，所有对环境有影响的建设项目都必须执行这一制度。

（3）纳入基本建设程序

中国多年实行计划体制，改革开放以来，虽然实行社会主义市场经济，但在固定资产上国家仍然有较多的审批环节和产业政策控制，强调基建程序。多年来，建设项目的环境管理一直纳入到基本建设程序管理中。1998 年《建设项目环境保护管理条例》颁布，对各种投资类型的项目都要求在可行性研究阶段或开工建设之前，完成其环境影响评价的报批。

（4）分类管理

国家规定，对造成不同程度环境影响评价的建设项目实行分类管理。对环境有重大影响的必须编写环境影响报告书，对环境影响较小的项目可以编写环境影响报告表，而对环境影响很小的项目，可只填报环境影响登记表。评价工作的重点也因类而异，对新建项目，评价重点主要是解决合理布局、优化选址和总量控制；对扩建和技术改造项目，评价的重点在于工程实施前后可能对环境造成的影响及"以新带老"，加强原有污染治理，改善环境质量。

（5）实行评价资格审核认定制

为确保环境影响评价工作的质量，自 1986 年起，中国建立了评价单位的资格审查制度，强调评价机构必须具有法人资格，具有与评价内容相适应的固定在编的各专业人员和测试手段，能够对评价结果负起法律责任。评价资格经审核认定后，发给环境影响评价书。

1998 年，国务院颁发的《建设项目环境保护管理条例》第十三条明确规定："国家对从事建设项目环境影响评价工作的单位实行资格审查制度。从事建设项目环境影响评价工作的单位，必须取得国务院环境保护行政主管部门颁发的资格证书，按照资格证书规定的等级和范围，从事建设项目环境影响评价工作，并对评价结论负责。"持证评价是中国环境影响评价制度的一个重要特点。

第 2 章　环境标准和环境法规体系

2.1　环境标准与标准体系

2.1.1　标准

什么是标准？目前，多数国家采用国际标准化组织所下的定义："标准是经公认的权威机关批准的一项特定标准化工作的成果，它可采用下述表现形式：①一项文件，规定一整套必须满足的条件；②一个基本单位或物理常数，如：安培、绝对零度；③可用作实体比较的物体。"

国家标准总局对标准的定义是："对经济、技术、科学及其管理中需要协调统一的事物和概念所做的统一技术规定。这种是为获得最佳程序和社会效益，根据科学、技术和实践经验的综合成果，经有关方面协商同意，由主管机关批准，以特定形式发布，作为共同遵守的准则。"

2.1.2　环境标准

环境标准是有关保护环境、控制环境污染与破坏的各种标准的总称。它是为了保护人群健康、社会物质财富和促进生态良性循环，对环境结构和状态，在综合考虑自然环境特征科学技术水平和经济条件的基础上，由国家按照法定程序制定和批准的技术规范；是国家环境政策在技术方面的具体体现，也是执行各项环境法规的基本依据，所以环境标准具有法律效力。

环境标准是为了防治环境污染，维护生态平衡，保护人群健对环境保护工作中需要统一的各项技术规范和技术要求所做的规定。具体讲，环境标准是国家为了保护人民健康，促进生态良性循环，实现社会经济发展目标，根据国家的环境政策和法规，在综合考虑本国自然环境特征、社会经济条件和科学技术水平的基础上规定环境中污染物的允许含量和污染源排放污染物的数量、浓度、时间和速率以及其他有关技术规范。

环境标准是国家环境政策在技术方面的具体体现，是行使环境监督管理和进行环境规划的主要依据，是推动环境科技进步的动力。由此可以看出，环境标准是随环境问题的产生而出现，随科技进步和环境科学的发展而发展，体现在种类（国家环境标准五类）和数量上也越来越多。环境标准为社会生产力的发展创造良好的条件，又受到社会生产力发展水平的制约。

截至 2000 年 5 月 31 日环境标准共计 431 项，其中国家环境标准 364 项，国家环境保护总局标准 67 项。

环境标准在保护环境、控制环境污染与破坏中所起的作用包括以下内容。

（1）制订环境规划和环境计划的主要依据

保护人民群众的身体健康、促进生态良性循环和保护社会财物不受损害，都需要使环境质量维持在一定的水平上，这种水平是由环境质量标准规定的。制订环境规划和计划需要有一个明确的目标，环境目标就是依据环境质量标准提出的。

像制订经济计划需要生产指标一样，制订保护环境的计划也需要一系列的环境指标，环境质量标准和按行业制订的与生产工艺、产品质量相联系的污染物排放正是这种类型的指标。

有了环境质量标准和排放标准，国家和地方就可以依据它们来制订控制污染和破坏以及改善环境的规划、计划，也有利于将环境保护工作纳入各种社会经济发展计划中。

（2）环境评价的准绳

无论是进行环境质量现状评价、编制环境质量报告书，还是进行环境影响评价、编制环境影响报告书，都需要依据环境标准做出定量化的比较和评价，正确判断环境质量状况和环境影响大小，为进行环境污染综合整治以及采取切实可行的减少、消除环境影响的措施提供科学的依据。

（3）环境管理的技术基础

环境管理包括环境立法、环境政策、环境规划、环境评价和环境监测等，如制定的大气、水质、噪声、固体废物等方面的法令和条例中，就包含了环境标准的要求。环境标准用具体数字体现了环境质量和污染物排放应控制的界限和尺度。超越这些界限，污染了环境，即违背法规。环境管理是执法过程，也是实施环境标准的过程。如果没有各种环境标准，环境法规将难以具体执行。

（4）提高环境质量的重要手段

颁布和实施环境标准可以促使企业技术改造和技术革新，提高资源和能源的利用率，努力达到环境标准的要求。

显然，环境标准的作用不仅表现在环境效益上，也表现在经济效益和社会效益上。

2.1.3 环境标准体系

各种环境标准之间是相互联系、依存和补充的。环境标准体系就是按照各个环境标准的性质、功能和内在联系进行分级、分类所构成的一个有机整体。这个体系随全世界或各个国家不同时期的社会经济和科学技术发展水平的变化而不断修订、充实和发展。

环境标准种类繁多，依分类原则而异。

按标准的级别可分为：国际级、国家级、地方级和（或）部门级。例如，饮用水标准就有 1971 年世界卫生组织（WHO）制定的《国际饮用水标准》，中国于 1985 年制定的《生活饮用水卫生标准》（GB 5749），1993 年建设部制定的《生活饮用水水源水质标准》（CJ 3020），有些省、市结合本地情况制定的补充标准。

按标准的性质可分为具有法律效力的强制性标准和推荐性标准。

凡是环境保护法规条例和标准化方法上规定必须执行的标准为强制性标准，如污染物排放标准、环境基础标准、分析方法标准、环境标准、物质标准和环保仪器设备标准中的大部分标准，均属强制性标准。环境质量标准中的警戒性标准也属强制性标准。推荐性标准是在一般情况下应遵循的要求或做法，但不具有法定的强制性，例如《环境影响评价技术导则总纲》（HJ/T 2.1—1993），为环境保护行业标准（HJ——"环境"行业, T——推荐)。

按标准控制的对象和形式可分为: 环境质量标准; 污染物排放标准; 基础标准和方法标准; 环境物质标准和环保仪器设备标准。

中国现行的环境标准体系是从国情出发, 总结多年来环境标准工作经验和参考国际和国外的环境标准体系规定的, 分为两级和七种类型, 如图 2-1 所示。

图 2-1　中国现行的环境标准体系

这些标准的含义如下所述。

1. 环境基础标准与方法标准

（1）环境基础标准

这是在环境保护工作范围内, 对有指导意义的有关名词术语、符号、指南、导则等所作的统一规定。在环境标准体系中它处于指导地位, 是制订其他环境标准的基础。如国家环保会徽、节能产品标志以及环境保护标志等属环境基础标准。

（2）环境方法标准

这是环境保护工作中, 以试验、分析、抽样、统计、计算环境影响评价等方法为对象而制定的标准, 是制订和执行环境质量标准和污染物排放标准实现统一管理的基础。如《锅炉烟尘测试方法》(GB/T 5468—1991),《建筑施工场界噪声测量方法》(GB 12523—2011) 等。有统一的环境保护方法标准, 才能提高监测数据的准确性, 保证环境监测质量; 否则对复杂多变的环境污染因素, 将难以执行环境质量标准和污染物排放标准。而《环境影响评价技术导则 总纲》(HJ/T 2.1—1993) 则是为建设项目环境影响评价规范化所作的规定。

2. 环境物质标准和环保仪器设备标准

（1）环境标准样品标准

这是对环境标准样品必须达到的要求所作的规定。环境标准样品是环境保护工作中用来标定仪器、验证测试方法、进行量值传递或质量控制的标准材料或物质, 如《土壤 ESS-1 标准样品》(GSBZ 500011—87)、《水质 COD 标准样品》(GSBZ 500001—87) 等。

（2）环保仪器设备标准

为了保证污染物监测仪器所监测数据的可比性、可靠性和污染治理设备运行的各项效率, 对有关环境保护仪器设备的各项技术要求也编制统一规范和规定。例如《汽油机动车怠速排气监测仪技术条件》(HJ/T 3—1993),《柴油车滤纸式烟度计技术条件》(HJ/T 4—1993) 等。

3. 环境质量标准

环境质量标准是指在一定时间和空间范围内，对各种环境要素（如大气、水、土壤等）中的污染物或污染因子所规定的允许含量和要求，是衡量环境污染的尺度，也是环境保护及有关部门进行环境管理、制订污染排放标准的依据。环境质量标准分为国家和地方两级。

国家环境质量标准是由国家按照环境要素和污染因子规定的标准，适用于全国范围；地方环境质量标准是地方根据本地区的实际情况对某些指标的更严格的要求，是国家环境标准的补充完善和具体化。国家环境质量标准还包括中央各个部门对一些特定的对象，为了特定的目的和要求而制订的环境质量标准，如《生活饮用水卫生标准》，《工业企业设计卫生标准》等。环境质量标准主要包括空气质量标准、水环境质量标准、环境噪声及土壤、生物质量标准等。污染报警标准是一种环境质量标准，其目的是使人群健康不致被严重损害。当环境中的污染物超过报警标准时，地方政府发布警告并采取应急措施，比如勒令排污的工厂停产，告诫年老体弱者在室内休息等。

我国现行的环境质量标准有：《环境空气质量标准》（GB 3095—1996），《保护农作物的大气污染物最高允许浓度》（GB 9137—1988）；《地面水环境质量标准》（GB 3838—2002），《海水水质标准》（GB 3097—1997），《渔业水质标准》（GB 11607—1989），《农田灌溉水质标准》（GB 5084—2005），《地下水质量标准》（GB/T 14848—1993）；《声环境质量标准》（GB 3096—2008），《机场周围飞机噪声环境标准》（GB 9660—1988），《城市区域环境振动标准》（GB 10070—1988）等。与环境质量标准平行并作为补充的是卫生标准，这类标准如《工业企业设计卫生标准》（GBZ 1—2010）中规定的《地面水中有害物质最高允许浓度》和《居住区大气中有害物质最高允许浓度》，《生活饮用水卫生标准》（GB 5749—2006）等。

4. 污染物排放标准

污染物排放标准是根据环境质量要求，结合环境特点和社会、经济、技术条件，对污染源排入环境的污染物和产生的有害因子所做的控制标准，或者说是环境污染物或有害因子的允许排放量（浓度）或限值。它是实现环境质量目标的重要手段，规定了污染物排放标准，要求严格控制污染物的排放量。这能促使排污单位采取各种有效措施加强管理和污染管理，使污染物排放达到标准。污染物排放标准也可分为国家和地方两级。污染物排放标准按污染物的状态分为气态、液态和固态污染物排放标准，还有物理污染（如噪声、振动、电磁辐射等）控制标准，按其适用范围可分为通用（综合）排放标准和行业排放标准，行业排放标准又可分为指定的部门行业污染物排放标准和一般行业污染物排放标准。排放标准按控制方式可分为以下几种。

我国行业性排放标准很多，达 60 余种。例如，《火电厂大气污染物排放标准》（GB 13223—2011），《水泥工业大气污染物排放标准》（GB 4915—2013），《制浆造纸工业水污染物排放标准》（GB 3544—2008），《兵器工业水污染物排放标准》（GB 14470.1—2002，GB 14470.2—2002）等。行业排放标准一般规定该行业主要产品生产的污染物允许排放浓度和（或）单位产品允许的排污量。

（1）浓度控制标准

浓度控制标准是规定企业或设备的排放口排放污染物的允许浓度。废水中污染物的浓度以"mg/L"表示，废水中污染物的浓度以"mg/m³"表示。此类标准的主要优点是简单易行，只要监测总排放口的浓度即可。它的严重缺点是：无法排除以稀释手段降低污染物排放浓度的情况，因而不利于对不同企业做出确切的评价和比较，而且不论污染源大小一律同等看待。改进的方向是既监测浓度，又监测废水、废气的流量。我国的《污水综合排放标准》（GB 8978—1996）属于浓度控制的排放标准。

（2）地区系数法标准

这是根据环境质量目标、各地自然条件、环境容量、性质功能、工业密度等，规定不同系数控制污染源排放的方法。

我国《制定地方大气污染物排放标准的技术方法》（GB/T 3840—1991）采用 P 值法控制 SO_2 点源排放，也属于地区系数法标准。

（3）总量控制标准

这是首先由日本发展起来的方法。日本于 20 世纪 70 年代首先在神奈川县对废气中的 SO_2 排放试行了总量控制，1974 年纳入大气污染防治法律。这种方法受到世界各国和我国环境保护工作者的重视，它的基本思想是：由于在污染源密集的地区，只对一个个单独的污染源规定排放浓度，不能保证整个地区（或流域）达到环境质量标准的要求；应该以环境质量标准为基础，考虑自然特征，计算出为满足环境质量标准的污染物总允许排放量，然后综合分析所有在区域（或流域）内的污染源，建立一定的数学模型，计算每个源的合理污染分担率和相应的允许排放量，求得最优方案。每个源的排放量都控制在小于最优方案的规定值内，即可保证环境质量标准的实现。

（4）负荷标准（或称排放系数）

这是从实际控制技术出发，采用分行业、分污染物来控制，以每吨产品或原料计算的任何 1 天排放污染物的最大值和连续 30 天排放污染物的平均值来表示。此法比总量控制法简单，不需计算复杂的环境总容量和各种源的分担率，对不同行业产量品种工艺区别对待。我国 1988 年颁布的工业污染物排放标准也属于这类。

到 1993 年底，我国颁布各类环境标准共计 329 项，其中环境标准 13 项，污染物排放标准 66 项，环境方法标准 184 项，环境标准样品标准 29 项，环境基础标准 7 项，环境保护行业标准 8 项，还有一些其他标准。

国家环境标准与地方环境标准的关系：执行上，地方环境标准优先于国家环境标准执行。国家污染物排放标准之间的关系：国家污染物排放标准又分为跨行业综合性排放标准（如污水综合排放标准、大气污染物综合排放标准、锅炉大气污染物排放标准）和行业性排放标准（如火电厂大气污染物排放标准、合成氨工业水污染物排放标准、造纸工业水污染物排放标准等）。综合性排放标准与行业性排放标准不交叉执行，即有行业性排放标准的执行行业排放标准，没有行业排放标准的执行综合排放标准。

2.2　环境质量标准和排放标准的制订方法

2.2.1　制订环境质量标准的方法

环境标准的制订程序和方法一般有以下内容。

1. 组成多学科标准编制组、制定工作计划

2. 全面开展调查研究——编制工作的技术基础

（1）环境基准的调查研究

由于基准是科学资料，各国均可互相借鉴。世界卫生组织（WHO）的专家委员会在1972 年、1974 年、1979 年多次编制卫生基准文件。美国环保局（USEPA）和美国卫生、教育及福利部（USDHEW）出版过 6 种（与美国大气环境质量标准相对应）大气污染物的基准文件、发表了 20 多种大气污染物的污染调查资料。美国环保局还出版了范围广泛的水质基准手册，多次修订补充再版（1973 年、1976 年、1978 年和 1985 年版等）。我国国内的卫生、动植物学界进行了不少毒理学和流行病学的调查、研究，各地的环境质量评价工作也积累了不少可作为基准用的数据。

对基准资料进行综合分析、研究，主要目的是确定分级界限值。

（2）污染现状调查及评价

主要内容是调查、分析、研究历年的监测资料和各部门掌握的数据，确定环境介质中的主要污染物、背景值、污染现状和扩散、稀释的特点和规律。目的是确定标准中应规定的污染物项目，掌握制定分类、分级标准的基础资料。

（3）监测方法研究

包括布点、采样、化验分析，数据处理等的方法，这是必须与标准同时确定的。

（4）技术经济调查

初步掌握要达到各级标准的污染物削减量和与之对应的工艺、技术和综合防治手段并考察其经济性。

在此基础上，应进行"费用—效益"分析。

3. 费用效益分析

从经济学角度看，所制定的环境质量标准应取得的社会效益最大、所花费的控制污染的总费用最小。进行"费用—效益"分析的原则是应同时满足这两个方面，既能保护环境又能促进经济的协调发展。

（1）环境质量标准应有如下效益

①使人群死亡率和患病率降低；②使土壤、河流、湖泊等地面水受害减轻，农、林、牧、渔业产品和其他生物产量、质量提高；③使人民和社会财物，如房屋、设备、各种构筑物、文化设施等腐蚀损坏减少；④使工业产品产量质量提高；⑤使能源、资源、各种原材料的利用效率提高，"三废"损失减小等。

（2）环境质量标准要考虑如下的费用负担

①调整生产规模和布局的投资；②改革工艺更新设备的投资；③进行"三废"处理和净化的投资和运转费用；④政府机关管理费、科学研究经费、监测网络投资及运转费等。

下面以大气为例说明与制定环境标准有关的"费用—效益"分析的一般概念。为了简单地说明问题，有关概念如图 2-2 所示。

图中有三条曲线，A 线代表大气污染的损失费用，B 线代表大气污染的防治费用，（A + B）代表社会的总

图 2-2　防治程度（环境质量）与防治费用和大气污染损失费用之间的关系

费用。纵坐标是费用金额，横坐标是与防治程度对应的大气环境质量。这里假定防治程度越高，环境质量越好。

由图可见，当污染完全没有被控制时（H 点），损失额是很高的。为了减少损失，采取控制措施，损失费迅速减少；但是，由于受科学技术水平的限制，当达到某一点 E 时，防治费用不论多大，损失额也难以减少了。

由图还可看出，这两条曲线的叠加曲线，表示实行某种防治措施时，大概所需的社会总费用。图上社会总费用最低点 m 应作为制定环境标准的主要控制点，因为，在这个最低点是最理想的。利用这种"费用—效益"图很容易得到防治措施在经济上是否合理的结论。

但是这种图示仍然是理论上的，实际定量计算的主要困难在于如何将人群健康、社会生活、文化遗产等非商品用货币形式表现出来。

在我国，环境质量的"费用—效益"分析方法与如何把环境保护纳入国民经济计划的问题相联系，是正在研究的环境经济学课题。

但应注意，即使作出了较实际的"费用—效益"图，取得了经济最佳点，它不一定与环境质量目标吻合，在不一致时，要进行协调。

4. 初拟分级标准

在前述全面调查和专题研究的基础上，进行综合分析，初步拟定分级和分类的标准值。

5. 根据环境管理经验修正

至今，环境污染控制的很多理论问题尚未得到令人满意的解决，因此在制定环境质量标准时，还必须依靠实际的管理经验。通常，可以根据环境质量实际监测资料对照预定的质量标准，按照一些计算公式核对实际上达到标准的情况，分析环境标准实现的效果，以便修正。

2.2.2 制订污染物排放标准的方法

1. 制订的原则

（1）以满足环境质量标准的要求为出发点

控制污染物排放的最终目的是保护人群健康和促进生态良性循环；制订排放标准的目的是保证国家和地区达到环境质量标准要求。人们一直努力探索两者之间的数量关系，曾研究提出各种相关模式。

（2）可行性

制订的排放标准要很好地体现技术先进性和经济合理性的统一。排放标准所依据的控制技术，要从我国的实际情况出发，不是越先进、越高级越好，要经济合理。盲目追求高效率，甚至所谓"零排放"，往往会造成社会财力、物力的极大浪费。因此，在使用净化设备控制污染物的排放时，要着重研究所要的投资、运转等费用与可能取得的效果之间的关系。图 2-3 是常用净化设备净化效率与所花费用的一般关系。当净化效率达到某一程度后（如图中 a 点）再增加费用，所能换得的效率增值是极不显著的。

比较典型的例子是静电除尘器用于燃煤电厂除尘。当效率在 90% ~99% 范围内时，除尘效率随费

图 2-3 净化设备效率与费用的关系

用的增加而稳定上升，但如将效率提高不到1%，而费用却要成倍增长。然而，如果效率定低了，则有可能不符合环境质量标准对该污染物的削减量的要求。同时，多排污染物将造成较大的经济损失。

上例是针对单项净化设备，对于整个排放标准，也可做与环境质量标准类似的"费用—效益"分析，确定合理的排放标准。

（3）考虑环境特征

制订排放标准要考虑环境特征，如环境容量，区域的性质、功能，污染物的构成、分布与密度等。

考虑区域的环境容量（或承载能力）有巨大的经济意义。排放标准要求控制的只是超过当地环境容量（承载能力）的部分。环境容量大的地方可适当放宽排放标准，避免不必要地耗费防治资金；反之，环境容量小，产业经济密度和人口密度大的地方的排放标准就要适当严格一些，以保证实现环境质量要求。

（4）控制污染与促进经济发展相结合

在制订排放标准时要使控制污染与促进经济相协调，既要控制污染又要促进经济，应掌握好排放标准的分寸，也就是要实行区别对待的原则。这就要区分污染源的情况和特点，针对不同行业、污染物种类、工艺、生产规模等实际情况，综合分析后确定。一般来说，新建企业从严，大型企业从严；小企业酌情而定，近期从宽，长远要达到对大厂的要求；排放危险污染物（如剧毒物和重金属，自然界难降解的持久性毒物，有致癌、致畸、致突变作用的污染物）从严。

（5）便于监测、检查

有直接执法性的排放标准便于排污收费制度的执行，老企业的限期改造和新建、改建、扩建，企业执行"三同时"制度的检查以及各种环境管理措施的实施等关系很大。

2. 制订的方法

（1）按污染物扩散规律制订排放标准

按污染物在环境中输送扩散规律及数学模型，推算出能满足环境质量标准要求的污染物排放量，这是一种制订空气污染物排放标准的常用方法。

排入水体的污染物，其容许排放量也可按污染物在水体中扩散规律数学模型进行推算，但因水体情况远比大气扩散复杂，因此，较少应用这个方法。

（2）按"最佳实用方法（或最佳可用技术）"制订排放标准

因排放标准的制订不能脱离实际生产工艺过程排放的污染物量和污染控制的具体技术水平，因此美国提出了按"最佳实用方法（或最佳可用技术）"（best practicable control technology 或 best available technology economically achievable）制订排放标准的方法。其标准建立在现有的可以把污染物排放工艺减至最少及污染防治技术水平可能达到最好的基础上，同时也考虑到采取污染防治措施在经济上的可行性，即这样的技术在现阶段实际应用中效果最佳，有可能在同类工厂中推广应用。这种方法的缺点是不能与环境质量标准直接发生联系，但它具有客观示范作用，因此能起到积极的推动作用。

为了应用这个方法，必须做一定的调查研究工作。具体作法如下：①调查了解能有效减少或控制某种污染物排放的清洁生产技术和各种净化设备，鉴定其效率，找出最佳者；②计算最佳方法的投资和运转费用，估计在较大范围内推广的可能性；③大致推算最佳方法普遍使用后的环境质量状况，为进一步修订做好准备。

2.3　中国环境影响评价制度的法规体系

目前，中国环境影响评价是由法律、行政法规、部门规章和地方法规几个层次组成的。

法律：《中华人民共和国环境保护法》，《中华人民共和国海洋环境保护法》，《中华人民共和国水污染防治法》，《中华人民共和国大气污染防治法》，《中华人民共和国固体废物污染环境防治法》，《中华人民共和国环境噪声污染防治法》。

行政法规：《建设项目环境保护管理条例》。

部门行政规章：国家环境保护总局、国务院有关部委关于环境影响评价的规定。

地方法规：各省、自治区、直辖市有关建设项目环境保护管理条例、办法、政府令等。

按照理想模式应建立环境影响评价制度的法规体系，如图2-4所示。

图2-4　环境影响评价法规体系

环境影响评价已从建设项目扩展到区域、流域开发和工业基地经济发展计划的环境影响评价。下一步应对政策执行、经济和社会发展规划等重大决策进行环境影响评价，真正做到经济、社会、环境三个效益的统一，实现可持续发展战略。以下介绍重要的有关环境保护的法律和行政法规。

1.《中华人民共和国环境保护法》的有关规定

（1）该法第二条就环境保护层面对环境进行定义

本法所称环境，是指影响人类生存和发展的各种天然的和经过人工改造的自然因素总体，包括大气、水、海洋、土地、矿藏、森林、草原、野生动物、自然古迹、人文遗迹、自然保护区、风景名胜区、城市和乡村等。

（2）该法第七条规定了环境保护的监督管理制度

国务院环境保护行政主管部门，对全国环境保护工作实施统一监督管理。县级以上地方人民政府环境保护行政主管部门，对本辖区的环境保护工作实施统一监督管理。国家海洋行政主管部门港务监督、渔政渔港监督、军队环境保护部门和各级公安、交通、铁道、民航管理部门，依照有关法律的规定对环境污染防治实施监督管理。县级以上人民政府的土地、矿产、林业、水利行政主管部门，依照有关法律的规定对资源的保护实施监督管理。

（3）该法第十三条明确规定对建设项目实行环境影响评价制度

建设污染环境项目，必须遵守国家有关建设项目环境保护管理的规定。建设项目的环境影响报告书，必须对建设项目产生的污染和对环境的影响作出评价，规定防治措施，经项目主管部门预审并依照规定的程序报环境保护行政主管部门批准。环境影响报告书经批准后，计划部门方可批准建设项目设计书。

（4）该法第九条和第十条分别明确要求制定环境质量标准和污染物排放标准

国务院环境保护行政主管部门制定国家环境质量标准。省、自治区、直辖市人民政府对国家环境质量标准中未作规定的项目，可以制定地方环境标准，并报国务院环境保护行政主管部门备案。国务院环境保护行政主管部门根据国家环境质量标准和国家经济、技术条件，制定国家污染物排放标准。省、自治区、直辖市人民政府对国家污染物排放标准中未作规定的项目，可以制定地方污染物排放标准；对国家污染物排放标准中已作规定的项目，可以制定严于国家污染物排放标准。地方污染物排放标准须报国务院环境保护行政主管部门备案。凡是向已有地方污染物排放标准的区域排放污染物的，应当执行地方污染物排放标准。

（5）该法第二十四、二十五条规定为防止污染和其他公害应采取的措施

产生环境污染和其他公害的单位，必须把环境保护工作纳入计划，建立环境保护责任制度；采取有效措施，防治在生产建设或者其他活动中产生的废气、废水、废渣、粉尘、恶臭气体、放射性物质以及噪声振动、电磁波辐射等对环境的污染和危害。新建工业企业和现有工业企业的技术改造，应当采用资源利用率高、污染物排放量少的设备和工艺，采用经济合理的废弃物综合利用技术和污染物处理技术。

（6）该法第二十六条明确了建设项目污染防治的"三同时"原则

第二十六条　建设项目中防治污染的措施，必须与主体工程同时设计、同时施工、同时投产使用。防治污染的设施必须经原审批环境影响报告书的环境保护行政主管部门验收合格后，该建设项目方可投入生产或者使用。防治污染的设施不得擅自拆除或者闲置，确有必要拆除或者闲置的，必须征得所在地的环境保护行政主管部门的同意。

（7）该法明确了对违法行为的各项处罚措施。

2.《中华人民共和国大气污染防治法》的有关规定

本法共有七章六十六条，除明确了大气污染防治的监督管理制度外，还对防治大气污染的主要措施以及违法活动应当承担的法律责任等做出较了具体规定。

（1）大气污染物排放总量控制和排污许可证制度

国家采取措施，有计划地控制或者逐步削减各地方主要大气污染物的排放总量；地方各级人民政府对本辖区的大气环境质量负责，制定规划，采取措施，使本辖区的大气环境质量达到规定的标准；同时规定，国务院和省、自治区、直辖市人民政府对尚未达到规定的大气环境质量标准的区域和国务院批准划定的酸雨控制区、二氧化硫污染控制区，可以划定为主要大气污染物排放总量控制区。并且进一步明确，主要大气污染物排放总量控制的具体办法由国务院规定。

大气污染物总量控制区内有关地方人民政府依照国务院规定的条件和程序，按照公开、

公平、公正的原则，核定企业事业单位的主要大气污染物排放总量，核发主要大气污染物排放许可证。对于有大气污染物总量控制任务的企业事业单位，《大气污染防治法》则要求，必须按照核定的主要大气污染物排放总量和许可证规定的条件排放污染物。

（2）排污费制度

为鼓励排污企业主动承担减排义务，落实环境保护措施，根据加强大气污染防治的要求和国家的经济、技术条件合理制定排污费的征收标准。征收的排污费一律上缴财政，按照国务院的规定用于大气污染防治，不得挪作他用，并由审计机关依法实施审计监督。

（3）防治特定污染源和污染物的措施

众所周知，二氧化硫引起酸雨污染，烟尘及尾气形成雾霾，以及其他有毒有害气体对空气质量构成严重危害，为防治这些特定污染物造成的污染，国务院环境保护行政主管部门会同国务院有关部门，根据气象、地形、土壤等自然条件，可以对已经产生、可能产生酸雨的地区或者其他二氧硫污染严重的地区，经国务院批准后，划定为酸雨控制区或者二氧化硫污染控制区。国家推行煤炭洗选加工，降低煤的硫分和灰分，限制高硫分、高灰分煤炭的开采。新建的所采煤炭属于高硫分、高灰分的煤矿，必须建设配的煤炭洗选设施，使煤炭中的含硫分、含灰分达到规定的标准。禁止开采含放射性和砷等有毒有害物质超过规定标准的煤炭。

向大气排放粉尘的排污单位，必须采取除尘措施。严格限制向大气排放含有毒物质的废气和粉尘；确需排放的，必须经过净化处理，不超过规定的排放标准。

3. 《中华人民共和国水污染防治法》及其实施细则的有关规定

该法共八章九十二条，明确了水污染防治的标准体系，规定了水污染防治的监督管理制度，同时对水污染防治措施作出具体要求，并对水污染事故处置方案制定总方针。

（1）水污染防治的监督管理

规定新建、扩建、改建的建设项目应依法进行环境影响评价；水污染处理措施实行"三同时"制度，即应与主体工程同时设计、同时施工、同时投入使用；国家对重点水污染物实施总量控制和排污许可证制度；向水体排放污染物的企事业单位和个体工商户，必须满足相关规定；对重点排污单位实施实时联网监控。

（2）水污染防治的主要措施

法律规定，禁止水体排放油类、酸液、碱液、剧毒废液、热废水、含病原体污水、含放射性物质、有毒重金属离子及其他污染物；要求造成水污染的企业进行技术改造，使废水减量化、无害化并实现重复利用；禁止新建不符合国家产业政策的生产项目；应对城镇污水进行集中处理，明确排污费制度；生活垃圾填埋场应设置防渗防漏设施；对农药的运输、存储和使用过程加强管理，合理施肥；禽畜养殖产业应对畜禽粪便、废水采取无害化处理措施；保证农田灌溉水达标，防治工业废水和城镇污水污染土壤、地下水和农产品。

（3）饮用水水源和其他特殊水体保护制度

国家建立饮用水水源保护区制度，在水源保护区内禁止设置排污口；禁止在饮用水水源一级保护区内存在一切与供水设施和保护水源无关的建设项目；禁止在饮用水水源二级保护区内次存在排放污染物的建设项目。

（4）水污染事故处置办法

政府部门应联合可能发生水污染事故的企业事业单位，做好突发水事故的应急准备、应急处置和事后恢复等工作；企事业单位造成或可能造成水污染事故的，应立即启动应急方案，采取应急措施并及时向政府部门报告。

4. 《中华人民共和国固体废物污染环境防治法》有关规定

该法共计六章九十一条，主要内容为固体废物污染环境防治的监督管理制度、固体废物污染环境的防治措施、危险废物污染环境防治的特别规定等。

（1）固体废物污染环境防治的监督管理制度

国务院有关部门联合制定国家固体废物污染环境防治技术标准，同时建立固体废物污染环境监测制度；建设产生固体废物的项目，必须进行环境影响评价，并遵守国家有关建设项目环境保护管理的规定；政府部门有权依据各自的职责对辖区范围内的产生固体废物的单位进行现场检查。

（2）固体废物污染环境的防治措施

要求收集、贮存、运输、利用、处置固体废物的单位和个人，必须采取防扬散、防流失、防渗漏或者其他防止污染环境的措施；不得擅自倾倒、堆放、丢弃、遗撒固体废物；产品和包装物的设计、制造，应当遵守国家有关清洁生产的规定；从事畜禽规模养殖应当按照国家有关规定收集、贮存、利用或者处置养殖过程中产生的畜禽粪便，防止污染环境；禁止境外的固体废物进境倾倒、堆放、处置，禁止进口不能用作原料或者不能以无害化方式利用的固体废物；对可以用作原料的固体废物实行限制进口和自动许可进口分类管理；矿山企业应当采取科学的开采方法和选矿工艺，减少尾矿、矸石、废石等矿业固体废物的产生量和贮存量；清扫、收集、运输、处置城市生活垃圾，应当遵守国家有关环境保护和环境卫生管理的规定，防止污染环境。

（3）危险废物污染环境防治的特别规定

对危险废物的容器和包装物以及收集、贮存、运输、处置危险废物的设施、场所，必须设置危险废物识别标志；产生危险废物的单位，必须按照国家有关规定处置危险废物，不得擅自倾倒、堆放；未按规定对危险废物进行处置的，由所在地县级以上地方人民政府环境保护行政主管部门依法进行处罚；产生、收集、贮存、运输、利用、处置危险废物的单位，应当制定意外事故的防范措施和应急预案，并向所在地县级以上地方人民政府环境保护行政主管部门备案；环境保护行政主管部门应当进行检查。

5. 《中华人民共和国环境噪声污染防治法》有关规定

所谓噪声，是指对人类的生活或者生产活动产生不良影响的声音，声音的来源可以分为两部分，一部分是来源于自然界的，即与人类的生活、生产活动无关的；另一部分是来源于人类的、生产活动的，即人为活动所产生的，后者即法律规定的环境噪声。该法共计八章六十四条，规定了环境噪声污染防治的监督管理制度，制定了各类环境噪声污染的防治措施，明确了造成环境噪声污染者应承担的法律责任。

（1）环境噪声污染防治的监督管理制度

政府有关部门根据不同的功能区制定国家声环境质量标准，并进行管理；城市规划部门在确定建设布局时，应当依据国家声环境质量标准和民用建筑隔声设计规范，合理划定建筑物与交通干线的防噪声距离，并提出相应的规划设计要求；建设项目可能产生环境噪声污染的，建设单位必须提出环境影响报告书（特别强调环境影响评价中应有建设项目所在地单位和居民的意见），规定环境噪声污染的防治措施，并按照国家规定的程序报环境保护行政主管部门批准。

（2）各类环境噪声污染的防治措施

①建筑施工噪声：在城市市区范围内向周围生活环境排放建筑施工噪声的，应当符合国家规定的建筑施工场界环境噪声排放标准；在城市市区范围内，建筑施工过程中使用机械设备，可能产生环境噪声污染的，施工单位必须在工程开工前向工程所在地政府主管部门申报该工程的项目具体情况、可能产生的环境噪声值以及所采取的环境噪声污染防治措施的情况；除特殊情况外，在城市市区噪声敏感建筑物集中区域内，禁止夜间进行产生环境噪声污染的建筑施工作业。

②交通运输噪声：机动车辆在城市市区范围内行驶，机动船舶在城市市区的内河航道航行，铁路机车驶经或者进入城市市区、疗养区时，必须按照规定使用声响装置；警车、消防车、工程抢险车、救护车等机动车辆安装，在执行非紧急任务时，禁止使用警报器。

③社会生活噪声：在城市市区噪声敏感建筑物集中区域内，因商业经营活动中使用固定设备造成环境噪声污染的商业企业，必须向所在地的县级以上政府主管部门申报拥有的造成环境噪声污染的设备的状况和防治环境噪声污染的设施的情况。经营中的文化娱乐场所，其经营管理者必须采取有效措施，使其边界噪声不超过国家规定的环境噪声排放标准。

2.4 建设项目环境影响评价资质管理

2.4.1 概述

为提高环境影响评价质量，保障环境影响评价工作顺利进行，国家对从事环境影响评价的单位和个人实行资质审查管理制度，要求承担环境影响评价的单位必须具备一定的资质和条件。

我国关于环境影响评价资质的管理制度不断发展，其过程历经以下三个阶段：

第一阶段：1986年3月，国务院环境保护委员会联合相关部委联合发布《建设项目环境保护管理办法》，明确要求对从事环境影响评价的单位实行资格审查制度，承担环境影响评价的单位必须持有建设项目环境影响评价证书。同年6月，国家环境保护局颁布《建设项目环境影响评价证书管理办法（试行）》，规定国家环境保护局和省、自治区、直辖市环保局都有权核发评价证书。

经过三年的试验总结，国家环境保护局于1989年正式制定发布《建设项目环境影响评价证书管理办法》，将资格证书改为甲级证书和乙级证书两种。持有甲级证书的评价单位可在全国范围内承接各种建设项目的环境影响评价工作；持有乙级证书的评价单位只能承接所在地方人民政府环境保护部门负责审批的建设项目。

第二阶段：1998年11月，国务院颁布《建设项目环境保护管理条例》，首次以国家法规的形式明确规定对从事环境影响评价的单位实行资格审查制度。国家环境保护总局根据《建设项目环境保护管理条例》的有关规定，于1999年3月发布《建设项目环境影响评价资格证书管理办法》，明确规定资格证书只由国家环境保护总局核发。根据"少而优"的原则，对环境影响评价单位进行整顿，取消了一批不符合条件单位的评价资质。同时按照建设项目类别重新划分工作范围，根据评价单位的专业特长重新核发评价证书。

第三阶段：2002 年 10 月，为实施可持续发展战略，促进经济、社会和环境的协调发展，预防规划和建设项目实施后对环境造成的不良影响，第九届全国人民代表大会常务委员会第十三次会议通过了《中华人民共和国环境影响评价法》。《环境影响评价法》明确规定，环境影响评价的对象包括法定应当进行环境影响评价的规划和建设项目两大类。至此，环境影响评价的范围由单纯的评价建设项目，扩大到评价对环境构成影响的政策和规划。

2004 年 2 月，为进一步推动环境影响评价队伍的专业化建设，强化环境影响评价工作者的责任意识，国家环保总局会同人事部联合发布《环境影响评价工程师职业资格制度暂行规定》，要求从事环境影响评价的单位必须具备环境影响评价工程师。

随着改革开放的不断深入，经济建设飞速发展，环境问题日益突出，这对环境影响评价管理工作提出更高的要求。为适应新形势下环境影响评价工作的顺利开展，国家环保总局于 2005 年 8 月发布《建设项目环境影响评价资质管理办法》，要求环境影响评价单位根据所持等级证书的级别配备相应数量的环境影响评价工程师，从而实现对从事环境影响评价工作的单位和个人的统一管理，有效提高了环境影响评价资质管理制度的可操作性。

2009 年 4 月，为进一步加强环境影响评价技术人员管理，提高环境影响评价专业技术人员素质，加快环境影响评价队伍建设，国家环境保护部根据《建设项目环境影响评价资质管理办法》有关规定，制定《建设项目环境影响评价岗位证书管理办法》。

2.4.2　环境影响评价资质管理的法律法规

为加强对环境影响评价单位的资质管理，提高环境影响评价工作人员的业务素质，强化从事环境影响评价的单位和个人的责任意识，国家制定并颁布的《中华人民共和国环境影响评价法》和《建设项目环境保护管理条例》中都明确规定：国家对从事建设项目环境影响评价的单位实行资质审查制度，建设项目的环境影响评价工作，由取得相应资质证书的单位承担。

《中华人民共和国环境影响评价法》中涉及环境影响评价资质管理的相关规定：

第十九条　接受委托为建设项目环境影响评价提供技术服务的机构，应经国务院环境保护行政主管部门考核审查合格后，颁发资质证书，按照资质证书规定的等级和评价范围，从事环境影响评价服务，并对评价结论负责。为建设项目环境影响评价提供技术服务的机构的资质条件和管理办法，由国务院环境保护行政主管部门制定。

为建设项目环境影响评价提供技术服务的机构，不得与负责审批建设项目环境影响评价文件的环境保护行政主管或者其他有关审批部门存在任何利益关系。

第二十条　环境影响评价文件中的环境影响报告书或者环境影响报告表，应当由具有相应环境影响评价资质的机构编制。

任何单位和个人不得为建设单位指定对其建设项目进行环境影响评价的机构。

《建设项目环境保护管理条例》涉及环境影响评价资质管理的相关规定：

第六条　国家实行建设项目环境影响评价制度。建设项目的环境影响评价工作，由取得相应资格证书的单位承担。

第十三条　国家对从事建设项目环境影响评价工作的单位实行资格审查制度。

从事建设项目环境影响评价工作的单位，必须取得国务院环境保护行政主管部门颁发的资格证书，按照资格证书规定的等级和范围，从事建设项目环境影响评价工作，并对评价结论负责。从事建设项目环境影响评价工作的单位，必须严格执行国家规定的收费标准。

第十四条　建设单位可以采取公开招标的方式，选择从事环境影响评价工作的单位，对建设项目进行环境影响评价。

由上述法律法规的条文可以看到以下主要信息：①只有国务院环境保护行政主管部门有权核发环境影响评价资质证书，不同等级的资质证书对应不同的评价范围；②从事环境影响评价工作的单位不得与政府部门存在任何的利益关系，任何单位和个人不得强制建设单位选择对其建设项目进行环境影响评价的机构，以此保证环境影响评价制度公正运行；③从事环境影响评价的单位应按照国家有关标准收取服务费，从而避免了评价工作中发生徇私舞弊的行为。

另外，法律法规中对环境影响评价机构应承担的法律责任如下。

《中华人民共和国环境影响评价法》的相关规定：

第二十九条　规划编制机关违反本法规定，组织环境影响评价时弄虚作假或者有失职行为，造成环境影响评价严重失实的，对直接负责的主管人员和其他直接责任人员，由上级机关或者监察机关依法给予行政处分。

第三十三条　接受委托为建设项目环境影响评价提供技术服务的机构在环境影响评价工作中不负责任或者弄虚作假，致使环境影响评价文件失实的，由授权环境影响评价资质的环境保护行政主管部门降低其资质等级或吊销其资质证书，并处所收费用一倍以上三倍以下的罚款；构成犯罪的，依法追究刑事责任。

《建设项目环境保护管理条例》的相关规定：

第四章　法律责任

第二十九条　从事建设项目环境影响评价工作的单位，在环境影响评价工作中弄虚作假的，由国务院环境保护行政主管部门吊销资格证书，并处所收费用 1 倍以上 3 倍以下的罚款。

由此可见，国家对从事环境影响评价的机构应该承担的责任十分明确，即在环境影响评价中弄虚作假或玩忽职守者，将会受到法律追究。一般对违反法律法规的评价单位实行降级处理，并处以罚款；情节严重的，将吊销资质证书，并处以罚金；对情节特别严重，已构成犯罪的违法行为，将根据《刑法》依法追究刑事责任。

2.4.3　环境影响评价资质管理

国家环保总局于 2005 年 8 月发布的《建设项目环境影响评价资质管理办法》是现阶段环境影响评价资质管理的主要依据。该办法明确规定了评价机构的资质等级和评价范围，评价机构的资质条件，评价资质的申请与审查，评价机构的管理，评价资质的考核与监督以及处罚措施等。

1. 环境影响评价机构的资质等级和评价范围

环境影响评价资质分为两个等级：甲级和乙级。持有甲级资质证书的环境影响评价单位可承担各级环境保护行政主管部门负责审批的建设项目环境影响评价，持有乙级的环境影响评价单位可承担省级以下各级环境保护行政主管部门负责审批的建设项目环境影响评价。

同时，资质证书中明确规定了可开展的评价范围，各评价单位都必须在规定的范围内提供环境影响评价服务，不得超范围承担环境影响评价工作。具体的评价范围类别如表 2-1 所示。

表 2-1　环境影响评价类别与范围

	评价范围
环境影响报告书	①轻工纺织化纤；②化工石化医药；③冶金机电；④建材火电；⑤农林水利；⑥采掘；⑦交通运输；⑧社会区域；⑨海洋工程；⑩输变电、广电通讯及核工业
环境影响报告表	①一般项目环境影响报告表；②特殊项目环境影响报告表

注：特殊项目是指输变电、广电通讯及核工业；一般项目是指除输变电、广电通讯及核工业以外的项目。

取得任何一类项目的环境影响评价报告书编制资格的单位，可编制此类项目的环境影响报告表。

2. 资质申请的条件和审查

（1）资质申请的条件

申请甲级资质证书的机构应具备以下基本条件。

①在中华人民共和国境内登记的各类所有制企业或事业法人，具有固定的工作场所和工作条件，固定资产不少于1000万元，其中企业法人工商注册资金不少于300万元。

②能够开展规划、重大流域、跨省级行政区域建设项目的环境影响评价；能够独立编制污染因子复杂或生态环境影响重大的建设项目环境影响报告书；能够独立完成建设项目的工程分析、各环境要素和生态环境的现状调查与预测评价以及环境保护措施的经济技术论证；有能力分析、审核协作单位提供的技术报告和监测数据。

③具备20名以上环境影响评价专职技术人员，其中至少有10名登记于该机构的环境影响评价工程师，其他人员应当取得环境影响评价岗位证书。

④近三年内主持编制过至少5项省级以上环境保护行政主管部门负责审批的环境影响报告书；

申请乙级资质证书的机构应具备以下基本条件。

①在中华人民共和国境内登记的各类所有制企业或事业法人，具有固定的工作场所和工作条件，固定资产不少于200万元，企业法人工商注册资金不少于50万元。其中，评价范围为环境影响报告表的评价机构，固定资产不少于100万元，企业法人工商注册资金不少于30万元；

②能够独立编制建设项目的环境影响报告书或环境影响报告表；能够独立完成建设项目的工程分析、各环境要素和生态环境的现状调查与预测评价以及环境保护措施的经济技术论证；有能力分析、审核协作单位提供的技术报告和监测数据。

③具备12名以上环境影响评价专职技术人员，其中至少有6名登记于该机构的环境影响评价工程师，其他人员应当取得环境影响评价岗位证书。

评价范围为环境影响报告表的评价机构，应当具备8名以上环境影响评价专职技术人员，其中至少有2名登记于该机构的环境影响评价工程师，其他人员应当取得环境影响评价岗位证书。

对于从事核工业类的环境影响评价的机构应具备的条件具有特殊要求，以及各级资质条件的具体要求详见《建设项目环境影响评价资质管理办法》。

3. 评价资质的申请与审查

国务院环境保护行政主管部门负责受理资质的申请，包括申请评价资质、评价范围调整、资质晋级、变更名称、延期等。各类申请应提交的材料在《建设项目环境影响评价资质管理办法》中均作出了明确规定。

国务院环境保护行政主管部门组织对申请材料进行审查，并自受理申请之日起20日内，作出是否准予评价资质的决定。决定准予评价资质的，应当自作出准予评价资质的决定之日起10日内，向申请机构颁发资质证书；决定不予评价资质的，应当书面通知申请机构并说明理由。国务院环境保护行政主管部门定期公布评价机构名单。

4. 评价机构的管理

评价机构应当对环境影响评价结论负责，环境影响报告书和特殊项目环境影响报告表的编制须由登记于该机构的相应类别的环境影响评价工程师主持；一般项目环境影响报告表须由登记于该机构的环境影响评价工程师主持。

环境影响报告书和环境影响报告表中应当附编制人员名单表，编制人员应当在名单表中签字，并承担相应责任。

甲级评价机构在资质证书有效期内应当主持编制完成至少5项省级以上环境保护行政主管部门负责审批的环境影响报告书；乙级评价机构在资质证书有效期内应当主持编制完成至少5项环境影响报告书或环境影响报告表。

评价机构在环境影响评价工作中，应当执行国家规定的收费标准。

5. 评价资质的考核与审查

国家环境保护总局负责对评价机构实施统一监督管理，组织或委托省级环境保护行政主管部门组织对评价机构进行抽查，并向社会公布有关情况。

抽查主要对评价机构的资质条件、环境影响评价工作质量和是否有违法违规行为等进行检查。

6. 处罚措施

评价机构在环境影响评价工作中不负责任或者弄虚作假，致使环境影响评价文件失实的，国家环境保护总局依据《中华人民共和国环境影响评价法》第三十三条的规定，降低其评价资质等级或者吊销其资质证书，并处所收费用1倍以上3倍以下的罚款，同时依据有关规定对主持该环境影响评价文件的环境影响评价工程师注销登记。

评价机构有弄虚作假行为的，国家环境保护总局视情节轻重，分别给予警告、通报批评、责令限期整改3～12个月、缩减评价范围、降低资质等级或者取消评价资质，其中责令限期整改的，评价机构在限期整改期间，不得承担环境影响评价工作

在审批、抽查或考核中发现评价机构主持完成的环境影响报告书或环境影响报告表质量较差的，国家环境保护总局视情节轻重，分别给予警告、通报批评、责令限期整改3～12个月、缩减评价范围或者降低资质等级，其中责令限期整改的，评价机构在限期整改期间，不得承担环境影响评价工作。

2.4.4 环境影响评价工程师资格制度

国务院环境保护行政主管部门会同人事部根据人事制度改革总方针，按照"淡化职称，强化岗位管理，在关系公众利益和国家安全的关键技术岗位大力推行执业资格"的总体要求，对从事环境影响评价的专业技术人员实行职业资格制度，并于2004年2月16日联合发布《关于印发〈环境影响评价工程师职业资格制度暂行规定〉、〈环境影响评价工程师职业资格考试实施办法〉和〈环境影响评价工程师职业资格考核认定办法〉的通知（国人部发

〔2004〕13 号）》，2004 年 4 月 1 日起正式实施。

环境影响评价工程师考试科目共有 4 个：《环境影响评价相关法律法规》、《环境影响评价技术导则与标准》、《环境影响评价技术方法》和《环境影响评价技术分析》，采用闭卷形式答题，考试时间均为 180 分钟，考试日期一般为每年夏季。报名参加环境影响评价工程师职业资格考试的考生必须满足以下条件之一：

①取得环境保护相关专业大专学历，从事环境影响评价工作满 7 年；或取得其他专业大专学历，从事环境影响评价工作满 8 年。

②取得环境保护相关专业学士学位，从事环境影响评价工作满 5 年；或取得其他专业学士学位，从事环境影响评价工作满 6 年。

③取得环境保护相关专业硕士学位，从事环境影响评价工作满 2 年；或取得其他专业硕士学位，从事环境影响评价工作满 3 年。

④取得环境保护相关专业博士学位，从事环境影响评价工作满 1 年；或取得其他专业博士学位，从事环境影响评价工作满 2 年。

截止 2003 年 12 月 31 日，对受聘担任工程类高级专业技术职务满 3 年，累计从事环境影响评价相关业务工作满 15 年，或受聘担任工程类高级专业技术职务，并取得环保总局核发的"环境影响评价上岗培训合格证书"的，可免试《环境影响评价技术导则与标准》和《环境影响评价技术方法》2 个科目，只参加《环境影响评价相关法律法规》和《环境影响评价案例分析》2 个科目的考试。

环境影响评价工程师职业资格考试合格者，获得人事部统一印制，人事部和环保总局用印的《中华人民共和国环境影响评价工程师职业资格证书》。环境影响评价工程师职业资格实行定期登记制度，登记有效期为 3 年，有效期满前，若职业行为表现良好，无犯罪记录；身体健康，能坚持在本专业岗位工作；所在单位考核合格者，可再次登记。再次登记者，还应提供相应专业类别的继续教育或参加业务培训的证明。

环境影响评价工程师可主持进行环境影响评价、环境影响后评价、环境影响技术评估和环境保护验收等工作，并要求对其主持完成的环境影响评价相关工作的技术文件承担相应责任。环境影响评价工程师应在具有环境影响评价资质的单位中，以该单位的名义接受环境影响评价委托业务，在工作过程中应为委托人保守商务秘密。环境影响评价工程师应当不断更新知识，并按规定参加继续教育。

第3章　环境影响评价的程序

作为法定制度的环境影响评价工作的程序有两大部分：执行环境影响评价制度的管理程序和完成环境影响报告书的技术工作程序。

3.1　环境影响评价的管理程序

一个对环境有重大影响的行动从提出建议到环境影响报告书审查通过的全过程，每一步都必须按照法规的要求执行。

3.1.1　环境筛选

凡建设或改扩建工程，由建设单位将建设计划向环境保护部门提出申请，由环境保护部门会同有关专家对拟议项目的环境影响进行初步筛选，以便在所涉及问题的性质、潜在规模和敏感程度的基础上确定需要进行哪种环境分析。

环境筛选的结果可能会出现下述的三种情况：

1. 环境影响后果严重

可能对环境造成重大的不良影响。这些影响可能是敏感的、不可逆的、多种多样的、综合的、广泛的带有行业性的或以往尚未有过的。这类项目要做全面的环境影响评价（称为A类项目）。

2. 环境影响程度有限

可能对环境产生有限的不利影响。这些影响是较小的、不大敏感的、不是太多数目的、不是重大的或不是太不利的，其影响要素中极小数是不可逆的，并且减缓影响的补救措施是很容易找到的，通过规定控制或补救措施可以减缓对环境的影响。这类项目一般不要求进行全面的环境影响评价但需要做专项的环境影响评价（称为B类项目）。

3. 环境后果不严重

对环境不产生不利影响或影响极小的建设项目。这类项目一般不需要开展环境影响评价只办理环境保护管理备案（填报告表）手续（称为C类项目）。

国家环保总局根据筛选原则确定评价类别，如需要进行环境影响评价，则由建设单位委托有相应评价资格证书的单位来承担。

环境筛选审查的目的在于，对拟议中的项目同环境有关的各个方面给予恰当地考虑，鉴定一个项目哪些方面存在环境问题，可以慎重地排除在外；哪些方面存在环境问题，充分认识关键性的环境问题，并确定需要做哪些环境评价，在项目计划、设计和评价中及早说明并有效地对待这些问题（有无漏项或其他可能出现的问题）。以确保拟议中的各种开发方案在环境方面是健全的和可持久的。

环境筛选的审查至少有以下三个方面的作用：

①帮助建设单位、项目设计单位和评价单位及时地、实际地对待环境问题；

②拟议适当地预防、减缓和补偿措施，以减少对项目施加的制约条件；

③帮助避免由于未预见到的环境问题所带来的额外费用和拖延时间。

3.1.2　环境影响评价项目的监督管理

1. 评价单位资格考核与人员培训

承担建设项目环境影响评价工作的单位，必须有《建设项目环境影响评价证书》，按照证书中规定的范围开展环境影响评价，并对评价结论负责。对持证单位实行申报和定期考核的管理程序，对考核不合格或违反有关规定的执行罚款乃至中止和吊销"证书"的处罚。

环境影响评价是一项具有高度综合性的工作，涉及包括自然环境和社会环境在内的各个方面。因此，它需要多种科学的研究，需要自然与社会科学专家们的共同努力才能对整个区域作出整体的和综合的环境影响评价，所以评价人员的知识结构也是很重要的，有关部门在资格审查中要充分注意这一点。此外，要注意加强对评价人员的专业知识和技能的培训，实行评价人员持证上岗。

2. 评价大纲的审核

评价大纲是环境影响报告书的总体设计，应在开展评价工作之前编制。评价大纲由建设单位向负责审批的环境保护部门申报，并抄送行业主管部门。环境保护部门根据情况确定审评方式，提出审查意见。在下列任一种情况下应编制环境影响评价工作实施方案，以作为评价大纲的必要补充：①由于必需的资料暂时缺乏，所编大纲不够具体，对评价工作的指导作用不足；②建设项目特别重要或环境问题特别严重；③环境状况十分敏感。

评价单位在实施中必须把审查意见列为大纲内容。

3. 环境影响评价的质量管理

环境影响评价项目一经确定，承担单位要责成有经验的项目负责人组织有关人员编写评价大纲，明确其目标和任务，同时还要编制其监测分析、参数测定、野外实验、室内模拟、模式验证、数据处理、仪器刻度校验等在内的质量保证体系。承担单位的质量保证部门要对质保大纲进行审查，对其具体内容与执行情况进行检查，把好各处环节和环境影响报告书质量关。为获得满意的环境影响报告书，按照环境影响评价管理程序而进行有组织、有计划的活动是确保环境影响评价质量的重要措施。质量保证工作应贯穿环境影响评价的全过程。在环境影响评价工作中，请有经验的专家咨询多与其交换意见，是做好环境评价的重要条件。最后请专家审评报告是质量把关的重要环节。

4. 环境影响评价报告书的审批

各级主管部门和环保部门在审批环境报告书时应贯彻下述原则：

①审查该项目是否符合经济效益、社会效益和环境效益相统一的原则；

②审查该项目是否贯彻了"预防为主""谁污染谁治理、谁开发谁保护、谁利用谁补偿"的原则；

③审查该项目是否符合城市环境功能区划和城市总体发展规划；

④审查该项目的技术政策与装备政策是否符合国家规定；

⑤审查该项目环评过程中是否贯彻了"在污染控制上从单一浓度控制逐步过渡到总量控制""在污染治理上，从单纯的末端治理逐步过渡到对生产全过程的管理""在城市污染

治理上，要把单一污染治理与集中治理或综合治理结合起来"。

环境影响报告书的审查以技术审查为基础，审查方式是专家评审会还是其他形式，由国家环保总局根据情况而定。

3.1.3 环境影响评价管理程序

环境影响评价管理程序是保证环境影响评价工作顺利进行和实施的管理程序，是管理部门的监督手段。我国基本建设程序与环境管理程序的工作关系如图 3-1 所示。

图 3-1　我国基本建设程序与环境管理程序的工作关系

3.2　环境影响评价工作程序

环境影响评价工作程序如图 3-2 所示。环境影响评价工作大体分为三个阶段：

第一阶段为准备阶段：主要工作为研究有关文件，进行初步的工程分析和环境现状调查，筛选重点评价项目，确定各单项环境影响评价的工作等级，编制评价工作大纲；

第二阶段为正式工作阶段：其主要工作为进一步做工程分析和环境现状调查，并进行环境影响预测和评价环境影响；

第三阶段为报告书编制阶段：其主要工作为汇总、分析第二阶段工作所得到的各种资料、数据，做出结论，完成环境影响报告书的编制。

图 3-2　环境影响评价工作程序

如通过环境影响评价对原选厂址给出否定结论时，对新选厂址的评价应重新进行；如需进行多个厂址的选择，则应对各个厂址分别进行预测和评价。

3.2.1　确定环境影响评价工作等级

评价工作的等级是指需要编制环境影响评价和各专题其工作深度的划分，各单项环境影响评价分为三个工作等级，一级评价最详细，二级次之，三级较简略。各单项影响评价工作等级划分的详细规定，可参阅相应导则。工作等级的划分依据如下：

①设项目的工程特点（工程性质、工程规模、能源及资源的使用量及类型、源项等）；

②目的所在地区的环境特征（自然环境特点、环境敏感程度、环境质量现状及社会经

济状况等）；

　　③国家或地方政府所颁布的有关法则（包括环境质量标准和污染物排放标准）。

　　对于某一具体建设项目，在划分各评价项目的工作等级时，根据建设项目对环境的影响、所在地区的环境特征或当地对环境的特殊要求情况可作适当调整。

3.2.2　编制环境影响评价大纲

　　环境影响评价大纲是环境影响评价报告书的总体设计和行动指南。评价大纲应在开展评价工作之前编制，它是具体指导环境影响评价的技术文件，也是检查报告书内容和质量的主要依据。该文件应在充分研读有关文件、进行初步的工程分析和环境现状调查后形成。

　　评价大纲一般包括以下内容：

　　①总则（包括评价任务的由来、编制依据、控制污染和保护环境的目标、采用的评价标准、评价项目及其工作等级和重点等）；

　　②建设项目概况；

　　③拟建项目地区环境简况；

　　④建设项目工程分析的内容与方法；

　　⑤环境现状调查（根据已确定的各评价项目工作等级、环境特点和影响预测的需要，尽量详细地说明调查参数、调查范围及调查的方法、时期、地点、次数等）；

　　⑥环境影响预测与评价建设项目的环境影响（包括预测方法、内容、范围、时段及有关参数的估值方法，对于环境影响综合评价，应说明据拟采用的评价方法）；

　　⑦评价工作成果清单，拟提出的结论和建议的内容；

　　⑧评价工作有组织、计划安排；

　　⑨经费概算。

3.2.3　评价区域环境质量现状调查和评价

　　环境现状调查是各评价项目（或专题）共有的工作，虽然各专题所要求的调查内容不同，但其调查目的都是为了掌握环境质量现状或本底，为环境影响预测、评价和累积效应分析以及投产运行进行环境管理提供基础数据。因此，调查工作应符合下列要求。

1. 环境现状调查的一般原则

　　根据建设项目所在地区的环境特点，结合各单项评价的工作等级，确定各环境要素的现状调查范围，筛选出应调查的有关参数。原则上调查范围应大于评价区域，特别是对评价区域边界以外的附近地区，若遇有重要的污染源时，调查范围应适当放大。

　　环境现状调查应首先搜集现有资料，经过认真分析筛选，择取可用部分。若这些资料仍不能满足需要时，再进行现场调查或测试。

　　环境现状调查中，对与评价项目有密切关系的部分应全面、详尽，尽量做到定量化；对一般自然和社会环境的调查，若不能用定量数据表达，应作详细说明，内容也可适当调整。

2. 环境现状调查的方法

　　调查的方法有：搜集资料法、现场调查法和遥感法。表3-1对这三种方法进行了比较，通常这三种方法的有机结合、互补是最有效的和可行的。

表 3-1　环境现状调查三种方法的比较

方法	搜集资料法	现场调查法	遥感法
特点	应用范围广、收效大、较节省人力、物力、时间	直接获取第一手资料可弥补搜集资料法的不足	从整体上了解环境特点特别是人们不易开展现状调查地区的环境状况
局限性	只能获取第二手资料往往不全面，需要补充	工作量大、耗费人力、物力和时间多，往往受季节、仪器条件的限制	精度不高、不宜用于微观环境状况调查，受资料判读和分析技术的制约

3. 环境现状调查的内容

环境现状的调查的主要内容有：①地理位置；②地貌、地质和土壤情况，水系分布和水文情况，气候与气象；③矿藏、森林、草原、水产和野生动植物、农产品、动物产品等情况；④大气、水、土壤等和环境质量现况；⑤环境功能情况（特别注意环境敏感区）及重要的政治文化设施；⑥社会经济情况；⑦人群健康状况及地方病情况；⑧其他环境污染和破坏的现况资料。

4. 环境影响预测

（1）预测的原则

预测的范围、时段、内容及方法应按相应评价工作等级、工程与环境的特性、当地的环境要求而定。同时应考虑预测范围内，规划的建设项目可能产生的环境影响。

（2）预测的方法

通常采用的预测方法有数学模式法、物理模型法、类比调查法和专业判断法。预测时应尽量选用通用、成熟、简便并能满足准确度要求的方法，如表 3-2 所示。

表 3-2　环境影响预测常用方法

方法	特点	应用条件
①数学模式法	计算简便、结果定量。需要一定的计算条件、输入必要的参数和数据	模式应用条件不满足时，要进行模式修正和验证，应首先考虑要用此法
②物理模型法	定量化和再现性好，能反映复杂的环境特征	合适的实验条件和必要的基础数据。无法采用①法而精度要求不高时，应选用此法
③类比调查法	半定量性质	时间限制短，无法取得足够参数、数据，不能采用①法时，可选用此法
④专业判断法	定性反映环境影响	某些项目评价难以定量时，或上述三种方法不能采用时，可选用此法

（3）预测阶段的时段

建设项目的环境影响分为三个阶段（即建设阶段、生产运营阶段、服务期满或退役阶段）和两个时段（即冬、夏两季或丰、枯水期），所以预测工作在原则上也应与此相应。但对于污染物排放种类多、数量大的大中型项目，除预测正常排放情况下的影响外，还应预测各种不利条件下的影响（包括事故排放的环境影响）。

（4）预测的范围和内容

为全面反映评价区内的环境影响，预测点的位置和数量除应覆盖现状监测点外，还应根据工程和环境特征以及环境功能要求而设定。预测范围应等于或略小于现状调查的范围。

预测的内容依据评价工作等级、工程与环境特征及当地环保要求而定，既要考虑建设项目对自然环境的影响，也要考虑社会和经济的影响；既要考虑污染物在环境中的污染途径，也要考虑对人体、生物及资源的危害程度。

5. 环境影响评价

评价建设项目的环境影响是关于环境影响资料的鉴别、收集、整理的结构机制，以各种形象化的形式提出各种信息，向决策者和公众表达开发行为对环境影响的范围、程度和性质。关于环境影响评价的方法可以归纳很多，主要有如下方法：

①列表清单法；

②矩阵法；

③网络法；

④图形叠置法；

⑤结合计算辅助法；

⑥指数法；

⑦环境影响预测模型；

⑧环境影响综合评价模型等。

在这些环境影响评价方法中，应用的原理、需要的设备条件及最后结果的表示方式都不一样。在结果的表述中，有的是定量的数据，有的则是定性的描述。

环境影响评价方法正在不断改进，科学性和实用性不断提高。目前以从孤立地处理单个环境参数发展为综合参数之间的联系，从静态地考虑开发行为对环境生态的影响，发展到综合动态点来研究这些影响。

6. 环境影响报告书的编制

环境影响报告书是环境影响评价程序和内容的书面表现形式之一，是环境影响评价项目的重要技术文件。在编写时应遵循一定的原则，应根据环境和工程特点及评价工作等级进行编制。

3.3 环境影响报告书

3.3.1 环境影响报告书编制原则

环境影响报告书是环境影响评价程序和内容的书面表现形式之一，是环境影响评价项目的重要技术文件，在编写时应遵循以下原则。

① 环境影响报告书应该全面、客观、公正，概括地反映环境影响评价的全部工作；评价内容较多的报告书，其重点评价项目另编分项报告书，主要的技术问题另编专题报告书。

② 文字应简洁、准确，图表要清晰，论点要明确。大（复杂）项目，应有主报告和分报告（或附件）。主报告应简明扼要，分报告把专题报告、计算依据列入。

3.3.2 环境影响报告书编制基本要求

环境影响报告书的编写要满足以下基本要求。

①环境影响报告书总体编排结构应符合《建设项目保护管理条例》要求，内容全面，

重点突出，实用性强。

②基础数据可靠。基础数据是评价的基础，基础数据若有错误，特别是污染源排放量有错误，即使选用正确的计算模式和精确的计算，其计算结果都是错误的。对不同来源的同一参数数据出现不同时应进行核实。

③预测模式及参数选择合理。环境影响评价预测模式都有一定的适用条件，参数也因污染物和环境条件的不同而不同。因此，预测模式和参数选择应"因地制宜"。应选择模式的推导（总结）条件和评价环境条件相近（相同）的模式。选择总结参数时的环境条件和评价环境条件相近（相同）的参数。

④结论观点明确，客观可言。结论中必须对建设项目的可行性、选址的合理性作出明确回答，不能模棱两可。结论必须以报告书中客观的论证为依据，不能带感情色彩。

⑤语句通顺、条理清楚、文字简练、篇幅不宜过长。凡带有综合性、结论性的图表应放到报告书的正文中，对有参考价值的图表应放到报告书的附件中，以减少篇幅。

⑥环境影响报告书中应有评价资格证书，报告书的署名，报告书编制人员按行政总负责人、技术总负责人、技术审核人、项目总负责人依次署名，报告书编写人署名。

3.3.3　环境影响报告书编制要点

建设项目的类型不同，对环境的影响差别很大，环境影响报告书的编制内容也就不同。虽然如此，但其基本格式、基本内容相差不大。环境影响报告书编写的基本格式有两种：一种以环境现状（背景）调查、污染源调查、影响预测及评价分章编排的。它是（86）国环字 003 号文件附件中规定的编排格式。另一种是以环境要素（含现状评价及影响评价）分章编排的。以前一种编排居多，下面对两种编排的要点分别加以叙述。

1. 按现状调查及影响评价编排环境影响报告书编制要点

（1）总论

①环境影响评价项目的由来。说明建设项目立项始末，批准单位及文件，评价项目的委托，完成评价工作概况。

②编制环境影响报告书的目的。结合评价项目的特点，阐述《环境影响报告书》的编制目的。

③编制依据：a. 评价委托合同或委托书；b. 建设项目建议书的批准文件或可行性研究报告的批准文件；c.《建设项目环境保护管理条例》及地方环保部门为贯彻此办法而颁布的实施细则或规定；d. 建设项目的可行性研究报告或设计文件；e. 评价大纲及审批文件。在编写报告书时用到的其他资料，如农业区域发展规划，国土资源调查，气象、水文资料等不应列入编制依据中，可列入报告书后面的参考文献中。

④评价标准。在环境影响报告书中应列出环保管理部门的环保标准。当标准中分类或分级别时，应指出执行标准的哪一类或哪一级。评价标准一般应包括大气环境、水环境、土壤、环境噪声等环境质量标准，以及污染物排放标准。

⑤评价范围。评价范围可按大气环境、地面水环境、地下水环境、环境噪声、土壤及生态环境分别列出，并应简述评价范围确定的理由，应给出评价范围的评价地图。

⑥控制及保护目标。应指出建设项目中有没有需要特别加以控制的污染源，主要是排入量特别大或排放污染物毒性很大的污染源。

应指出在评价区内有没有需要重点保护的目标，例如，特殊住宅区、自然保护区、疗养院、文物古迹、风景游览区等。指出在评价区保护的目标,例如人群、森林、草场、农作物等。

(2) 建设项目概况

应介绍建设项目规模、生产工艺水平、产品方案、原料、燃料及用水量、污染物排放量、环保措施,并进行工程影响环境因素分析等。

①建设规模。应说明建设项目的名称、建设性质、厂址的地理位置、产品、产量、总投资、利税、资金回收年限、占地面积、土地利用情况、建设项目平面布置(附图)、职工人数、全员劳动生产率。若是扩建、改建项目,应说明原有规模。

②生产工艺简介。建设项目的类型不同(如工厂、矿山、铁路、港口、水电工程、水利灌溉工程等),其生产工艺各不相同。下面就工业生产项目说明工艺简介的一般内容。

生产工艺介绍是按产品生产方案分别介绍的,要介绍每一个产品生产方案的投入产出的全过程。从原料的投入,经过多少次加工,加工的性质,排出什么污染物及数量如何,最终得到什么产品。在生产工艺介绍中,凡有重要的化学反应方程式,均应列出,应给出生产工艺流程图。应对生产工艺的先进性进行说明。对于扩建、改建项目,还应对原有的生产工艺、设备及污染防治措施进行分析。

③原料、燃料及用水量。应给出原料、燃料(煤、油)的组成成分及百分含量,以表列出原料、燃料(煤、油)、用水量(新鲜水补给量、循环水量)的年、月、日、时的消耗量,最好给出生物料平衡图和水量平衡图。

④污染物的排放量清单。应列出建设项目建成投入后,各污染物排放的废气、废水、废渣的数量,及其排放方式和排放去向。当有放射性物质排放时,应给出种类、剂量、来源、去向。对设备噪声功率级,对振动源应给出振动级。对于扩建、技改项目,应列出技改前后或扩建前后的污染排放量清单。

⑤建设项目采取的环保措施。对建设项目拟采取的废气、废水治理方案、工艺流程、主要设备、处理效果、处理后排放的污染物是否达到排放标准,投资及运转费用加以介绍。还要介绍固体废弃物的综合利用、处置方案及去向。

⑥工程影响环境因素分析。根据污染源、污染物的排放情况及环境背景状况,分析污染物可能影响环境的各个方面,将其主要影响作为环境影响预测的重要内容。

(3) 环境现状

1) 自然环境调查

①评价区的地形、地貌、地质概况。

②评价区内的水文地质情况。列出评价区内的江、河、湖、水库、海的名称、数量、发源地,评价区段水文情况。对于江、河应给出年平均径流量、平均流量、河宽、比降、弯曲系数、平枯丰三个水期的流量和流速(某一保证率下的)。给出评价区地下水的类型、埋藏深度、水质类型等。

③气象与气候。应给出气候类型及特征,列出平均气温、最热月平均气温、年平均气温、气温年较差、绝对最高气温、绝对最低气温、年均风速、最大风速、主导风向、次主导风向、各风向频率、年蒸发量、降水量的分布、年日照时数、灾害性天气等。

④土壤及农作物。评价区内土壤类型、种类、分布、肥力特征。粮食、蔬菜、经济作物的种类及分布。

⑤森林、草原、水产、野生动物、野生植物、矿藏资源等情况。

2）社会环境调查

①评价区内的行政区划、人口分布、人口密度、人口职业构成与文化构成。

②现有工矿企业的分布概况（产品、产量、产值、利税、职工人数）及评价区内交通运输情况。

③文化教育概况。

④人群健康及地方病情况。

⑤自然保护区、风景游览区、名胜古迹、温泉、疗养区以及重要政治文化设施。

3）评价区大气环境质量现状（背景）调查

应给出大气监测点的位置（附监测点布置图）及布点理由，监测项目及选择理由，监测天数、每天监测次数、时段、采样仪器、方法及分析方法等。通常以列表方式给出大气监测结果。在表中列出各监测点大气污染物的一次浓度值和日平均浓度值的范围、超标率、最大超标倍数、并计算出评价区内大气污染物背景值。如需要分析大气污染物浓度的日变化规律，应加密监测次数，绘出日变化曲线。

大气环境现状评价方法很多，在环境影响评价中最为常用的以超标率和最大超标倍数表示大气污染程度。尽可能分析造成大气污染的原因。在有历年大气监测资料的评价区，可把历年资料和这次监测资料一起分析、评价大气质量状况。

4）地面水环境质量现状调查

应给出监测断面的地理位置，每个监测断面的采样点数目及位置，监测项目，并说明选择的理由。应给出监测时期、监测天数、每天采样次数。在采样同时测量河水水文参数（水温、流速、流量、河宽、河深等）。

将地面水水质监测结果以列表形式给出。用评价标准评价地面水质的方法有两类。一类是综合评价方法，如 W 值分级法、蒋小玉提出的分级评分法、罗斯（S. L. ROSS）的水质指数、内梅罗（N. L. Nemerow）水污染指数等。它们在水质评价中曾起过积极作用。但 GB 3838—2002《地表水环境质量标准》颁布以后，它们都不能继续应用了。这是因为《地表水环境质量标准》中规定："标准值单项超标，即表明使用功能不能保证"。另一类是直接对比法，将监测值与评价标准对比，以超标率和超标倍数来表示各项指标是否符合评价标准的要求。水中各项指标均满足某类水质的要求，这种水满足这类水质要求。如有一项超标，这种水就不能满足这类水质标准的要求。

如果地面水受到污染，尽可能找出污染的原因，以便治理。

5）地下水质现状（背景）调查

应给出地下水监测点的位置、监测项目、分析方法、采样时间及次数，指出地下水是潜水还是承压水。将地下水监测结果列表给出，把监测值与评价标准（通常采用生活饮用水卫生标准）直接进行对比，给出超标率和超标倍数，评价地下水质量。如地下水受到污染，尽可能找出污染的原因。

6）土壤及农作物现状调查

应给出评价区内的土壤类型、分布状况及土地利用情况。给出土壤监测点的位置、采样方法、监测项目、分析方法。列表给出土壤监测值，把监测值与评价标准进行对比，评价土壤环境质量。目前，我国只有土壤中砷的卫生标准。因此，评价标准多采用本省同类土壤背景值或对照点的土壤中污染物的含量。

简述评价区内的主要农作物、果树及其种植分布情况。给出采集农作物和果树的种类及采集样品的部位、采集点、监测项目及分析方法。列表给出监测结果。将监测结果与食品卫生标准或对照区的同类作物的污染物一般含量进行对比，评价农作物或果树的污染情况。

7）环境噪声现状（背景）调查

应给出环境噪声监测点的位置、监测时间、监测仪器、监测方法、气象条件、监测点处的主要噪声源。根据噪声监测数据进行数据处理，统计分析，计算出各监测点的昼间、夜间的等效声级及标准差，并给出 L_{10}、L_{50}、L_{90} 值。将等效声级与评价标准值对比，评价环境噪声状况。在评价区内，如果交通运输很忙，还应进行交通噪声监测及评价。

8）评价区内人体健康及地方病调查

应给出人体健康调查的区域，调查人数，性别、年龄、职业机构、体验项目、检查方法、调查结果的数理统计，污染区与对照区的比较分析。还可进行死亡回顾调查、儿童生长发育调查、地方病专项调查等。

9）其他社会、经济活动污染、破坏环境现状调查

（4）污染源调查与评价

污染源向环境中排放污染物是造成环境污染的根本原因。污染排放污染物的种类、数量、方式、途径及污染源的类型和位置，直接关系到它危害的对象、范围和程度。因此，污染源调查与评价是环境影响评价的基础工作。

1）建设项目污染源预估

根据生产工艺找出废气、废水、废渣、噪声、振动和放射性等污染源。列表分别给出各污染源排放的污染物种类、数量、性质、排放方式、排放规律、排放途径及去向。还应给出非正常生产情况下污染物排放情况。对污染源排放水平进行评价，看其是否符合国家"三废"排放标准或行业排放标准。

2）评价区内污染源调查与评价

应说明评价区内污染源调查方法、数据来源、评价方法。分别列表给出评价区内大气污染源、水污染源、废渣污染源的污染物排放量、排放浓度、排放方式、排放途径和去向，评价结果，从而找出评价区内的主要污染源和主要污染物，应绘制评价区内污染源分布图。

（5）环境影响预测与评价

1）大气环境影响预测的评价

①污染气象资料的收集及观测。对于中小型建设项目，污染气象资料的获得以收集资料为主；对大型建设项目或复杂地形地区的建设项目，除收集资料外，应进行必要的污染气象现场测试。

首先说明污染气象资料来源及对评价区的适用程度。分别给出年（季）的风向、风速玫瑰图，风向、风速、大气稳定度的联合的频率，月平均风速随月的变化情况，低空风场的垂直分布，气温的垂直分布，逆温的生消规律、逆温特征、混合层高度等。

在上述资料的基础上，找出四季的典型气象条件、熏烟、静风、有上部逆温等特殊气象条件的气象参数，作为计算大气污染物扩散的气象参数。还应给出污染气象现场观测采用的仪器、观测方法、观测时间、数据处理方法等。

②预测模式及参数的选用。对大气扩散模式、烟气抬升高度公、风速廓线模式应逐一列出，并简要说明选取的理由。说明选用大气扩散参数的理由。

③污染源参数。列表给出建设项目正常生产和非正常生产情况下大气污染源的源强、排气筒高度、出口内径、烟气量、出口速度、烟气温度等参数。

④预测结果分析及评价。说明计算大气污染物浓度的类型，例如年日均浓度、四季的日

均浓度、各种不利气象条件下的一次浓度，各种稳定度下的地面轴线浓度等。给出相应的各种浓度等值线图及浓度距离图。说明在正常生产情况下，在各种气象条件下的相对最大日均浓度和最大一次浓度、最大超标倍数、超标面积，与评价标准比较作出评价。说明在非正常生产情况下，在种种气象条件下的最大一次浓度、最大超标数，与标准比较作出评价。

2）水环境影响预测与评价

①地面水环境影响预测与评价

根据工程影响环境因素分析，排放废水中的主要污染物及河水中主要污染物，选定环境影响预测因子。给出水环境影响预测的水体参数。例如河流，要给出河道特征，断面形式、河床宽度、水深、比降等。还应给出水文变化规律，如年径流量的变化，河水流量的月变化，丰、枯、平三个水期的流量流速、水温的变化。特别指出影响预测选定的河流参数。给出各污染源程序的污染排放量及浓度。预测模式及主要参数的选用，并应说明理由。说明预测的类型，列表给出水质预测结果，把预测值与评价标准直接对比，评价对水环境的影响。

②地下水环境影响预测与评价。地下水环境影响预测与评价是一个非常复杂的问题。它需要多年的地下污染监测资料和水文地质资料，才能运用数学解析的方法预测地下水水质。在一般的评价项目中，往往不具备条件，不作数值预测，只作定性或半定量的分析。

3）噪声环境影响预测及评价

①噪声源声功率级的确定及噪声传播的空间环境特征。

②根据噪声源类型及空间环境特征选择噪声预测模式。

③选择空间环境的特征参数，进行模式预测。

④列表给出预测结果，把环境噪声预测值和评价标准值直接对比，评价对声学环境的影响，也可给出噪声等值线图。环境噪声影响预测包括建设项目环境噪声预测、交通噪声影响预测、飞机噪声影响预测等。它们的预测方法不同，但大体步骤如上所述。

4）生态环境影响评价

对土壤环境影响预测模式研究，近年来渐多，但都不成熟。对土壤环境影响预测多以类比调查为主。对农作物的影响评价多以类比调查定性说明。在评价时间允许的条件下，可进行盆栽实验、大田实验或模拟实验。对自然生态的影响评价为陆生生态、水生生态、海洋生态，要素有植物、动物（含水生生物）、微生物等。

5）对人群健康影响分析

根据污染物在环境中浓度的预测结果，利用污染物剂量与人群健康之间的效应关系，分析对人群健康的影响。

6）振动及电磁波的环境影响分析

首先确定振动及电磁波的发生源的源强，根据传递空间或介质的特性选择适当的预测模式预测，列表给出计算结果，分析对环境的影响。也可用类比分析其影响。

7）对周围地区的地质、水文、气象可能产生的影响

对于大型水库建设项目、农业田水利工程、大型水电让等均应考虑这方面的影响。

（6）环保措施的可行性及经济技术论证

1）大气污染防治措施的可行性分析及建议

①给出建设项目废气净化系统的除尘系统工艺，设备种类、型号、效率、能耗、排放指标。

②论述排放指标是否达到排放标准。

③论述处理工艺及设备的可行性。

④论述排气筒是否满足有关规定。

⑤建议。

2）废水治理措施的可行性分析与建议

①给出建设项目废水治理措施的工艺原理、流程、处理效率、排放指标。

②论述排放指标是否达到排放标准。

③论述废气治理措施的可行性、可靠性、先进性。

④建议。

3）对废渣处理及处置的可行性分析

4）对噪声、振动等其他污染控制措施的可行性分析

5）对绿化措施的评价及建议

介绍建设项目采取的绿化措施，论述绿化面积、绿化布局方案、树种、花类的合理性，并提出建议

6）环境监测制度建议

①监测机构的设置、人员和仪器设备的配备等。

②对环境监测布点及主要污染源监测的建议。

③监测项目。

（7）环境影响经济损益简要分析

环境影响经济损益简要分析是从社会效益、经济效益、环境效益统一的角度论述建设项目的可行性。由于这三个效益的估算难度很大，特别是环境效益中的环境代价估算难度更大，目前还没有较好的方法，使环境影响经济损益简要分析还处于探索阶段，有待今后的研究和开发。目前，主要从以下几方面进行。

1）建设项目的经济效益

①建设项目的直接经济效益，说明其利税、资金回收年限、贷款偿还期。

②建设项目的产品为社会其他部门带来的经济效益。

③环保投资及运转费。

2）建设项目的环境效益

建设项目建成后使环境恶化，对农、林、牧、渔业造成的经济损失及污染治理费用。环保副产品收益，环境改善效益。

3）建设项目的社会效益

建设项目的产品满足社会需要，促进生产和人民生活的提高，促进当地经济、文化的进步，增加就业机会等。最后综合分析社会效益、经济效益、环境效益，权衡利弊，提出建设项目是否可行。

（8）实施环境监测的建议

针对建设项目环境影响特点，要提出对各排放口（气、水、渣、噪声源）的监测方案或计划，以及对环境现状（大气环境、地面水环境、土壤环境、生物环境等）的监测方案或计划，并提出配置监测设备和人员的建议。

（9）结论要简要、明确、客观地阐述评价工作的主要结论，包括下述内容

①评价区的环境质量现状。

②污染源评价的主要结论，主要污染源及主要污染物。

③建设项目对评价区环境的影响。

④环保措施可行性分析的主要结论及建议。

⑤从三个效益统一的角度，综合提出建议项目的选址、规模、布局等是否可行。建议应包括各节中的主要建议。

（10）附件、附图及参考文献

①附件主要有建设项目建设书及其批复，评价大纲及其批复。

②附图。在图、表特别多的报告书中可编附图分册，一般情况下不另编附图分册。若没有该图对理解报告书内容有较大困难时，该图应编入报告书中，不入附图。

③参考文献。应给出作者、文献名称、出版单位、版次、出版日期等。

2. 按环境要素分章的环境影响报告书编制要点

（1）总论

内容同前

（2）建设项目概况与评价

内容同前

（3）污染源调查现状及影响评价

（4）大气环境现状及影响评价

包括上述的大气环境现状（背景）调查及大气环境影响预测与评价两部分内容。

（5）地面水环境现状及影响评价

包括上述的地面水环境现状（背景）调查及地面水环境影响预测与评价两部分内容。

（6）地下水环境现状及影响评价

包括上述的地下水环境现状（背景）调查及地下水环境影响预测与评价两部分内容。

（7）环境噪声现状及影响评价

包括上述的环境噪声调查及环境噪声影响预测与评价两部分内容。

（8）土壤及农作物现状与影响预测分析

包括上述土壤及农作物现状调查和土壤及农作物环境影响分析两部分内容。

（9）人群健康现状及对人群健康影响分析

包括上述评价区内人体健康及地方病调查和人群健康影响分析两部分内容。

（10）生态环境现状及影响预测和评价

包括陆生生态、水生生态、海洋生态等不同的生态系统，也可分为森林、草原、农田等典型生态系统，自然生态系统的要素有野生动物、野生植物等，评价其现状及建设项目对生物和其环境的影响。生态环境影响评价还涉及土壤、农田、水产等资源问题。

（11）特殊地区的环境现状及影响预测和评价

自然保护区、风景保护区、风景游览区，名胜古迹、温泉、自然遗迹、疗养区、学校、医院及重要政治文化设施等地区环境现状，建设项目对这些地区的影响预测及评价。

（12）建设项目对其他环境影响预测和评价

振动、电磁波、放射性的环境现状，建设项目对其环境影响评价及预测。

（13）环保措施的可行性分析及建议

内容同前。

（14）环境影响经济损益简要分析

内容同前。

（15）结论及建议

内容同前。

第4章 污染源调查与工程分析

4.1 污染源调查与评价

4.1.1 污染源调查内容

污染源是指对环境产生污染影响的污染物发生源，通常是指向环境排放有害物质或对环境产生有害影响的场所、设备和装置。污染源排放的污染物质的种类、数量、排放方式、途径及污染源的类型和位置直接关系到其影响的对象、范围、程度。污染源调查就是要了解、掌握上述情况及其他有关问题，通过污染源调查，找出建设项目和所在区域内所有的主要污染源和主要污染物，作为评价的基础。

1. 工业污染源调查内容

工业生产中的一些环节，如原料生产、加工过程，加热和冷却过程，成品整理过程等使用的生产设备或生产场所，都可能成为工业污染源。除废渣堆放场和工业区降水径流构成的污染物外，多数工业污染源属于点污染源，它通过排放废气、废水、废渣和废热污染大气、水体和土壤，还产生噪声、振动来危害周围环境。

（1）企业和项目概况

企业或项目名称、企业性质、项目组成和规模、厂区占地面积、职工构成及辅助设施、配套工程等。

（2）工艺调查

工艺原理、工艺流程、工艺水平、设备水平、环保设施。

（3）能源、水源、原辅材料情况

能源构成、产地、成分、单耗、总耗；水源类型、供水方式、供水量、循环水量、循环利用率、水平衡；原辅材料种类、产地、成分及含量、消耗定额、总消耗量。

（4）生产布局调查

企业或项目总体布局、原料和燃料堆放场、车间、办公室、厂区、居住区、堆渣场、污染源的位置、绿化带等。

（5）管理调查

管理体制、编制、生产制度、管理水平及经济指标；环境保护管理机构编制、环境管理水平等。

（6）污染物治理调查

工艺改革、综合利用、管理措施、治理方法、治理工艺、投资、效果、运行费用、副产品的成本及销路、存在问题、改进措施、今后治理规划或设想。

（7）污染物排放情况调查

污染物种类、数量、成分、性质；排放方式、规律、途径、排放浓度、排放量（日、年）；排放口位置、类型、数量、控制方法；排放去向、历史情况、事故排放情况。

（8）污染源调查

人体健康危害调查，动植物危害调查，污染物危害造成的经济损失调查，危害生态系统情况调查。

（9）发展规划调查

生产发展方向、规模、指标、"三同时"措施、预期效果及存在问题。

2. 生活污染源调查内容

生活污染源主要指住宅、学校、医院、商业及其他公共设施，它排放的主要污染物有：污水、粪便、垃圾、污泥、废气等。

（1）城市居民人口调查

总人数、总户数、流动人口、人口构成、人口分布、密度、居住环境。

（2）城市居民用水和排水调查

用水类型（城市集中供水、自备水源），人均用水量，办公楼、旅馆、商店、医院及其他单位的用水量。下水道设置情况（有无下水道、下水去向），机关、学校、商店、医院有无化粪池及小型污水处理设施。

（3）民用燃料调查

燃料构成（煤、煤气、液化气），燃料来源、成分、供应方式，燃料消耗情况（年、月、日用量，每人消耗量、各区消耗量）。

（4）城市垃圾及处置方法调查

垃圾种类、成分、数量，垃圾场的分布，输送方式、处置方式、处理站自然环境、处理效果、投资、运行费用、管理人员、管理水平。

3. 农业污染源调查

农业常常是环境污染物的主要受害者，同时，由于施用农药、化肥，当使用不合理时也产生环境污染。

（1）农药使用情况的调查

农药品种，使用剂量、方式、时间，施用总量、年限，有效成分含量（有机氯、有机磷、汞制剂、砷制剂等），稳定性等。

（2）化肥使用情况的调查

使用化肥的品种、数量、方式、时间，每亩平均施用量。

（3）农业废弃物调查

农作物秸秆、牲畜粪便、农用机油渣。

（4）农业机械使用情况调查

汽车、拖拉机台数，月、年油耗量，行使范围和路线，其他机械的使用情况等。

除上述污染源调查外，还有交通污染源调查以及电磁辐射污染源调查等。

4.1.2 污染源调查程序与方法

1. 污染源调查程序

根据污染源调查的目的和要求，先制定出调查工作计划、程序、步骤、方法。一般污染源调查可分为三个阶段：准备阶段、调查阶段、总结阶段，各阶段包括的内容如表 4-1 所示。

表 4-1　污染源调查各阶段基本内容一览表

准备阶段	明确调查目的		
	制定调查计划		
	做好调查准备	组织准备	
		资料收集	
		分析准备	
		工具准备	
	搞好调查试点	普查试点	
		详查试点	
调查阶段	生产管理调查		
	污染治理调查		
	污染物排放情况调查	种类	
		排放量	物料衡算法
			排放系数法
			现场监测法（实测法）
		排放方式	
		排放规律	
	污染物危害调查		
	生产发展调查		
总结阶段	数据处理		
	建立档案		
	评价		
	文字报告		
	污染源分布图		

2. 调查方法

为搞好污染源调查，可采用点面结合的方法，可分为详查和普查两种。重点污染源调查称为详查；对区域内所有的污染源进行全面调查称为普查。各类污染源都应有自己的侧重点。同类污染源中，应选择污染物排放量大、影响范围广泛、危害程度大的污染源作为重点污染源进行详查。对详查单位要派调查小组蹲点进行调查。详查的工作内容从广度和深度上，都超过普查。重点污染源对一地区的污染影响较大，要认真调查好。

普查工作一般多由主管部门发放调查表，以填表方式进行。对于调查表格，可以根据特定的调查目的自行制定表格。进行一个地区的污染源调查时，要统一调查时间、调查项目、方法、标准和计算方法等。

3. 污染物排放量的确定

污染物排放量的确定是污染源调查的核心问题。确定污染物排放量的方法有三种：物料衡算法、经验计算法（排放系数法、排污系数）和实测法。

（1）物料衡算法

根据物质不灭定律，在生产过程中，投入的物料量应等于产品所含这种物料的量与这种物料流失的量的总和。如果物料的流失量全部由烟囱排放或由排水排放，则污染物排放量

（或称源强）就等于物料流失量。

（2）经验计算法

根据生产过程中单位产品的排污系数进行计算，求得污染物的排放量的计算方法称为经验计算法。计算公式为

$$Q = KW \tag{4-1}$$

式中　K——单位产品经验排放系数（kg/t）；

　　　W——单位产品的单位时间产量（t/h）。

各种污染物排放系数，国内外文献中给出很多。它们都是在特定条件下产生的。由于各地区、各单位的生产技术条件不同，污染物排放系数和实际排放系数可能有很大差距，因此，在选择时，应根据实际情况加以修正。在有条件的地方，应调查统计出本地区的排放系数。

对拟建工程的污染源进行排放量预测时，若上述两种方法均无法进行，可采用类比法进行预测。搜集国内外和拟建工程的性质、规模、工艺、产品、产量大体相近的生产厂（或设备）的污染物排放量，作为参考数据，估算拟建工程污染源的排放量。

（3）实测法

实测法是通过对某个污染源现场测定，得到污染物的排放浓度和流量（烟气或废水），然后计算出排放量，计算公式为

$$Q = CL \tag{4-2}$$

式中　C——实测的污染物算术平均浓度；

　　　L——烟气或废水的流量。

这种方法只适用于已投产的污染源。

4.2　工程分析

4.2.1　概述

工程分析是分析建设项目影响环境的因素，其主要任务是通过对工程全部组成、一般特征和污染特征全面分析，从项目总体上纵观开发建设活动与环境全局的关系，同时从微观上为环境影响评价工作提供评价所需基础数据。

工程分析又是环境影响预测和评价的基础，并且贯穿于整个评价工作的全过程，因此常把工程分析作为评价工作的独立专题。工程分析的作用集中反映在下列四个方面：

1. 为项目决策提供依据

工程分析是项目决策的重要依据之一。在一般情况下，工程分析从环保角度对项目建设性质、产品结构、生产规模、原料路线、工艺技术、设备选型、能源结构、技术经济指标、总图布置方案、占地面积等作出分析意见。但是，在下列情况下，通过工程分析若发现不符合有关政策、法规规定时，可以据此直接作出结论。

①在特定或敏感的环境保护地区，例如，生活居住区、文教区、水源保护区、名胜古迹与风景游览区、疗养区、自然保护区等法定界区内，布置有污染影响并且足以构成危害的建设项目时，可以直接作出否定的结论。

②通过工程分析发现改、扩建项目与技术改造项目实施后，污染状况比现状有明显改善时，一般可作出肯定的结论。

③在水资源紧缺的地区布置大量耗水建设项目，若无妥善解决供水的措施，可以作出改变产品结构和限制生产规模，或否定建设项目的结论。

④对于在自净能力差或环境容量接近饱和的地区安排建设项目，通过工程分析，发现该项目的污染物排放量可增大现状负荷，而且又无法从区域进行调整控制的，原则上可作出否定的结论。

2. 弥补"可行性研究报告"对建设项目产污环节和源强估算的不足

目前建设项目"可行性研究报告"中仅对拟建工程主要生产工艺进行了初步研究，而对工程生产过程中具体产污环节没有具体的说明，特别是有关生产工艺过程中产污强度的估算数据仅能作为参考，其排污数据的完整性和可靠性不能满足环境影响评价对源强的要求，故在环境影响评价工作中需对各个生产工艺的产污环节重新进行详细分析，对各个产污环节的排污源强仔细核算，从而为水、气、固体废物和噪声的环境影响预测、污染防治对策及污染排放总量控制提供可靠的基础数据。

3. 为环保设计提供优化建议

建设项目的环保设计需要环境影响评价作为指导，尤其是改、扩建项目，工艺设备一般都比较落后，污染水平较高，要想使项目在改、扩建中通过"以新代老"把历史上积累下来的环保"欠账"加以解决，就需要工程分析从环保全局要求和环保技术方面提出具体意见。工程分析应力求对生产工艺进行优化论证，并提出符合清洁生产要求的清洁生产工艺建议；指出工艺研究上应该重点考虑的防污减污问题。此外，工程分析对环保措施方案中拟选工艺、设备及其先进性、可靠性、实用性所提出的剖析意见也是优化环保设计不可缺少的资料。

4. 为项目的环境管理提供建议指标和科学数据

工程分析筛选的主要污染因子是日常管理的对象，为保护环境所核定的污染物排放总量是开发建设活动进行控制的建议指标。

4.2.2 工程分析的方法

一般来讲，建设项目的工程分析都应根据建设项目规划、可行性研究和设计方案等技术资料进行工作。但是有些建设项目，如大型资源开发、水利工程建设以及国外引进项目，在可行性研究阶段所能提供的工程技术资料不能满足工程分析需要时，可以根据具体情况选用其他适用的方法进行工程分析。目前可供选用的方法有类比法、物料衡算法和资料复用法。

1. 类比法

类比法是利用与拟建项目类型相同的现有项目的设计资料或实测数据进行工程分析的常用方法。为提高类比数据的准确性，应充分从以下几方面考虑对象与类比对象之间的相似性。

（1）工程一般特征的相似性

所谓一般特征包括建设项目的性质、建设规模、车间组成、产品结构、工艺路线、生产方法、原料、燃料来源与成分、用水量和设备类型等。

（2）污染物排放特征的相似性

包括污染物排放类型、浓度、强度与数量、排放方式与去向，以及污染方式与途径等。

（3）环境特征的相似性

包括气象条件、地貌状况、生态特点、环境功能以及区域污染情况等方面的相似性。因为在生产建设中常会遇到这种情况，即某污染物在甲地是主要污染因素，在乙地则可能是次要因素，甚至是可被忽略的因素。

类比法也常用于单位产品的经验排污系数去计算污染物排放量。但是采用此法必须注意，一定要根据生产规模等工程特征和生产管理以及外部因素等实际情况进行必要的修正。

2. 物料衡算法

物料衡算法是用于计算污染物排放量的常规方法。此法的基本原则是遵守质量守恒定律，即在生产过程中投入系统的物料总量必须等于产出的产品量和物料流失量之和。其计算通式为

$$\sum G_{投入} = \sum G_{产品} + \sum G_{流失} \tag{4-3}$$

式中　$\sum G_{投入}$——投入系统的物料总量；

$\sum G_{产品}$——产出产品量；

$\sum G_{流失}$——物料流失量。

当投入的物料在生产过程中发生化学反应时，可按下列总量法或定额法公式进行衡算：

（1）总量法公式

$$\sum G_{排放} = \sum G_{投入} - \sum G_{回收} - \sum G_{处理} - \sum G_{转化} - \sum G_{产品} \tag{4-4}$$

式中　$\sum G_{投入}$——投入物料中的某污染物总量；

$\sum G_{产品}$——进入产品结构的某污染物总量；

$\sum G_{回收}$——进入回收产品中的某污染物总量；

$\sum G_{处理}$——经净化处理掉的某污染物总量；

$\sum G_{转化}$——生产过程中被分解、转化的某污染物总量；

$\sum G_{排放}$——某污染物的排放量。

（2）定额法公式

$$A = AD \times M \tag{4-5}$$

$$AD = BD - (aD + bD + cD + dD) \tag{4-6}$$

式中　A——某污染物的排放总量；

AD——某单位产品污染物排放定额；

M——产品总产量；

BD——单位产品投入或生成的某污染物量；

aD——单位产品中某污染物含量；

bD——单位产品生成的副产物、回收品中某污染物的含量；

cD——单位产品分解转化掉的污染物量；

dD——单位产品被净化处理掉的污染物量。

采用物料衡算法计算污染物排放量时，必须对生产工艺、化学反应、副反应和管理等情况进行全面了解，掌握原料、辅助材料、燃料的成分和消耗定额。但是只能在评价工作等级较低的建设项目工程分析中使用。

3. 资料复用法

此法是利用同类工程已有的环境影响报告书或可行性研究报告等资料进行工程分析的方

法。虽然此法较为简便，但所得数据的准确性很难保证，所以只能在评价工作等级较低的建设项目工程分析中使用。

4.2.3 工程分析的工作内容

工程分析的工作内容，原则上是应根据建设项目的工作特征，包括建设项目的类型、性质、规模、开发建设方式与强度、能源与资源用量、污染物排放特征，以及项目所在地的环境条件来确定。对于环境影响以污染因素为主的建设项目来说，其工作内容通常包括以下九部分，如表 4-2 所示。

表 4-2　工程分析基本工作内容一览表

工程分析项目	工作内容
工程概况	工程一般特征简介
	物料与能源消耗定额
	主要技术经济指标
产污环节分析	污染物产污环节分析
污染物分析	污染物分布及污染源强计算
	物料平衡与水平衡
污染源分析	无组织排放源强
	风险排放源强统计及分析
清洁生产水平分析	清洁生产水平分析
环保措施方案分析	分析本项目可确定环保措施方案所选工艺及设备的先进水平和可靠程度
	分析处理工艺有关技术经济参数的合理性
	分析环保措施投资构成及其在总投资中占有的比例
总图布置方案分析	分析厂区与周围的保护目标之间所定防护距离的安全性
	根据气象、水文等自然条件分析工厂和车间布置的合理性
	分析村镇居民拆迁的必要性
补充措施与建议	关于合理的产品结构与生产规模的建议
	优化总图布置的建议
	节约用地的建议
	可燃气体平衡和回收利用措施建议
	用水平衡及节水措施建议
	废渣综合利用建议
	污染物排放方式改进建议
	环保设备选型和实用参数建议
	其他建议
工程分析小结	建设项目在拟选厂址的合理生产规模与产品结构
	最佳总图布置方案
	最佳选定的主要污染源与污染因子
	主要污染因子的削减与治理措施
	可能产生的事故特征与防范措施建议
	必须确保的环保措施项目和投资
	其他重要建议

1．工程概况

（1）工程一般特征简介

工程一般特征简介主要是介绍项目的基本情况，包括工程名称、建设性质、建设地点、项目组成、建设规模、车间组成、产品方案、辅助设施、配套工程、储运方式、占地面积、职工人数、工程总投资及发展规划等，附总平面布置图。项目的建设规模和产品方案可以用表 4-3 给出，项目的组成可以参照表 4-4 列出。

表 4-3　项目建设规模和产品方案一览表

序号	工艺名称	建设规模	产品产量	商品量	年操作数	备　注
1						
2						
3						
……						

表 4-4　项目组成一览表

序号	生产装置	辅助生产装置	公用工程	环保工程	备　注
1					
2					
3					
……					

（2）物料及能源消耗定额

物料及能源消耗定额包括主要原料、辅助、材料、助剂、能源（煤、焦、油、气、电和蒸气）以及用水等的来源、成分和消耗量。物料及能源消耗定额可以按表 4-5 清楚地反映出来。

表 4-5　主要原辅材料消耗定额及来源一览表

序号	名　称	规　格	单　位	消　耗　量	来　源	备　注
1						
2						
3						
……						

（3）主要技术经济指标

主要技术经济指标包括产率、效率、转化率、回收率和放射率等。建设项目的技术经济指标可以采用表 4-6 的格式给出。

表 4-6　建设项目的技术经济指标一览表

序号	产　率	效　率	转化率	回收率	放射率	备　注
1						
2						
3						
……						

2. 工艺路线与生产方法及产污环节

用形象流程图的方式说明生产过程，同时在工艺流程中表明污染物的生产位置和污染物的类型，必要时列出主要化学反应和副反应式，同时在工艺流程中表明污染物的产生位置和污染物的类型。

3. 污染源源强分析与核算

（1）污染源分布及污染物源强核算

污染源分布和污染物类型及排放量是各专题评价的基础资料，必须按建设过程、生产过程和服务期满后（退役期）三个时期，详细核算和统计，力求完善。因此，对于污染源分布应根据已经绘制的污染流程图，并按排污点编号，标明污染物排放部位，然后列表逐点统计各种因子的排放强度、浓度及数量。

对于废气可按点源、面源、线源进行核算，说明源强、排放方式和排放高度及存在的有关问题。废水应说明种类、成分、浓度、排放方式、排放去向。废液应说明种类（按《固体废物污染环境防治法》进行分类）、成分、浓度、处置方式和去向等有关问题。废渣应说明有害成分、溶出物浓度、数量、处理和处置方式和存储方法。噪声和放射性应列表说明源强、剂量及分布。

污染物的排放状况可采用表4-7方式表示。

表4-7　污染源强一览表

序号	指标名称	单　位	数　量	备　注
1				
2				
3				
……				

统计方法应以车间或工段为核算单元，对于泄漏和放散量部分，原则上要求实测，实测有困难时，可以利用年均消耗定额的数据进行物料平衡推算。

（2）新建项目污染物源强

在统计污染物排放量的过程中，对于新建项目要求算清两本账：一本是工程自身的污染物设计排放量；另一本则是按治理规划和评价规定措施实施后能够实现的污染物削减量。两本账之差才是评价需要的污染物量终排放量。可以用表4-8的形式列出。

表4-8　建设项目污染物排放量一览表

类别	名称	排放点	设计排放量	设计排放浓度	排放方式	排放去向	执行排放标准	处理后排放量	处理后排放浓度	最终排放去向	备注
废气											
废水											
固体废弃物											

（3）改扩建项目和技术改造项目污染物源强

对于改扩建项目和技术改造项目的污染物排放量统计则要求算清三本账；第一本账是改扩建与技术改造前现有的污染物实际排放量；第二本账是改扩建与技术改造项目按计划实施的自身污染物排放量；第三本账是实施治理措施和评价规定措施后能够实现的污染削减量。三本账之代数和方可作为评价后所需的最终排放量，可以采用表 4-8 分别列出。

（4）通过物料平衡计算污染源强

依据质量守恒定律，投入的原材料和辅助材料的总量等于产出的产品和副产物以及污染物的总量。通过物料平衡，可以核算产品和副产品的产量，并计算出污染物的源强。物料平衡的种类很多，有以全厂物料的总进出为基准的物料衡算，也有针对具体的装置或工艺进行的物料平衡，比如在合成氨厂中，针对氨进行的物料平衡，称为氨平衡。在环境影响评价中，必须根据不同行业的具体特点，选择若干有代表性的物料进行物料平衡。

（5）水平衡

水平衡是建设项目所用的新鲜水总量加上原料带来的水量等于产品带走的水量、损失水量、排放废水量之和。可以用以下表达式：

$$Q_f + Q_r = Q_p + Q_l + Q_w \tag{4-7}$$

式中　Q_f——新鲜水总量；

　　　Q_r——原料带来的水量；

　　　Q_p——产品带走的水量；

　　　Q_l——生产过程损失水量；

　　　Q_w——排放废水量。

（6）无组织排放源的统计

无组织排放是指生产装置在生产运行过程中污染物不经过排气筒（管）的无规则排放，表现在生产工艺过程中具有弥散型污染物的无组织排放，以及设备、管道和管件的跑冒滴漏，在空气中的蒸发、逸散引起的无组织排放。

（7）风险排污的源强统计及分析

风险排污包括事故排污和非正常工况排污两部分。

①事故排污的源强统计应计算事故状态下的污染物最大排放量，作为风险预测的源强。事故排污分析应说明在管理范围内可能产生的事故种类和频率，并提出防范措施和处理方法。

②非正常工况排污是指工艺设备或环保设施达不到设计规定指标的超额排污，因为这种排污代表长期运行的排污水平，所以在风险评价中，应以此作为源强。非正常工况排污还包括设备检修、开车停车、试验性生产等。此类异常排污分析都应重点说明异常情况的原因和处置方法。

4. 清洁生产水平分析

重点比较建设项目与国内外同类型项目按单位产品或万元产值的排放水平，并论述其差距。一些项目要做专题清洁生产评价，对废气排放应按能源政策评述其合理性，对其中的可燃气体应说明回收利用的可行性；对于废水排放应通过水量平衡，并按资源利用和环保技术政策评述一水多用或循环利用有关参数的合理程度；对于废渣要求根据其性质、组成，综述其综合利用的前景。

5. 环保措施方案分析

（1）分析建设项目可研阶段环保措施方案，并提出进一步改进的意见

根据建设项目产生的污染物特点，充分调查同类企业的现有环保处理方案，分析建设项目可研阶段所采用的环保设施的先进水平和运行可靠程度，并提出进一步改进的意见。

（2）分析污染物处理工艺有关技术经济参数的合理性

根据现有的各类环保设施的运行技术经济指标，结合建设项目环保设施的基本特点，分析论证建设项目环保设施的技术经济参数的合理性，并提出进一步改进的意见。

（3）分析环保设施投资构成及其在总投资中占有的比例

汇总建设项目环保设施的各项投资，分析其投资结构，并计算环保投资在总投资中所占的比例，并提出进一步改进的意见。

6. 总图布置方案分析

（1）分析厂区与周围的保护目标之间所定卫生防护距离和安全防护距离的保证性

参考国家的有关安全防护距离规范，分析厂区与周围的保护目标之间所定防护距离的可靠性，合理布置建设项目的各构筑物，充分利用场地。

（2）根据气象、水文等自然条件分析工厂和车间布置的合理性

在充分掌握项目建设地点的气象、水文和地质资料的条件，减少不利因素，合理布置工厂和车间。

（3）分析村镇居民拆迁的必要性

分析项目产生的污染物的特点及其污染特征，结合现有的有关资料，确定建设项目对附近村镇的影响，分析村镇居民拆迁的必要性。

7. 补充措施与建议

（1）关于合理的产品结构与生产规模的建议

合理的产品结构和生产规模可以有效地降低单位污染物的处理成本，提高企业的经济效益，有效地降低建设项目对周围环境的不利影响。

（2）优化总图布置的建议

充分利用自然条件，合理布置建设项目中的各构筑物，可以有效地减轻建设项目对周围环境的不良影响，降低环境保护投资。

（3）节约用地的建议

根据各个构筑物的工艺特点和结构要求，做到合理布置，有效利用土地。

（4）可燃气体平衡和回收利用措施建议

可燃气体排入环境中，不仅浪费资源，而且对大气环境有不良影响，因此，必须考虑对这些气体进行回收利用。根据可燃气体的物料核算，可以计算出这些可燃气体的排放量，为回收利用措施的选择，提供基础数据。

（5）用水平衡及节水措施建议

根据用水平衡图，充分考虑废水回用，减少废水排放。

（6）废渣综合利用建议

根据固体废弃物的特性，选择有效的方法，进行合理的综合利用。

（7）污染物排放方式改进建议

污染物的排放方式直接关系到污染物对环境的影响，通过对排放方式的改进往往可以有效地降低污染物对环境的不利影响。

（8）环保设备选型和实用参数建议

根据污染物的排放量和排放规律，以及排放标准的基本要求，结合对现有资料的全面分析，提出污染物的处理工艺和基本工艺参数。

（9）其他建议

针对具体工程的特征，提出与工程密切相关的、有较大影响的其他建议。

8．工程分析小结

通过工程分析归纳写出小结，其要点包括：

①建设项目在拟选厂址的合理生产规模与产品结构；

②最佳总图布置方案；

③筛选确定的主要污染源与污染因子；

④主要污染因子的削减与治理措施；

⑤可能产生的事故特征与防范措施建议；

⑥必须确保的环保措施项目和投资；

⑦其他重要建议。

4.3　典型工程分析案例分析

为了对环境影响识别的内容有一个基本了解，以下列举的工程建设项目环境影响识别及有关说明作为示例。

1．飞机场

建造一个机场主要考虑五个方面的影响，按重要性排序，通常是噪声、大气质量、水质、社会影响和继发性社会经济效应。此外，还对植被与野生生物等有影响。

（1）噪声

凡是涉及机场选址、跑道选址、跑道范围，喷气式飞机首次起降计划，或加固跑道以供大型喷气式飞机使用的工程，都必须评价噪声影响。噪声影响识别的更具体内容视项目情况而定，但对土地使用状况的某些方面应予适当的考虑。诸如机场所在地区的机构和公众的需要和愿望，当地的生活方式，该地特殊的建筑结构和隔声性能，附近土地使用规划等。噪声评价最重要的目的是提供资料，以便采取适当的措施，包括运用法规、限制机场毗邻地带的土地使用，并据此调整正常的起降活动。

（2）大气污染

在大气污染方面，应当估计机场和跑道的建设对大气污染物浓度和当地污染物排放总量的影响，还得估计并考察空运增加带来的地面运输增加，从而增加对空气的污染。

（3）水质污染

水质方面，建筑新的跑道或原有跑道加宽加长，都会形成大面积的构造平面，其地表径流会对水质发生影响。此外，机场还存在用水和废水处理问题。

（4）社会问题

社会影响包括居民和企事业单位的迁移及原有社会结构的破坏。如果发生这类影响，就必须估计要迁移的住宅数和家庭类别，确定其对地面交通的影响，确定其对可能要迁移的街道和房屋的影响，以及被迁移的企事业及迁移对该地区经济的影响。

（5）继发性影响和累积效应

由新建或扩建机场、跑道所造成的社会经济影响，性质上是典型的继发性影响。这些影响包括人口流动形式和增长形式的改变，公用事业需求及经济活动的变化。此外，机场是否征用国家公园、娱乐场所、野生生物和水鸟栖息地、名胜古迹以及国家或地方的重要自然风景区的土地，飞机是否飞越其上空，并且由上述各种影响形成的累积效应。

2. 公路工程（含高速公路）

公路工程的环境影响是多方面的，最重要的是对景观和视觉、空气质量、交通运输方式、噪声、社会经济、水质和野生生物的影响。高速公路可以刺激或诱发其他活动（继发性影响），如加速土地开发或社会经济活动方式的变化。继发性影响往往比原发性影响更为深刻、更为广泛。例如公路建造对有关地区今后的人口增长和经济发展就有显著的影响。

（1）视觉影响

通常人们所关心的是：妨碍视野，即看不到居民区和游览区的标志地物，影响以景观获利的商业活动；高坡度或高架公路限制了毗邻城市的发展；扰乱游览区、居民区的视野；造成原有植被与新栽植被或风景区之间、自然地形与公路结构之间、现有建筑与公路建筑之间的不和谐。

（2）大气质量

其影响包括：公路沿线植被和建筑结构上覆盖的尘土；覆盖在道路两侧的植被和建筑物上的颗粒物；由于车辆流量增加导致该地的烟雾；机动车的烟尘和臭气（如汽车尾气和橡皮气味）。施工期间卡车、建筑设备的运输量增加；以前不通车的地区在公路建成后可以通车；改善郊区交通，促进郊区工商业发展；增加当地的交通运输量和相应的服务性设施。

（3）交通噪声

其影响包括：干扰道路周围需要安静的娱乐活动；影响文化、教育、医疗机构的活动；影响需要安静的商业贸易活动；影响公路两侧的住宅开发。

（4）社会经济

其影响包括：住宅、工业、商业的迁移；破坏名胜古迹；失去一些适合工商业活动的地点；实际所需迁移费大于提供的补偿费；隔断被迁居民与原地区的个人联系（家庭联系、邻居朋友联系等）。

（5）水质

其影响有下列一项或多项：公路工程在建筑和保养期间对土壤的侵蚀，导致附近河流、水库水质混浊及泥沙沉积，从而缩短水库和河道的使用期或增加管理费用，损害鱼和其他水生生物，可能损伤建筑物、道路和桥梁的地基；由于公路系统的介入和在港湾地带、沼泽、河流等处修建公路，可导致流域分界线的改变（特别是港湾地带）。水流自然状况的破坏可能影响重要的生态因子，如沉积类型、淡水和咸水混合、养分流失、水生贝壳、鱼和野生生物以及局部植被等；公路地表径流含有油、沥青、杀虫剂、肥料、防冻盐、人畜排泄物及燃烧产物等，会影响水质和野生生物及路旁植被；来自临时性和永久性废物处理设备的废物可能影响局部水系的水质；地面水和地下水补给区受公路建设和使用期堆放的污染物沾染，从而增加补给水中的污染物的浓度。

（6）野生生物

其影响包括：特有的或高产量的野生生物、鱼或水生贝壳类动物栖息地的丧失或退化；

野生生物回转和迁徙路线的割断；野生生物向其他地带迁移；阻断水生生物的迁移和（或）回游；影响毗邻土地的野生生物。

上面提到的各种因子，在高速公路影响评价中都可借鉴。高速公路工程分析如图 4-1 所示，项目组成如表 4-9 所示。

图 4-1　高速公路工程分析示意图

表 4-9　高速公路项目组成表

内　　容		环境问题	
		施工期	运行期
主体工程	线路	占地、移民、生态破坏	噪声、大气污染
	隧道	弃土、水土流失、弃渣	空气质量（隧道）
	大型桥梁	城市取水影响	
	大型互通立交	噪声、扬尘对城市影响	
		生态影响	
辅助工程	服务区（加油、饮食）	生态破坏、水土流失，移民	废水、垃圾
	施工便道	生态破坏、水土流失	土地恢复
	取料场	生态破坏、水土流失	耕地恢复
储运工程	储料场	生态破坏、沥青烟	恢复措施
	沥青站	噪声	
	运输		噪声、扬尘
办公及生活设施	管理站	生态破坏、水土流失	废水、垃圾
	收费站		

3. 水利工程

这里所称的水利工程包括开辟航道、疏浚、灌溉、堤坝加固、小型蓄水库、小船坞等不同项目。上述各类开发行动都有其特定影响。

（1）开辟航道

一般指河床的人工加宽加深，包括改变航道、清除障碍、疏浚等。比如清除航道中的树桩、瓦砾、堤边妨碍航行的树木、浅滩。开辟航道的结果是有一条畅通的航道。

当河流自然生态系统的改变影响到生态系统的功能和结构时，就会导致整个系统的改变。开辟航道会改变水流液态和移除底泥，产生易侵蚀沉积物和不稳定河床，减少光线透入深度，从而影响整个水域的水生生物生产力；航道开辟还可以改变水生生物群落中种群的相对比例，导致适应性差的物种的减少或灭绝，而耐污性强的物种则异常增多；岸边植被的破坏会提高河水的温度，从而引起水生生物的变化；上游的工程会对下游的水生生物及其栖息地发生有害影响，其原因是沉积物增加，营养素同化作用加强；还会使发生洪水的可能性增加，流速增大，航道区停留时间缩短等。

（2）灌溉工程

这是用人工控制的方法把水施用于某些农作物以促进其生长，这在水环境的自然循环中是做不到的，这类工程的引水量和引水位置会影响河床条件。灌溉回流水的水质和水量对受纳水体水质有影响。从地下抽取灌溉用水使水位降低，灌溉对地下水水质也可能有污染。

（3）堤坝加固

与开辟航道有密切联系，其影响也相似。防洪堤作防洪之用，筑在易发洪水的河堤附近。河堤加固有减轻河堤侵蚀、清除自然生长的植物和堆积物以增大过水量等作用。这类工程的影响一般包括对水质、野生生物（因减少岸边栖息地）、混浊度和流速（增加）以及天然排水系统的影响等。

（4）蓄水工程

首先是确定该工程的用途是仅仅为供水还是有多种用途（如发电、航运、防洪、游览、繁殖鱼类和野生生物、供水等）。但不管其目的如何，影响面都比较广：栖息地和物种多样性的变化；景观和一般美学特征的变化；土地使用的变化；特有自然资源和人造资源的改变；附近房地产价值的改变引发周围地区的住宅、工商业的改变；蓄水引起底层溶解氧缺乏、季节性温度分层、沉积和潜在性富营养化等水质变化。

（5）小船坞

它是供小船下水、存放、供应和为小游艇服务的设施。这类工程的影响包括：生活废水的收集和处理设施的影响；石油制品和其他有害物质在处理过程中溢出的可能性；防波堤建筑和坞内水流停滞对水的流动和水循环方式的影响。

4．大坝和水库建设

大坝和大型水库在施工过程、营运期有环境影响，也有继发性影响，这些影响是多方面的。

（1）对水库内和下游的水质和水量的影响

①拦蓄在水库内的水质发生季节性变化。

②均匀地减少下游进入河口的流量，引起河口盐水入侵类型的变化，进一步影响河口的渔业。

③改变当地的地下水位和水质。

④降低下游河段对废水污染的自净能力。

⑤蒸发量增大，减少下游河水流量。

（2）生态影响

①改变鱼的种类和数量，还可能将冷水渔业变为温水渔业。

②影响回游性鱼类（例如长江中的鲟鱼、美国哥伦比亚河的鳟鱼等）的回游路线。

③必须建格网防止鱼类进入水轮机和泵等设备。

④如果管理得好，可以形成新的水库鱼种。

⑤增加蚊子和某些昆虫的繁殖区域，可能导致某些传染病（疟疾等）的流行。

⑥促进水草（如水浮莲等）的生长。

⑦改变淹没区野生生物栖息地的条件，会影响野生生物生长。

⑧将水鸟栖息地由浅水变深湖，可能对候鸟产生影响。

⑨影响稀有的、受威胁的和濒危的植物和动物物种的保护。

⑩对下游传统泄洪区作物的影响，减少输入土地的营养物量。

（3）社会经济和历史文物及考古资源保护方面的影响

①居民的动迁和安置的影响，还会影响其生活方式。

②施工人员大批涌入产生相关的社会、基础设施和健康影响。

③增加水库周围游客人数。

④水库建设、周围道路开辟促进流域性开发，但也会增加进入水库的沉积物和营养物量。

⑤历史、文化、考古和宗教性遗址被淹没。

（4）地质、气象和资源条件的影响

①由于水压增加导致水库内滑坡和（或）地震活动可能性增加。

②改变区域微气候，例如多风、提高湿度和降雨量等。

③使矿产资源淹没水中。

大坝和水库建成后与过去与未来环境影响的累积效应，水利水电工程分析示意如图 4-2 所示，工程项目组成如表 4-10 所示。

图 4-2　水利水电工程分析示意图

表 4-10　水利水电工程项目组成表

内　容		施　工　期	营　运　期
主体工程	首部枢纽（大坝）	生态破坏、弃土弃渣、水土流失	水生生态环境气候的影响
		淹没移民、土地盐渍化	
	引水	弃渣	取水段（水质和用水）
	发电	施工废水	
辅助工程	料场	生态破坏、水土流失	
	施工便道	生态破坏、水土流失	消落带（景观、疾病等）
储运工程	储料场	生态破坏	噪声、扬尘
	运输		
办公及生活设施	管理站	生态破坏、水土流失	废水、垃圾

5. 天然气管线

天然气管道建设可能产生的环境影响，在不同阶段，特别是在建设期、运转期（包括维修、中断和功能不正常）和服务期满后是各不相同的。

（1）建设期至少应考虑的影响

①对现在或未来土地使用的影响包括：商业使用、矿物资源开采、游览地等利用，土地及其特征的美学价值，建设工程对土地使用的暂时性限制，建设活动对地区运输方式的影响，包括公路、高速公路、航运和空运等方面。

②对物种和生态系统的影响包括：对当地陆地和水生物种及其栖息地的影响，包括清除地基，挖掘和填埋等造成的影响，生态系统的可能变化是否可能使某一物种灭绝。

③对社会经济的影响包括：对劳动力、住宅、地区工业和公用设施的影响，居民和企事业的搬迁，对地方经济基础的影响，由于外来人口增加需要增加学校、保健设施、治安消防设施，住宅、废物处理、市场、运输、通信、能源供应以及娱乐设施等公用事业，对游览区的现有使用和未来使用的影响。

④建设过程排出的大气污染物对大气质量的影响。

⑤对当地水质的影响包括：沉积、侵蚀和径流。

⑥建筑噪声的强度和类型。

⑦各类废物如废品、杂物和建筑材料等处理的影响。

（2）运转期应考虑的影响

①限制了附近土地的利用，包括矿物资源和水资源的使用；对局部运输方式的影响，包括对公路、高速公路、航运、空运等运输方式的可能需要。

②在物种和生态系统方面，对有陆地和水生物种及其栖息地的影响，包括有经济价值或美学价值的动植物品种；对动物迁移、觅食和繁殖的影响，生态系统可能产生的主要改变或某物种的灭绝；与原有的项目和拟议中的行动协同作用产生累积效应。

③对社会经济影响包括：对与劳动力、住宅、人口发展趋势、迁移、地方工业以及公用事业等有关的地区社会经济发展的影响；投入运转后由其服务、产品和能源等带来的经济效益、新住宅的开发、工资增加等使地方税收基础提高；需要更多的学校、治安消防、住宅、市场、废物处理、运输、通信和游览等设施；该地区社会经济水平的保持对新能源和水源的依赖程度。

④资源利用、获取和使用对水、能源和原料等资源造成的影响。

⑤维修保养，如工程完成之后清理公用道路等对环境的影响，设施的主要部件损坏停止使用引起的影响。

⑥发生事故和天灾的潜在性影响。

（3）服务期满的影响

在天然气管道最终废弃后，主要应考虑对土地使用和对当地美学价值的影响。

6. 农业和畜牧业开发（主要是改变土地的利用方式和过度利用）的影响

①土地清理、开垦新土地和拓展牧地造成原有植被破坏；围湖造地和改造湿地使大片天然湿地消失；破坏动物栖息地、沿海鱼类自然资源繁殖场所和珊瑚礁；清除天然植被除了破坏表土的肥力、降低保水能力外，还导致水土流失、脆弱物种减少、野生物种迁移和生物多样性下降。

②过量施用化肥、农药，污水灌田等造成非点源污染，地下水位上升，土壤盐渍化和水土流失；重型机械耕、收使土壤压实，加重水土流失；选种育种造成遗传多样性减少。

③不符合"可持续性"农业生产管理和技术的引进会破坏原有农业生态稳定性。如林业和畜牧业结合可使林牧业持续发展，但超过林区承载能力的过度放牧会导致植被破坏、水土流失和土地荒漠化。

7. 渔业（包括捕捞渔业和养殖渔业）开发的影响

（1）捕捞渔业

捕捞渔业是开发自然生长的野生物种，包括近海和远洋作业的海洋渔业和江河、湖泊、水库作业的内陆渔业。对环境的影响包括：

①过度捕捞导致水生生态系统、物种种群数量和结构发生变化，由于某些种群退化而影响水生食物链中的其他物种。

②使用的捕捞方法和器械伤害非捕捞目标的物种。例如，船底拖网破坏底栖生物，使用农药连带杀死大量水生生物，破坏珊瑚礁资源。

③捕鱼船的动力燃料泄漏和冲洗水排放造成污染。

（2）养殖渔业

人工养殖渔业有更多的人为干扰，某些方面比捕捞渔业的环境影响更大，尤其是渔塘养殖有多方面的影响。

①修建渔塘，破坏自然生态环境。在沿海地区修建水塘会破坏红树林、沼泽地及其他敏感的湿地生态环境，内陆渔塘修建在低洼平坦地带会影响原来的传统用途（如季节性放牧），建塘时还可能造成水土流失和淤积。

②改变水流量，影响局地水文状况。如果池塘修在河流边，可以起到防洪、防涝、调节水量和滞留泥沙的作用；如果建在低洼洪涝地带，则可能因河流改道导致其他地带的洪涝；在干旱地区要影响其他项目的用水。

③渔塘排水造成污染。渔塘一般比较富营养，加上使用化肥和各种杀菌剂，在周期性排放、换水时，会导致附近其他水体的污染；而富营养化和废物积累会造成自身生产力下降和毒性反应。

④不适当地引入外地物种或选种育种会引起引进物种与本地种之间对生存条件（空间、食饵）的竞争甚至捕食本地种，造成本地物种资源退化，减少遗传多样性；外来种携带的寄生虫、传染病也会给本地鱼种带来不利。

⑤渔塘会引起以水为传播媒介的疾病。钉螺、蚊虫的滋生在一定条件下可导致当地居民某些疾病的流行。

8. 采矿和矿石加工

采矿属于自然资源开发，所处地区多与自然生态系统所在地交错、毗连，因而一切生产过程都牵动生态系统。此类项目对环境的主要影响是多方面的。

①勘探、采矿和矿石加工设施的建设会大面积清除植被，使其剥离土壤，导致天然植被丧失，地形改变，水土流失；破坏野生动植物，包括一些濒危物种的栖息环境和迁移通道；地下开采可能发生地面塌陷，引起生态系统改变，改变的程度和范围取决于塌陷区原有生态系统的状况和塌陷的严重程度。

②水力开采（如淘金）作业改变河道和河床结构，尾矿的排放堆积和水土流失造成河湾、沿海浅水区、池塘及洪泛平原的泥沙淤积，使水质恶化；水生环境的剧烈改变妨碍野生生物物种的生长、繁殖，导致种群数量下降乃至灭绝。

③尾矿堆积和河流污染造成土壤受污染、侵蚀，农作物、牲畜受污染毒害，生产力下降，产品品质变化。

④水生生物受污染或产生毒害效应，生物对污染物的浓集作用致使产品经济价值下降，毒物耐受力低的种群数量下降乃至灭绝。

⑤交通和爆破的噪声、震动干扰人类及野生动物的生存活动，有的野生动物可能短期迁移或永远消失。

⑥交通的便利增加了偷猎等人为伤害的机会。

⑦恢复植被时文化遗产和自然景观的破坏。

9. 核电站和输配电工程

核电站建设的影响评价着重在识别运转期对地面水、地下水、大气和土壤的影响。主要的影响因素有下列几个方面。

（1）散热系统对环境的影响

①热废水对受纳水体温度的影响。

②释放的热量对海洋和淡水生物的影响。

③冷却水抽取和排放对鱼和低等生物的潜在性损害。

④冷凝器排出物对浮游生物、半浮游生物和自游生物（小鱼）的影响，以及由此而产生的对重要鱼种的影响。

⑤改变水体自然循环（特别是把一个地方来的水排放到另一个地方）的潜在性生物学效应。

⑥反应堆稳定运行后，受纳水体水温度较稳定，由于反应堆停工，使水体水温度变化产生的影响。

⑦散热设备（冷却塔、冷却池、喷水池或喷雾器等）对局部环境及农业、住宅、公路安全等的影响。

⑧对地下水的影响。

（2）对生物的放射性影响

①局部植被和动物（定居型或迁徙型）可能遭受辐射的性质、程度和方式。

②对接受放射性排出物的水体附近土壤和植被的影响。

③提高地面上局部重要动植物体内放射性物质的浓度及该浓度产生的辐射剂量。

（3）运转期的其他影响

①对植物、野生动物栖息地、土地资源和景观的影响。

②核电站附近土地使用和用水的变化。

③核电站与附近其他厂相互作用产生的影响。

④抽取地下水对工厂附近其他地下水源的影响。

⑤处理固体废物和液体废物造成的影响。

（4）输配电系统（包括输电线路、变电站等的建设和运行）的环境影响

①对土壤的影响。清理道路，变电站和架线塔的选址，挖洞，改变斜坡的坡度等。

②对植被的影响。出入道路上的植被，限制喷洒化学药剂，施工期发生火灾的可能性，建筑材料和地面残留废物的处理，对敏感、稀有或濒危物种的影响。

③对动物的影响。输电设备对当地的和迁徙来的野生动物（包括鸟和鱼）的作用，施工活动和噪声对动物觅食、放牧、交尾、营巢、迁徙和栖息的影响，食物改变、猎人增加、失去覆盖物保护、失去栖息地，对稀有物种和濒危物种的影响。

④美学影响。主要是输电线对当地景观的影响。

⑤对水资源的影响。施工引起的侵蚀和排水对水源的污染，输电线跨越江河湖泊产生的影响。

⑥输电设施对不同地区的不同影响。如对荒地、未开垦地、天然景观河流、国家游览区、自然区、风景区、文物古迹区、地质区、国家遗址、纪念碑、公园和野生生物庇护所都可能有影响。

⑦对沿线的飞机起落，航线的影响。

⑧对人类活动的影响。指受影响地区是否供种植、游览、打猎或其他活动之用。开辟的道路虽为人们的各种活动提供方便，但对人身安全的潜在威胁。

⑨对当地经济的影响。对受输电设施影响的地区和为输电设施服务的工业的经济影响，施工期间的经济影响，包括增加当地的就业率，增加养路费，增加货物供应和服务收入；持续性经济影响，包括设施运输和保养提供的就业机会，税收增加，可供电力增加，发展地方工业等。

⑩噪声和电磁辐射的影响。输电线、继电器及其电晕放电（干湿天气）产生的噪声，电磁辐射对收音机、电视机、通信电器的干扰，臭氧干扰，金属栏杆、金属门、地面管道和地下管道等的感应电压，有关城市废水处理设施的环境影响。总的来说，可以分成三种类型，即施工过程引起的环境影响、长期运行的环境影响和继发性影响。

4.4　工程分析专题报告

如前所述，建设项目的工程分析内容和深度，应根据项目的工程特征，评价工作等级条件而定。一般来说，对于评价等级较高的大中型建设项目，工程分析内容要求详细；规模较小的工程或单独一两个车间的改扩建项目及污染影响较为简单的建设项目，其工程分析的内容和深度可以结合实际情况予以简化。

4.4.1　污染影响型大中型建设项目工程分析专题报告的编写要点

污染影响型大中型建设项目工程分析专题报告的编写要点如下：

1　工程概况

1.1　工程名称、工程性质、建设地点

1.2　建设规模及产品方案

1.3　工艺路线和生产方法（一定包括污染物产生、排放内容，并附污染物排放点的形象工艺流程图）

1.4　工厂占地面积及厂区总平面布置（附总平面布置图）

1.5　劳动组织及定员

1.6　工程总投资及其环保投资

1.7　原料、辅助原料、助剂、燃料的来源、化学成分消耗，定额及总用量及储运方式

1.8　能源消耗及用水量

1.9　环保设计方案概述

2　污染源及统计分析

2.1　污染源分布及污染物排放量统计

2.2　污染源结构和排放方式分析

2.3　清洁生产水平分析

2.4　事故分析

3　环保措施方案分析

4　总图布置方案分析

5　补充措施及建议

6　工程分析小结

4.4.2 环境破坏型大型水利水电建设项目工程分析专题报告的编写要点

环境破坏型大型水利水电建设项目工程分析专题报告的编写要点如下：

1 工程概况

1.1 工程名称及地理位置（附地理位置图）

1.2 工程规模及项目组成

1.3 工程占地面积及总平面布置（附总平面布置图）

1.4 蓄水位高度及水库控制流域面积

1.5 水库淹没范围、面积和拆迁、移民数量以及安置方式

1.6 水库运用方式及灌溉面积

1.7 主要工程量

1.8 工程总投资及环保投资

2 主要技术指标

2.1 正常高水位

2.2 天然河道常年水位

2.3 设计年限一遇洪水位

2.4 设计死水位

2.5 设计回水长度

2.6 水库面积和总库容

2.7 拦沙库容

2.8 长期有效库容

2.9 校核洪水最大泄量

2.10 死水位泄洪能力

2.11 防洪限制泄量

2.12 主坝坝型、坝顶高程、坝顶长度、坝顶宽度和坝高

2.13 截渗墙形式、截渗深度

2.14 导流洞数量、洞径、长度、衬砌材料、进口高程及泄流能力

2.15 泄洪洞数量、长度、消能方式、衬砌材料、进口高程、进流能力

2.16 排沙洞数量、洞径、长度、衬砌、进口高程及泄流输沙能力

2.17 电站装机台数、单机容量及年发电量

2.18 发电引水洞条数、洞径、进口高程、衬砌材料及引水能力

2.19 调压塔形式、塔径和塔高

2.20 溢洪道形式、进口堰高、堰孔数量及孔宽、泄槽宽、泄槽长、最大泄流能力

2.21 垭口坝形式、坝高、坝长、体积及材料

2.22 土石方总量及取采土地点

2.23 灌溉引水量

2.24 灌溉面积

2.25 灌溉回水量

3 流域污染源分布及污染物统计

3.1 流域污染源分布（附分布图）

3.2 工业污染物统计

3.3 农业污染物统计（包括灌溉回水带水量）

3.4 生活污染物统计

3.5 发电尾水水质和水温

4 流域水利水电发展规划（附图）

5 坝下保证流量、水库淹没面积、蓄水高度与控制流域面积、水库运用方式等工程特征参数，对生态环境可能造成的问题分析（采用类比法）

6 气候、地震、山体滑坡

7 环境保护措施方案分析

8 补充措施与建议

9 工程分析小结

第 5 章　生命周期评价

5.1　生命周期评价概述

5.1.1　生命周期评价的产生和发展

生命周期评价研究的标志，是 1969 年由美国中西部资源研究所（MRI）针对可口可乐公司饮料容器，开展的从生产到消费整个过程的环境影响评价研究。此后，美国环境保护局以能源消费为重点，针对包装品进行了全面的环境影响评价，提交了名为 REPA（Resource and Environmental Profile Analysis）的研究报告；随后英国 Bousted 咨询公司等一系列国家研究机构和私人咨询公司相继开展了类似研究，取得了一定成果。

自 1975 年开始，美国国家环保局从单个产品的环境影响评价，转向如何制订有利于能源保护的固体废物减量政策，基于此，一些研究和咨询机构依据 REPA 思想，发展了一系列有关废物管理的方法，同时更加深入地研究环境排放和资源消耗的潜在影响：英国的 Bousted 咨询公司针对清单分析做了大量研究，形成了一套较为规范的分析方法；瑞士联邦"材料测试与研究实验室"为瑞士环境部开展了一项关于包装材料的系统研究，引起国际学术界的广泛关注；同时，欧洲环境委员会也开始关注生命周期评价的应用，于 1985 年公布了"液体饮料容器法案"（EC Directive 85/339），要求工业企业对其产品生产过程中的能源、资源及固体废弃物进行全面的监测与分析。

1988 年，由于"垃圾船"问题的出现，固体废弃物问题成为公众瞩目的焦点，社会工会也开始日益关注 REPA 的结果。这时的 REPA 研究涉及研究机构，管理部门，工业企业，产品消费者等，但其使用 REPA 的目的和侧重点各不相同，而且所分析的产品和系统也变得越来越复杂，急需对 REPA 的研究方法进行研究和统一。

1990 年，由于环境毒物学和化学学会（Society of Environmental Toxicology and Chemistry，简写 SETAC）首次主持召开了有关 LCA 的国际研讨会，与会者就 LCA 的概念和理论框架取得了广泛的一致，并确定了"Life Cycle Assessment（LCA）"这一术语。同年，欧洲塑料制造者协会的环境专业委员会组建了塑料 LCA 研究小组，开始了调查研究，其重点就是塑料制品各阶段的环境影响；荷兰政府历时三年开展了"荷兰废弃物再利用研究"，该研究的一系列研究成果，尤其是 1992 年出版的研究报告"产品生命周期环境评价"，奠定了后来 SETAC 方法论的基础。

1993 年，SETAC 出版了名为"生命周期评价纲要：实施指南"的纲领性报告，该报告为生命周期评价方法提供了一个基本技术框架及具体的实施指南细则和建议，从而成为生命周期评价方法论研究起步的一个里程碑。同年，国际标准化组织（ISO）正式成立一个环境管理技术委员会（TC207），开展环境管理方法的国际标准化工作。1995 年，专门介绍 LCA

研究成果与动态的期刊"International Journal of LCA"的创办，为 LCA 的推广提供了强有力的支持。

此后，在欧洲和北美环境毒物学和化学学会以及欧洲生命周期评价开发促进会（SPOLD）的大力推动下，LCA 在全球范围内得到较大广泛的应用。国际标准化组织已先后发布 ISO14040 生命周期评价——原则与框架（1997）、ISO14041 生命周期评价——清单分析（1998）、ISO14042 生命周期评价——影响评价（2000）、ISO14043 生命周期评价——释义（2000）等相关标准，从而使生命周期评价成为产品环境影响标准化评价和管理工具。

5.1.2　生命周期评价的涵义及其技术框架

生命周期评价 Life Cycle Assessment（简写 LCA），即定量评价一项产品（或服务）体系从原材料采掘或获取、制造加工、使用到废弃处理乃至再生循环利用整个生命过程的投入产出与环境影响，如图 5-1 所示。它源自 1969 年美国可口可乐公司对其饮料容器开展比较研究，现已发展成为一种标准化的产品环境影响评价和环境管理工具。

图 5-1　生命周期评价及其体系边界示意图

根据 ISO14040，LCA 分析步骤主要包括目的和范围的确定、清单分析、影响评价、结果解释与改进评价，如图 5-2 所示。

图 5-2　生命周期评价的步骤

1. 评价目标

LCA 是建立在物质平衡、能量平衡的热力学和系统分析之上，这种分析也常见于生产工程技术。因此，首先必须对研究系统进行定义，这就是目标和范围定义阶段。从物质平衡的角度出发，为了得到产品，就必须有材料和能源的输入。在某一具体的环境分析中，如EIA 或 EA 其评价系统是一个工厂或制作场所，输入只与该厂的材料和能源输入有关。在LCA 中，系统边界描述为"从摇篮到坟墓"，包括一个产品或工艺的生命周期所有的负荷和影响。因此，输入到系统内的是初级资源。为了完成对一种产品或工艺的 LCA 评价，首先必须清楚地定义研究目标，至少应包括以下内容：

①引入研究的原因；

②研究的对象：产品还是工艺；

③评价分析的因素和忽略的因素；

④评价结果如何应用。

系统的功能在目标和范围定义中应具体化，并表达为功能单元，作为系列递推的功能度量。例如，某包装的功能是用于贮藏一定量的液体，倘若比较不同的包装时，比较应基于相同的功能基础上。因此，功能单元可定义为在一定的条件和时间内要求容纳一定量的液体所需的包装材料量。研究开始，必须明确研究目标的详细程度，有时应用目标较为明确，而在另一些情况下选择的目标可能较模糊。研究的范围有从一般性研究到具体的一种产品或工艺，大多数情况介乎于这两者之间，甚至对于具体产品的研究，也要确定以下的研究路径：

①全生命周期；

②部分生命周期；

③单独的一个阶段或工艺。

部分生命周期可由多个阶段所构成，也可仅局限于某一具体的阶段过程或工艺。

为了有助于突出研究重点和思路，明确研究的结果是服务于何种目的或希望得到什么样的信息，即明确目的是非常重要的。同时，研究的深度也与研究的目标有关联，在某些情况下要求有足够的深度。有时研究是为了比较工艺，有时是为了比较产品。图 5-3 为生命周期评价分析的一般性目标。

图 5-3 生命周期一般性目标

2. 边界定义

边界条件是指生产工艺中各工序哪些条件应包括在内，哪些条件应排除在外。由于多种因素相互作用，首先要明确相关因素和独立因素。一个完整的清单分析包括对资源、能源和环境排放进行定量化的步骤，产品的全生命评价系统边界如图 5-4 所示，主要步骤概括如下：

（1）原材料和能源的获取

这些元素的边界条件始于包括获取原材料所需的各种活动，止于原材料的制作和处理第一阶段。

（2）制作、成型、生产

该过程使用原材料并将其制成产品。

（3）运输和销售

在该过程中，几乎所有的研究内容相差不大，这里的运输和销售系指制作成品后的活动。

（4）使用、再生利用

这一系统边界始于产品销售后的第一阶段，止于产品的废弃和进入废物管理系统。产品的环境负荷在这一阶段是变化的，若该阶段产品使用过程还消耗能量、燃料或其他自然资源，那么这一阶段也是十分重要的。

（5）回收、废物管理

回收阶段涉及废物管理系统外的材料收集，并将其返回到生产制备阶段。废物管理包括废物的运输、处理机制。

设置系统边界时，区分内部系统和外部系统很有必要。内部系统定义为一系列直接与生产和使用过程相关联的工艺流程或单元，这种工艺流程或单元能递推出目标和范围所定义的功能单元。外部系统是那些提供能源和材料到内部系统的部门——通常经由一个共同的市场，不能区分生产企业的具体状况。确定内部系统和外部系统的差别也是重要的，对于确定使用的数据类型，内部系统可由某个具体的工艺过程数据描述，而外部系统通常由不同的生产工艺过程的混合数据代表。因此，确定合适的系统边界是非常关键的一步，如图 5-4 所示。

图 5-4　生命周期系统边界

3. 清单分析

清单分析即收集、确定所设定的系统整个生命周期中的投入产出，包括资源、能源的消耗，系统向外的废气、废水、固体废弃物及其他环境释放物排放，完整的清单分析程序如图 5-5 所示。

可以认为，清单分析有一定的主观性。作为一种实用的工具，应当尽可能减少这种主观性，因此需要遵守一些基本的准则：

图 5-5　清单分析程序

定量性——所有数据应当定量化，可以用合适的质量控制来证实。任何对数据和方法的假设都必须具体化。

重复性——信息和方法的来源足以描述能由同行得到的相同结论，证据要充分，可以解释产生的任何误差。

科学性——数据的取得和处理方法有科学依据。

综合性——应包括所使用的主要能源、材料和废弃物排放。由于数据的可靠性受时间、成本的限制，所忽略的因素应当清楚地说明。

同行检验——倘若研究的结果被公开引用，这些结果要求同行检验过。

实用性——使用者在清单分析所涵盖的范围内能得出合适的结论，对使用者应用的限制条件应当清楚地注明。

满足以上准则的生命周期分析（LCA 评价）报告实用性强，技术可靠，无明显的偏差。

许多生命周期清单分析仅作为内部参考，保密性便不存在问题。而对于外部调查而言，所有数据的收集就应当考虑企业的保密性。除此之外，数据收集困难的问题还可以通过外部"标准"数据的收集而得到一定解决。在收集数据时可能会遇到数据的差异性，这是由于获取数据的渠道不同所致，需要我们对数据作敏感性分析后摒弃不可靠的数据。

在清单分析阶段，完成材料和能源的平衡分析以及环境负荷的定量化。环境负荷定义为资源的消耗和大气、水和固废排放物定量数量大小。对于某一具体的产品和工艺，生命周期分析（LCA 评价）清单将提供一个定量的输入、输出目录表。一旦清单分析完成和核实，其结果便可用于影响分析和改进分析阶段。生命周期分析的结果也可用于确定一种或多种产品是否优于其他产品的选择依据，而这种依据是基于产品对环境的总的影响程度。输入和输出目录必须客观，具体的客观因素包括但不限于以下几方面内容。

①与可以选择的产品、材料或工艺进行输入、输出对比分析。

②着眼点放在确定生命周期或给定的工艺内所需资源和排放最有潜力的削减点。

③有助于促进能减少总体排放的新产品开发。

④建立一个共同的比较基准线。

⑤有助于帮助提高人们对与产品或工艺有关的环境影响的关注。

⑥有助于提高产品可持续利用的能力。

⑦能够对影响资源的使用、回收或排放的公共政策评价提供相关信息。

4. 影响评价

环境负荷累积（分类）以及潜在影响评价（特征化），即影响评价。有一系列的方法被提出用于表征和定量环境影响，由 Heijungs et al 提出的方法得到广泛应用。在这种方法中，环境负荷按照对特定的潜在环境影响，例如温室效应、酸化、臭氧层破坏等的相对贡献进行累积，如 CO_2 作为确定与温室效应有关的其他气体（CH_4、VOCs）的参照。

在影响评价阶段，环境负荷希望进一步累积成单个的环境影响函数，通过赋予影响因子的权重以表示其相对重要性。这一步骤称为定权阶段或权值的选择，也证明是 LCA 最为矛盾的一环，因为它意味着不同影响因素的主观定权。定权是典型的非基于自然科学基础上的，而取决于决策者的经验和公众的偏好。目前对于如何将各环境影响因素统一成单个的环境影响函数还存在着分歧，也不能说明这种累积从概念上和哲理上的有效性。

就以上评价方法来说，对研究者而言仅仅给出材料中各项分类指标的定量值是远远不够的，研究的一个关键性问题是如何用定量的方法来评价和计算环境负荷值的大小，这是国际环境材料研究领域的一个热点。对于定量评价，国际上也没有统一的意见，ISO14000 对 LCA 评价方法留下几个系列以利于未来进行补充。

为了构造基本模型，在研究过程中需要对整个产品或工艺绘出流程图，然后对每一工序提出详细的工艺投入、产出数据图。将工序数据图综合到产品或工艺的流程图中，得到生命周期数据链图。

由生命周期清单提供大量详细的信息，研究者需要选择合适的内容格式，由此就可将收集的数据转变为信息，将数据进行处理和解析提供给使用者作为实际应用指导。提供的信息应当是综合信息，而不应过于简化。这些信息可以图表的形式出现，至少应包括如下内容：

①给出总的能耗结果；

②给出工序过程的物耗、能耗情况；

③给出工艺废气、废水、固体废渣的排放结果；

④给出能源回收利用的情况。

目前定量研究环境影响，一般用环境负荷值 ELV（Environment Load Value）来定量表征，东京大学的 Shinsuke Sakai 和 Koji Yokoyama 提出用摄动法进行 LCA 敏感性分析；Yasutaka Kainuma 采用多目标决策优化方法进行综合定量分析；重庆大学借助于环境科学中环境指数的概念，提出了材料的等效环境指数概念，即材料生产中的各种环境因子的负荷值与材料生产中的各种环境容许指标或标准的相对比值。加权模型是在综合多种因素的基础上，将环境影响因素简化为一个单一的数值，有利于不同材料环境负荷的比较，缺点是加权系数的确定问题。采用专家评估法确定各因子的权重，受人为因素的影响，其准确性有待进一步讨论。其他评价方法诸如数据列表法比较直观但不能得出环境负荷的一个确定数值，Yoshikuni Yoshda 从 LCA 的观点出发用输入—输出表，统计 CO_2 的排放情况。

文献尝试用模糊数学的方法进行综合评价与对比，这种方法值得借鉴，但该文中确定权值的分配，采用的也是专家评分法，因而其客观性受到限制。另外，Yasunari Matsuno 提出与标准值比较的目标距离加权法来定义权重因子，与专家评分法相比，这种定权法更客观一些。

5. 改进评价和结果解释

SETAC 方法的最终阶段是改进评价，评价目标定位于判别系统行为改进的可能性。在 ISO 方法中，这一阶段称为解释，除了改进和革新建议外，还包括对于环境影响、敏感性分析和最终建议的确定。

1999 年，英国 Surrey 大学 A. Azapagic、R. Clift 认为 LCA 作为一个环境系统行为是改进定量评价和决策的基础，提出多目标系统优化作为产品系统环境管理目标决策和评价的工具。根据通常 LCA 的定义范畴，将一个系统的 LCA 优化成一系列环境目标函数，在 Pareto 或非劣面的基础上，建立一系列的优化函数，最终便可确立环境系统的改进可能性。因此，环境系统的改进就不仅仅是在环境 LCA 的基础上，而且建立在非劣面上的环境和经济行为的折中解。这种优化解是多目标决策系统优化解，而不是单说明性解，并对一个生产五种硼酸盐产品系统进行了实例研究。

可以将 LCA 优化问题定义为线性规划模型

$$\max Z = \sum_{i=1}^{I} z_i x_i \tag{5-1}$$

约束条件

$$\sum_{i=1}^{I} a_{j,i} x_i \leqslant e_j, \qquad x_i \geqslant 0 \tag{5-2}$$

式中，$i = 1, 2, \cdots, I$；$j = 1, 2, \cdots, J$。

目标函数用经济尺度衡量（如效益或成本），约束条件定义为材料、能源平衡关系、生产能力、原材料适用性、质量要求、市场需求等。变量代表经济系统内材料和能源的输入、流向和输出。

此外，目标函数也可定义为其他形式，如环境影响函数，有如下形式

$$\min E_k = \sum_{i=1}^{I} c_{k,i} B_i \tag{5-3}$$

式中，$c_{k,i}$ 表示环境影响指标 B_i 对环境影响负荷值 E_k 的相对贡献。

在进行结果分析解析时，应当注意数据的精度。对于同样的工艺，不同的企业可能采用相似的或不同的材料、能源结构和技术装备，且其使用效率也不尽相同。另外，不同地区或地域的企业也可能在不同的环境法规下生产，因此在使用这些数据前需要考虑这些因素。目前 LCA 研究还有许多问题有待于解决。例如，当一个系统不止一种产品时，环境负荷的分配问题可通过线性规划模型得到解决，因为 LCA 中，环境影响的负荷值大小与变量之间的关系大多数情况下被认为是基于线性关系。

线性规划模型应用于 LCA，对于一个完整的产品系统的环境分析和管理而言是一种新的尝试，它不仅能解决 LCA 清单阶段的环境影响中负荷值分配问题，还能使系统的环境问题得到优化。一旦系统中不同产品的环境负荷分配得到解决，就能进行累积定量化处理，从而简化为一个环境负荷函数，被作为线性规划的一个新的目标函数处理。线性规划可给出系统的环境优化结果，并指出改进的途径。若采用多目标线性规划，环境行为还可与其他的要

求相结合，如社会偏好、经济因素等，最终得到系统的最优配置。

5.2　生命周期评价方法

5.2.1　贝尔实验室的定性法

该法将产品生命周期分为 5 个阶段：原材料加工、产品生产制作、包装运销、产品使用以及再生处置。相关环境问题归成 5 类：原材料选择、能源消耗、固体废料、废液排放和废气排放，由此构成一个 5×5 的矩阵。其中的元素评分为 0 ~ 4，0 表示影响极为严重，4 表示影响微弱，全部元素之和在 0 ~ 100 之间。评分由专家进行，最终指标称为产品的环境责任率 R，则有

$$R = \sum_{j=0}^{5} \sum_{i=0}^{5} m_{i,j}/100 \tag{5-4}$$

式中　$m_{i,j}$——矩阵元素值；

　　　　i——产品的生命周期阶段数；

　　　　j——产品的环境问题数；

　　　　R 以百分数表示，其值越大表明产品的环境性能越好。

5.2.2　柏林工业大学的半定量法

柏林工业大学的 Fleisher 教授等在 2000 年研究的 LCIA 方法，通过综合污染物对环境的影响程度和污染物的排放量，对产品的生命周期进行半定量的评价方法。该方法首先要确定排放特性的 ABC 评价等级和排放量的 XYZ 评价等级，其影响程度中，A 为严重，如致畸、致癌、致突的"三致"物质及毒性强的各类物质；B 为中等，如碳氧化物、硫氧化物等污染物；C 为影响较小，可忽略的污染物。排放量的 XYZ 分级根据是排放量低于总排放量的 25%，定义为 Z；位于 25% ~ 75% 之间，定义为 Y；大于 75%，则定义为 X。

每种排放物质都赋予其对大气、水体及土壤三种环境介质的 ABC/XYZ 值。如果无法获得某种环境介质的排放数据，则其 ABC/XYZ 值由专家确定。对每种环境介质分别确定最严重的 ABC/XYZ 值（潜在环境影响最大的排放物质），其程度呈递减：$AX = AY = AZ > BX = BY = BZ > CX = CY = CZ$。根据生命周期的每个过程排放到大气、水体及土壤中 ABC/XYZ 值最高的物质进行分类，所有类别的值都通过表 5-1 的加权矩阵集中，得到最后的结论——名为 AX_{air} 当量的单值指标。在此矩阵中，大气污染物的权重值较高，由于污染物经常沉积到水体和土壤中，可能对其产生影响。

表 5-1　ABC/XYZ 值的加权矩阵

等级	排放到大气中的物质			排放到水体和土壤中的物质		
	$X_{气}$	$Y_{气}$	$Z_{气}$	X	Y	Z
A	3	1	1/3	1	1/3	1/9
B	1	1/3	1/9	1/3	1/9	0
C	0	0	0	0	0	0

5.2.3 荷兰的环境效应法

该法认为评价产品的环境问题应从考虑消耗和排放对环境产生的具体效果入手，将其与伴随人类活动的各种"环境干预"关联，根据两者的关系来客观地判断产品的环境性能，这是在影响分析的定量方法中迄今为止最完整的一种方法。这种方法将影响分析分为"分类"和"评价"两步，分类指归纳出产品生命周期涉及的所有环境问题，已确认了 3 类 18 种环境问题明细表。这 3 类环境问题是：消耗型，包括从环境中摄取某种物质资源的所有问题；污染型，包括向环境排放污染物的所有问题；破坏型，包括所有引起环境结构变化的问题。在定量评价 3 类 18 种环境效应时，引用了分类系数的概念，分类系数是指假设环境效应与环境干预之间存在线性关系的系数。目前，对这 18 种环境效应大部分都有了计算分类系数的方法。

通过分类，产品的生命周期对环境的影响可用 10~20 个效应评分来表示，并进一步进行综合性的评价。目前有两类评价方法：定性多准则评价和定量多准则评价。定性评价通常由专家进行，并对产品进行排序，确定对环境的相对影响。定量评价通过专家评分对各项效应加权，得到环境评价指数 M，即

$$M = \sum_{i=1}^{m} u_i r_i \tag{5-5}$$

式中　u_i——各效应评分；

　　　r_i——相应的加权系数。

由于至今尚无公认的加权系数值，致使定量评价达不到彻底定量化的要求。

5.2.4 日本的生态管理 NETS 法

瑞典环境研究所于 1992 年在环境优先战略 EPS 法（Environment Priority Strategy）中提出了环境负荷值（ELV，Environment Load Value）的概念。根据为保持当前生活水平而必须征收的税率，EPS 规定标准值为 100（ELV/人），此值可用于计算化石燃料消耗引起的环境负荷。

日本的 Seizo Kato 等人在瑞典 EPS 法的基础上发展了 NETS 法，主要用于自然资源消耗和全球变暖的影响评价，可给出环境负荷的精确数值公式为

$$EcL = \sum_{i=1}^{n} (Lf_i \cdot Y_i)(\text{NETS}) \tag{5-6}$$

$$Lf_i = \frac{AL_i \cdot X_i}{P_i} \tag{5-7}$$

式中　EcL——环境负荷值，或任意工业过程的全生命周期造成的环境总负荷值；

　　　Lf_i——基本的环境负荷因子；

　　　Y_i——整个过程的第 i 个子过程中输入原料或输出污染物的数量；

　　　P_i——考虑了地球承载力的与输入、输出有关的测定量，如化石燃料储备及 CO_2 排放等；

　　　AL_i——地球所承受的绝对负荷值；

　　　X_i——第 i 种过程的权重因子。

EcL 用量化的环境负荷标准 NETS 表示，其值规定为一个人生存时所能承受的最大负荷，

即为 100 （NETS）。根据这些 NETS 值，就可从全球角度来量化评估任何工业活动造成的负荷，总生态负荷值为生命周期中所有过程的基本负荷值的总和。

Seizo Kato 等人用此方法做了发电厂的化石燃料消耗和全球变暖的 NETS 评价。做化石燃料消耗的 NETS 评价时，假设以当前速度消耗原油、天然气等不可再生资源至其可采储量消耗完毕，则可将地球最大承载力的绝对负荷值视为 5.9×10^{11} （NETS），即前述规定的 100 （NETS/人）与全球人口 5.9×10^9 人的乘积。

以上四种影响评价的方法中，贝尔实验室的方法较为简单，但结果完全根据专家评价的结论得出，主观性太强，不具有广泛的适用性。柏林工业大学的 ABC/XYZ 方法对数据的精度和一致性要求不高，适应面较广，且最后可得出一个单值评价指标，在综合考虑各方面的影响时，使用此方法较为方便。荷兰的环境效应法较为系统、完整，但对清单数据要求较高，需要大量全面、准确的排放数据。日本的 NETS 法较为简便，评价效果也很直观，但适用面较窄，一般来说只适用于化石燃料消耗较高、温室气体排放较多的生产过程或产品，如果用于其他类型产品，还需进一步完善。

5.3　生命周期评价应用与案例

5.3.1　生命周期评价的应用

1. 在环境管理上的应用

近年来，一些国家和国际组织相继在环境立法上开始反映产品和产品系统相关联的环境影响。比较有影响的环境管理标准有英国的 BS7750，欧盟生态管理和审计计划 （EMAS），国际标准化组织 （ISO） 制定的 ISO14000 环境管理体系，规范了企业和社会团体等所有组织的活动、产品和服务的环境行为。还有很多发达国家和地区已借助于生命周期评价制定了"面向产品的环境政策"，特别是"欧盟产品环境标志计划"，已对一些产品颁布了环境标志，如洗碗机、卫生间用纸巾、油漆、洗衣粉以及电灯泡等，而且正在准备对更多的产品授予环境标志。

2. 在工业生产中的应用

生命周期评价在工业中的应用日益广泛。生命周期评价在工艺选择、设计和最优化过程中的应用更是引起工业领域的极大兴趣。国际上一些著名的跨国企业正积极开展各种产品，尤其是高新技术产品的生命周期研究。美国的一些企业开展了磁盘驱动器、汽车和电子数字设备部件的生命周期评价研究；欧盟的一些企业则广泛开展了电器设备和清洗器等产品的生命周期评价研究；我国在国家 863 计划的资助下，成立了材料生命周期评价中心，对钢材、铝材、水泥、陶瓷以及建筑材料等的生产制造技术和工艺进行生命周期评价。另外也开展了 LCA 在交通、建筑、水处理、清洁生产等方面的应用研究。在 LCA 研究中，取得了一些富有成效的进展，如根据生产过程的特点，建立了 LCA 综合累积对比评价模型，杨建新等人以丹麦的 EDIP 方法为依据，根据中国环境与资源状况，建立了适合中国特定条件的标准化基准和权重因子，为进一步全面开展对中国产品 LCA 研究提供了评价方法和定量依据。

5.3.2　铝工业生产的 LCA 研究案例

1. 背景资料

铝和铝合金是产品和消费数量仅次于钢铁的金属材料。近年来由于建筑工业大量使用铝门窗替代钢门窗，食品工业中大量使用铝罐包装饮料以及汽车的轻量化，使得铝及铝合金的社会需求量日益增加。铝和铝合金在使用过程中具有良好的环境协调性，从社会可持续发展的角度考虑，使用铝及合金替代钢和铜合金、不锈钢等，可以减少材料工业对枯竭性矿物资源铜、铬、镍等的消耗，而汽车轻量化的结果可使汽车油耗较大幅度地减少，在节约矿物燃料资源的同时能大幅度降低汽车废气排放量。但同时铝材也是生产过程中环境负荷最大的金属材料之一。生产吨铝所需能耗大约为吨钢能耗的 4.5 倍，除废水排放量较少外，其他污染物的排放量均大大超过钢材，生产吨铝所产生的 CO_2 是吨钢的 7 ~ 9 倍。

我国的铝工业能耗高、物料消耗大、环境污染严重，已远远不能满足社会可持续发展的战略要求。如何定量评价铝工业生产中的物料消耗、能源消耗和环境污染，建立评价体系，给出铝工业环境负荷改善的具体措施，使铝工业生产走可持续发展的道路，是人们面临的迫切需要解决的问题。

2. 我国铝工业生产环境问题分析

铝工业是国民经济发展的支柱性基础产业，但同时又是高资本、高资源、高能源需求的产业。随着人们环境意识的加强和可持续发展观念的深入人心，人们开始以一种全新的观念来认识和评价铝工业生产中的资源消耗、能源消耗和废物排放问题。对我国而言，我国的铝工业生产从矿石开采到原铝产出主要包括铝土矿开采、氧化铝生产和电解铝生产三个主要步骤，目前主要存在着以下几方面的问题。

（1）铝土矿开采能耗高

对铝土矿开采主要进行了能耗考察，铝土矿开采的直接能耗包括钻探、爆破、剥离、开挖、运输、破碎、选矿、配矿及排水和照明等消耗的燃料和动力，这些数据摘自统计数据。而矿山建设材料、矿石开采消耗的机械和其他材料等所需间接能耗则根据实际情况估算而得。

矿石种类、矿山规模和机械化程度的不同，铝土矿开采能耗有较大差异，因我国的铝土矿矿层薄，地形复杂，矿体高大，所以铝土矿开采能耗高。

（2）氧化铝生产流程长、工艺复杂

不同的生产方法，氧化铝的物耗不同，相同生产工艺的氧化铝厂也因铝土矿的品位和管理水平的不同而有差异，据有关资料表明，我国每生产一吨氧化铝需要消耗铝土矿 1.6 ~ 2.2t、石灰石 0.7 ~ 1.7t、纯碱 0 ~ 250kg、生产用新水 12 ~ 30m³，此外还要消耗大量的能源。烧结法和联合法为主的生产工艺是由我国的铝土矿资源特点决定的，我国有丰富的铝土矿资源，已探明的储量约 23 亿 t，占世界总储量的 10%，居世界第四位，同时分布集中在煤和水、电资源丰富的地区，具备氧化铝工业发展较好的能源条件，但我国铝土矿资源质量较差，绝大多数是高铝、高硅的硬铝石铝土矿，铝硅比偏低，铝的溶出性能差，杂质含量高。矿石质量的独特性导致国内的氧化铝生产方法在国际上也是独特的，再加上我国氧化铝生产规模小，设备技术水平和天然气资源缺乏等其他原因，导致我国氧化铝生产能耗高、流程长、工艺复杂、生产成本高。我国的烧结法和联合法同国外的拜耳法相比，无论是直接能耗还是间接能耗，都较国外高。为了降低成本，当前我国混联法生产的氧化铝厂，大部分采用铝硅比为 10 左右的矿石，作为铝工业生产的基础，从长远考虑，这种铝硅比较高的高质量铝土矿的持续供应问题必须引起人们足够的重视。

氧化铝生产过程中产生的废物主要是碱性工业废水、工业炉窑含尘废气和固体废弃物——赤泥。这些工业废弃物的排放方式及所含废物的浓度不同，其导致的污染影响产品的物耗也不同。据有关铝工业污染源控制研究报告资料表明，我国每生产 1 吨氧化铝所排放的工业三废量为：工业废水 $8.0 \sim 20.0 \ m^3$、含尘废气为 $0.96 \sim 2.10 \times 10^4 \ m_N^3$、工业粉尘为 $2.3 \sim 5.7 kg$、赤泥 $0.92 \sim 2.1 kg$。

（3）铝电解生产技术水平低、能耗高、污染严重

我国的铝电解工业经过近 50 年的发展，取得了长足的进步。电解铝生产的能耗取决于生产工艺、设备水平、生产规模和管理水平。与自焙槽生产相比，预焙槽生产具有电流效率高、能耗低的优点，并且因采用干法净化回收技术，环境污染小、生产成本低，但同国外先进水平相比，我国预焙槽生产还存在着电解槽寿命短、碳阳极消耗高等方面的差距。

铝电解生产过程中产生的有害物质主要有氟化物、沥青烟、粉尘和电解槽大修所产生的含氟固体废弃物，而废水产生量和有害物质均相对较少。对于气体和粉尘等有害物质，如前所述，大型预焙槽因经过先进的干法净化技术处理，有害物质的排放一般都能达到环保指标的要求；对于电解槽大修所产生的固体废弃物问题，在我国还没有引起足够的重视，仅贵州铝厂、青海铝厂、平果铝厂等大型铝厂设有专门的渣场，多数铝厂在建厂前，未考虑电解槽大修渣堆存问题，加上管理不善，流失比较严重，二次污染比较突出。

（4）阳极生产中产生大量的沥青烟气

因为碳阳极是电解铝生产过程中的重要原料，所以除了考虑和能源相关所产生的环境负荷外，碳阳极生产过程也要考虑在内。碳阳极生产中产生的主要环境负荷为碳粉尘和沥青烟。

铝电解槽预焙阳极生产的主要原料是石油焦和沥青，含 $14\% \sim 16\%$ 沥青的生阳极在焙烧过程中由于高温分解而通常有产生浓浓的黄烟——沥青烟，沥青烟除一部分被燃烧外，其余部分被排放到大气中。这种沥青烟中含有强致癌物质——3，4-苯并芘、SO_2 和粉尘，同时，当阳极中配入铝电解用过的含氟残极，烟气还含有氟化物。

沥青烟气的化学组分与沥青很接近，是一种含有大量多环芳烃以及少量氧、硫、氮的杂环混合物，通常以气溶胶形式存在于空气中，沥青烟气中焦油粒子是一种挥发冷凝物。阳极焙烧产生的烟气中含有 3,4-苯并芘等物质，苯并 [a] 芘存在于煤焦油的蒽油以上的高沸点馏分及煤焦沥青中，在前者中的含量为 $0.3\% \sim 0.8\%$，而在后者中的含量则可高达 $1.5\% \sim 2.5\%$。苯比芘有毒性、强致癌作用、诱变作用和致畸胎形成作用；对人和实验动物有刺激作用的阈下浓度为 $0.02 \mu g /100m^3$，居民区大气中的最大容许浓度规定为日平均 $1.0 \mu g / 100m^3$，属于一级危险物。

采用沥青粘结剂来生产铝用碳素阳极是沥青烟气产生的根本原因，沥青烟气对人体和环境都构成严重的危害。尽管现在可以通过采用干糊技术的方法来减少沥青用量，但沥青的用量仍相当大（至少占石油焦配比的 18%），由此引起的环境污染仍然是一大难题。因此，根据铝电解的特点，在保证阳极工作质量的基础上，应进行环境友好型非沥青粘结剂材料的研究和开发，从而从源头上杜绝阳极生产过程中沥青烟的产生，改善阳极生产过程的环境性能。

（5）废铝的回收利用率低

随着全球铝的消费量的日益增加，大量的废铝为再生铝的生产提供了丰富的资源，作为

一种回收再生能力很强的具有可持续发展性的金属材料，废铝的重熔回收的能耗仅为铝电解生产原铝的3%~5%，利用废铝冶炼再生铝的设备也只有通常炼铝设备费用的10%，废铝的回收利用既降低了铝生产过程中的能耗和成本，也随之减少了环境污染，所以引起人们越来越大的重视，世界上约有22%的铝产量来自于废铝的回收，我国虽然现在是铝生产大国，但因对其回收利用还未引起足够的重视，铝的回收再生利用尚属于初步阶段，回收利用率低，一般只有70%~80%。因此在学习和借鉴国外先进经验和生产技术的基础上，逐步建立起我国先进的废铝回收和再生利用体系是必要的，这样不仅可以大大节能，减少环境污染，而且作为一种铝土矿的替代资源，可以缓解我国高质量铝土矿资源不足的现状。

3. 铝生产过程的 LCA 评价

（1）评价目的的确定

通过对我国铝工业生产的 LCA 评价研究，在建立适合我国国情的铝工业生产的环境协调性评价指标和评价体系的基础上，建立适当的评价模型，指导我国铝工业的改造、优化和设计，实现我国铝工业的可持续发展。具体来说，就是对铝工业生产过程产生的环境负荷进行影响评价，找出其环境协调性影响最大的因素，并提出改善的措施和建议。

（2）评价范围的确定

在进行清单分析前，对所要求的评价系统需要确定一个系统边界。系统边界的划分要考虑评价的目标要求和技术条件，如果忽视现有技术条件，将会导致系统边界过大而使评价过于复杂，导致数据的采集和分析难于进行，评价结果未必理想。因此需要对边界条件进行简化，简化边界条件的准则是不降低研究结果的可信度，同时又能达到预定的研究目标。

①由于铝产品在制造过程消耗的资源、能源和废弃物排放占绝对主导地位，而在运输、使用和回收过程对环境的影响很小，可以忽略，因此本文研究对铝产品的生命周期边界定义为生产过程。

②生产涉及煤炭、重油、焦炭、电力等一次和二次能源，这些能源的开采和加工是由能源部门完成的，其开采过程也需要消耗其他资源和能源，还有一些二次能源，对于这类循环系统的精确求解在 LCA 评价的现阶段尚难实现。因此，本文将各种能源折算为标准能源处理。

③铝生产过程中特别是在电解阶段，消耗的电能很大。对于电力生产，发电的方式很多，对环境的影响也不尽相同，如水电几乎不对环境产生影响，而火电对环境的影响就不能忽视，火力发电的大气排放和废渣十分严重。据统计，每燃烧1吨原煤，平均排放 CO_2 超过490kg，粉尘11~13 kg，$SO_2$14.8kg。因此，本文在计算环境负荷时，将发电方式及发电效率考虑在内。

④比较次要的辅助材料开采和运输过程环境负荷排除在评价系统之外。

⑤对所产生的固体废物采取了良好的防渗措施，如赤泥和电解槽阴极内衬大修废渣。

评价范围的确定在很大程度上取决于研究目的，如前所述，本研究的评价范围如图5-6所示。

（3）功能单元的确定

在进行 LCA 的比较研究时，为了使不同评价对象具有可比性，需要将它们建立在相同功能单元的基础之上，在本研究中，选用1000kg原铝为功能单元，在进行氧化铝、阳极生产单元的评价中，根据实际生产技术和工艺的物料转化关系，将其转化为铝当量的形式，此处计算类似于化学中的当量计算。假如每生产1000kg电解铝需要2000kg氧化铝，则氧化铝和原铝之间的当量关系为2。

—— 为物质流 - - - - 能量流

图 5-6 铝工业生产的 LCA 研究边界图
Ⅰ—铝土矿为原料；Ⅱ—废铝为原料

（4）分析清单的编制

LCA 清单不仅应该包括上述理论框架中的资源、能源、环境、经济及技术特性，而且能够反映出其环境负荷的来源，而后者与具体研究系统的环境负荷特点密切相关，下面将在对铝生产过程环境负荷特点分析的基础上来确定其清单的编制方法。

①铝工业环境负荷特点分析

为了很好地认识铝电解所产生的环境负荷在整个铝工业所产生的环境负荷中的地位，弄清各环境负荷的来源，从而有针对性地提出环境性能改善的措施，有必要对铝工业生命周期中各个工序（即铝土矿开采、氧化铝生产、阳极生产以及铝电解过程）产生的直接和间接环境负荷及其来源有一个总体的了解。下面将从能耗和气体环境负荷两个方面对铝电解环境负荷特点进行分析。

铝工业是一个高能耗产业，能耗成本占原铝总成本的 1/3 以上。IPAI（International Primary Aluminum Institute）对全球铝工业生产各工序所需平均能耗和温室效应气体进行了调查显示，从铝土矿开采到原铝产出，所需能耗平均在 182～212MJ/kg 之间，其中电解过程所占比例在 64% 左右，各工序在原铝生产过程中的能耗比例如图 5-7 所示。

因为数据所限，参考 IPAI 发表的世界铝工业的 CO_2 平均排放数据以及美国能源部的美国铝工业生产中的环境负荷数据，绘制铝工业环境负荷来源图表，如图 5-8、图 5-9 所示。

图 5-7　铝工业生命周期各工序能耗比例

这里需要注意的是，表中的数据仅起参考作用，因为随各国电力结构、发电效率以及电解技术的进步，表中数据将会发生变化，但其揭示的内容具有普遍意义。

图 5-8　铝工业生命周期各工序环境负荷

图 5-9　铝工业生命周期工艺与能源相关产生的环境负荷

由此可以看出铝电解的环境负荷具有以下两个方面的特点：a. 在铝工业生命周期中，和其他工序相比铝电解过程产生的环境负荷最大；b. 铝电解过程中，除 CO 和氟化物外，因能源消耗而产生的环境负荷大于工艺本身产生的环境负荷，铝工业产生的环境负荷与能源使用密切相关。为对铝工业生产过程进行评价，必须将能源结构以及能源效率考虑在内。

②铝工业 LCA 编目分析表的编制

根据上述分析，铝工业生产过程环境负荷和能源密切相关，并根据 LCA 定义也可以分析得到，资源和能源的使用是产生环境负荷的根本原因。因此，根据生命周期观点，本文提出将铝电解过程中产生的环境负荷包括以下三个部分（如图 5-10 及表 5-2 所示）：a. 和工艺过程相关的环境负荷（process-related）：电解工艺本身产生的直接环境负荷；b. 和能流相关的环境负荷（energy-related）：电解过程中因能源消耗而产生的直接（化石燃料直接燃烧）和间接环境负荷（产生电解过程所需电力过程中所产生的环境负荷），其中能源种类又可以细分为化石燃料、电力和其他动力三类。c. 和物流相关的环境负荷（material-related）：电解过程中因物料消耗所带来的间接环境负荷（阳极、氧化铝等）。

可以将上述模式总结为 P-E-M-LCI 模式，它从工艺过程本身（技术进步）、能流、物流三个方面对工艺过程环境负荷的来源进行解析，既可以从微观上对工艺过程进行分析，也可以从宏观上对技术进步改善环境负荷的角度进行分析，这两方面的内容将在后面两章进行阐述。

图 5-10　面向工艺过程的 PEM 编目分析模式

Ⅰ——工艺过程因直接消耗化石燃料而产生的环境负荷；

Ⅱ——生产工艺过程所需电力而产生的间接环境负荷；

Ⅲ——生产工艺过程因所需动力（电能除外）而产生的间接环境负荷；

Ⅳ——生产工艺过程所需辅助原料而产生的间接环境负荷；

Ⅴ——工艺过程本身因主要物料消耗所产生的直接环境负荷

综合 PEM 编目分析模式，可绘制子工艺过程（如电解过程）的环境编目分析表（仅限于废物环境负荷）。

表 5-2　子工艺过程编目分析表

项　目	环境负荷来源	能耗	CO_2	SO_2	其他环境负荷
PROCESS – RELATED	工艺过程本身				
ENERGY – RELATED	化石燃料 电力 其他动力				
MATERIAL – RELATD	辅助原料				

第6章　清洁生产评价

6.1　清洁生产概述

清洁生产在不同发展阶段、不同国家有不同的叫法，例如"废物最小化""无废工艺""污染预防"等，但其基本内涵是一致的，即对产品和产品的生产过程采用预防污染的策略来减少污染物的产生。

6.1.1　清洁生产的基本概念

清洁生产是一种新的污染防止战略。联合国环境规划署于1989年提出了清洁生产的最初定义、并得到国际社会的普遍认为可和接受；1996年又对该定义进一步完善为："清洁生产指将整体预防的环境战略持续应用于生产过程、产品和服务中，以增加生态效率和减少人类及环境的风险"。由此，清洁生产的含义是：对生产过程，要求节约原料和能源，淘汰有毒原材料，减降所有废弃物的数量和毒性；对产品，要求减少从压制材料提炼到产品最终处置的全生命周期的不利影响；对服务，要求将环境因素纳入设计和所提供的服务中。

清洁生产要求态度严谨、进行切实负责的环境管理以及对技术方案进行科学而全面的评估。

从上述清洁生产的含义，我们可以看到，它包含了生产者、消费者和全社会对于生产、服务和消费的希望，这些是：①它是从资源节约和环境保护两个方面对工业产品生产从设计开始，到产品使用后直到最终处置，给予全过程的考虑和要求；②它不仅在生产方面，而且在服务方面也要求考虑对环境的影响；③它对工业废物实行费用有效的源削减，一改传统的不顾效益或单一末端控制办法；④它可提高企业的生产效率和经济效益，与末端处理相比，更受企业欢迎；⑤它着眼于全球环境的彻底保护，为全人类共建一个洁净的地球带来希望。

6.1.2　国际清洁生产的发展

清洁生产思想源于美国20世纪80年代初提出的"废物最小化"，其含义为："要在可行的范围内减少最初产生的或随后经过处理、分类或处置的有害废物。它包括废物产生者所进行的源削减或回收利用，这些活动减少了有害废物的总体积或数量以及（或）毒性"。"废物最小化"主要包括了回收利用，而将注意力集中到源削减上，因而1989年美国环保局提出了"污染预防"的概念，并以之取代"废物最小化"。为了实现污染预防，美国联邦政府1990年通过了"污染预防法"。通过立法手段建立并实施以污染预防为主的政策，这是工业污染控制战略上的根本性变革，在世界上引起了强烈反响。随后，1991年2月美国环保局发布了"污染预防战略"，其目标为：

①在现行的和新的指令性项目中，调查具有较高费用有效性的清洁生产投资机会；

②鼓励工业界的志愿行为，以减少美国环保局根据诸如有害物质控制条例采取的行动。

美国环保局根据上述战略采取了以下行动。

①设立污染预防界定协调各环境介质和各区域界定有关清洁生产的活动。

②组建美国污染预防研究所，其成员为工业界和学术界具备清洁生产技能的志愿人员。

③建立污染预防信息交换中心，该中心向联邦、州、县及市的政府部门、工业界和商业协会、公共和私人机构，以及学术界提供有关清洁生产的信息；它同时通过联合国环境署的清洁生产信息交换中心获得国外清洁生产信息，并向国外传递美国清洁生产信息。

④开创 33/50 项目，该项目鼓励有害物排放控制清单上的工业部门报道其有害物排放量，并志愿地削减其 17 种化学品的排放量。

⑤通过环境管理执法实施污染削减战略。

⑥发表一项政策声明，该声明内容之一是：美国国家环保局将清洁生产（连同循环利用）作为达到和维持法令性和指令性目标的一种鼓励手段，以及在与重大环境违规者谈判解决方案时的一种鼓励手段。

近年来清洁生产已迅速在世界范围内掀起了热潮。英国人称：清洁生产是自工业革命之后的又一次新的生产方式革命。波兰人称：这是一种时代思潮。不管用什么语言来评价清洁生产对现代生产方式的冲击，客观上已经形成了国际性的趋势。

欧洲最初开展清洁生产工作的国家是瑞典（1987 年）。随后，荷兰、丹麦、奥地利等国也相继开展清洁生产工作。荷兰在利用税法条款推进清洁生产技术开发和利用方面做得比较成功。采用革新性的污染预防或污染控制技术的企业，其投资可按 1 年的折旧（其他折旧期通常为 10 年）。每年都有一批工业界和政府界的专家对上述革新性的技术进行评估。一旦被认为已获得足够的市场，或被认为应定为法律强制要求采用者，即不再被评为革新性技术。

欧盟委员会也通过一些法规在其成员国内促进清洁生产的推行，例如 1996 年通过的"综合的污染预防和控制"（IPPC）法令。欧洲除了开展清洁生产比较早的北欧、西欧国家外，中欧、东欧几乎所有国家也都计划在 1998 年之前实施清洁生产。其他国家也纷纷注入资金建立清洁生产中心、地区性国际清洁生产网络，进行清洁生产培训。

联合国工业发展组织和联合国环境署于 1994 年联合发起了"全球范围创建发展中国家国家清洁生产中心计划"，在全球范围内推行清洁生产。目前已在 8 个发展中国家建立了国家清洁生产中心，即中国、巴西、捷克、印度、墨西哥、斯洛伐克、坦桑尼亚和津巴布韦。联合车环境规划署还计划帮助 20 个国家或组织的清洁生产中心参加国际清洁生产网络。

1992 年 6 月举行的联合国环境与发展大会，通过了影响未来各个领域发展的《21 世纪议程》，强调了清洁生产是可持续发展的一种必然选择。作为会议的后续行动，联合国环境署于同年 10 月再次举行了清洁生产部长级会议和高级研讨会——巴黎清洁生产会议。此次会议检查了清洁生产计划的实施情况，并根据联合国环境与发展大会的精神，调整了清洁生产计划，再次强调清洁生产对工业持续发展的作用。

1994 年 10 月召开了第三次清洁生产高级研讨会——华少清洁生产会议。来自 45 个国家和 10 个政府间组织的 160 余名清洁生产专家参加了会议。与会者评述了四年来世界清洁生产的发展，评估了挑战与障碍，提出了进一步行动的建议。

经合组织（OECD）最近已完成了一项为期3年的"技术与环境"研究，用以评价经合组织各成员国内部促进清洁生产的现状和趋势。

这一切均表明清洁生产已引起各国政府的重视，从发达国家到发展中国家，清洁生产已成为国际环境保护的一个潮流和趋势。

6.1.3 国内清洁生产的发展

从20世纪80年代中期清洁生产的产生开始，我国的清洁生产发展可分为三个阶段。

（1）试点阶段（1993~2002年）

自联合国环境规划署提出推行清洁生产的行动计划后，我国高度重视，开始研讨清洁生产的法律约束性，先后在颁布的《中华人民共和国固体废物污染环境防治法》、《中华人民共和国大气污染防治法》、《中华人民共和国水污染防治法》、《关于环境保护若干问题的决定》和《建设项目环境保护管理条例》等法律法规中增加了关于清洁生产的内容。

1999年5月，清洁生产进入审核试点阶段，国家经贸委发布了《关于实施清洁生产示范试点的通知》，选择试点行业开展清洁生产示范和试点。同期，山西省太原市被联合国环境规划署和中国环境与发展国际合作委员会确定为我国第一个清洁生产示范城市，同时被国家经贸委和国家环保总局确定为第一个清洁生产试点城市。

（2）实施阶段（2003~2007年）

2003年1月1日，《中华人民共和国清洁生产促进法》开始实施，这是我国清洁生产和循环经济的里程碑。从此，在法律法规的促进下，我国的清洁生产工作从部分地区和部分行业的试点示范阶段走向了推广阶段，清洁生产在各地推行。

（3）提升完善阶段（2008年以后）

为贯彻落实《中华人民共和国清洁生产促进法》，评价企业清洁生产水平，指导和推动企业依法实施清洁生产，国家发改委先后编制了30个重点行业的清洁生产评价指标体系，包括煤炭、铝业、铬盐、包装等行业，我国清洁生产制度不断走向完善。同时出台了《关于进一步加强重点企业清洁生产审核工作的通知》、《重点企业清洁生产审核评估、验收实施指南》和《需重点审核的有毒有害物质名录》，标志着重点企业清洁生产审核评估验收制度的确立。

6.1.4 建设项目环境影响评价中存在的问题

环境影响评价制度在发挥其重要作用的同时也存在着一些问题，其中比较严重的问题是小规模工业污染源的失控。第一，这是由于环境影响评价制度主要针对大中型综合建设项目，而忽视了小型工业企业生产污染的管理；第二，主要评价污染物产生以后对环境的影响，污染控制措施一旦未能有效执行，则环境影响评价就失去其有效性。

通过对进行末端处理的企业的调查发现，大约三分之一的末端处理设施在通过验收后停止了使用；大约有三分之一的企业正在使用，但也未按照原设计的要求进行运转；只有大约三分之一企业的末端处理设备运行良好。这其中最主要的原因是末端处理运行费用太高，很多企业负担不了，而这些企业往往又是大型企业，为了避免引起其他的社会问题，很难强行关闭它们。在建设项目环境影响评价时，对企业是否负担得起如此高昂的末端处理费用往往考虑较少，这也是现在的环境影响评价制度中存在的问题之一。

总之，建设项目环境影响评价虽然是一种预防性的措施，但它关注的重点是污染产生以后对环境的影响，而不是预防污染的产生，因而和清洁生产有着明显的区别。

6.1.5 清洁生产概念引入环评中的好处

清洁生产（污染预防）被证明是优于污染末端控制且需要优先考虑的一种环境战略，现在正在将清洁生产的概念引入环评中，并以此强化工程分析，这将大大提高环评的质量。清洁生产引入环评可有以下几方面的好处。

（1）减轻建设项目的末端处理负担

因为如果污染物在产生之前就予以削减，则会减轻末端处理的负担。

（2）提高建设项目的环境可靠性

末端处理设施的"三同时"一直是我国环境管理的一个重点和难点，如果环评提出的末端处理方案不能实施或实施不完全，则直接导致环境负担的增加，这实际上是环评制度在某种程度上的间接失效，而这种情况在全国各地大量存在。

（3）提高建设项目的市场竞争力

清洁生产往往通过提高利用效率来达到，因而在许多情况下将直接降低生产成本、提高产品质量，提高市场竞争力。

（4）降低建设项目的环境责任风险

在环境法律、法规日趋严格的今天，企业很难预料其将来所面临的环境风险，因为每出台一项新的环境法律、法规和标准，都有可能成为一种新的环境责任，而最好的规避方法就是通过清洁生产减少污染产生。

6.1.6 清洁生产纳入环评的做法

1. 程序分析

综上所述可知，清洁生产虽然是从现有企业的污染防治和废物最小化研究实践中发展起来的，但是它不应该仅仅局限于现有的工业企业。在新建、扩建和改建项目，也应该应用清洁生产的分析方法，来审核和考察它们在清洁生产方面的潜力，以保证它们从可行性研究阶段和设计阶段开始就立足于清洁生产，考虑和改进传统的资源、能源和原材料的利用方式，并改进传统的工艺方法和产品设计模式，而不要等到项目投产以后再来考虑清洁生产。因此环境影响评价工作应该适应这一新观念的要求，很显然，我们不能还是停留在过去"末端治理"的旧观念上，要大胆地改革现行的环评制度，要跟上历史发展的潮流。这不是一种赶潮，而是环评制度在观念上的重大改革。清洁生产的新观念要求我们不但要在评价一个建设项目的环境影响时考虑传统的"末端治理"部分，还要考虑整个项目建设的方方面面，即对建设项目的环境影响评价应扩大到项目的立项到实施全过程，对产品设计、原材料选用、工艺设计、技术选择和能源消耗等方面进行清洁生产审计，发现潜在的清洁生产机会并提出相应的清洁生产措施，同时通过"三同时"制度使这些措施得以实现。图 6-1 就是把清洁生产观念引入到环境影响评价过程中的程序，这将对环境影响评价的发展起到积极的推动作用。

由图 6-1 可知，引入清洁生产观念的环境影响评价工作是一项非常复杂的系统工程。不仅要完成传统环评规定的有关内容，而且考察环境影响的重点也转移到整个的生产过程，需

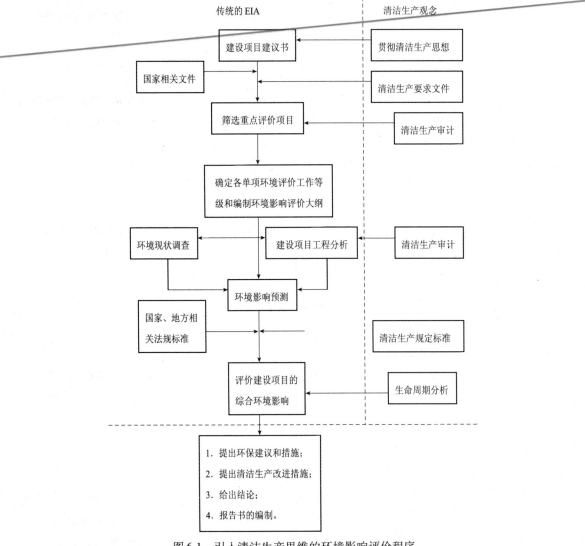

图 6-1 引入清洁生产思维的环境影响评价程序

应用清洁生产的有关支持工具，如清洁生产审计和产品生命周期分析方法，来分析和挖掘潜在的清洁生产机会和在整个建设项目中需着重考虑的方面，从而使得在环评工作中能够针对这些重要方面开展评价，使建设项目从可行性研究阶段开始就容入清洁生产的思想，进而指导后续的"三同时阶段"的工程设计、施工和试生产竣工验收等项工作沿着清洁生产的思路发展。

2. 方法研究

在项目环境影响评价中引入清洁生产思维方法是必然的发展趋势，现在工业企业中比较成熟的清洁生产方法有清洁生产审计。但在实施清洁生产思维的环境影响评价时存在诸多困难，如方法学还未形成，另在 EIA 中引入清洁生产方法必将增大工作量，延长工作周期，必定会受到各种习惯势力的阻碍，何况目前国内不少项目缺乏清洁审计所需的数据和资料条件，也缺乏能胜任的有经验的专家和机构。鉴于上述情况，在目前大中型项目的 EIA 中引入清洁生产审计条件还不成熟，建议可在中小型项目中特别是乡镇工业的环境影响评价中进行试点，摸索、积累经验；在具体实施这些拟建项目环境影响评价时，可运用清洁生产审计的方法和内容，其内容和方法大致包含：筹划与组织，预评估，评估，备选方案的产生与筛选，可行性分析以及方案的实施。

（1）组织和筹划

首先是组织一个由承担 EIA 单位、拟建项目建设单位以及从外单位聘请有经验的专业人员组成的审计小组，它是一个通晓 EIA 工程分析、清洁生产审计、熟悉项目生产工艺和管理，有关环境工程专家以及操作工人组成的集体。审计小组负责制订出切合实际的审计计划，并详细收集和分析拟建项目建设和生产运行方面的资料，包括原料管理、能源与水源供应、运输、仓储、事故和风险、废物处理与处置以及监督与管理系统等方面资料。

（2）审计过程

结合环境影响评价的工程分析特点，审计过程可包含核查表筛选、确定重点审计单元（一般说来，确定重点审查单元可能采用的方法有投入产出全过程平衡，价值工程分析法，层次分析法等）、审计、提出改进措施或替代方案并进行评价，最后是确定清洁生产审计后的修改方案并提交和审查。

在审计方面参照国内外清洁生产和实施废物最少化的经验和方法，对重点审计单元的详细审计应包含以下内容。

①详细的物料和能量衡算并对衡算结果的可靠性进行评估。

②对物料和能量流失原因的分析。通常是从工艺流程总体，局部工艺技术，设备和管路，管理与维护以及废物的回收和循环利用等方面寻找原因。

③减少和消除流失的途径探索。首先是寻找明显的低费或无费、简单易行的减少废物方法，并且评估其适用性。其次是探索革新的替代方案。在流失原因分析和消除流失的途径探索中，创造性思维是非常重要的，常常起着关键作用。

④替代方案的形成和筛选

上述仅是项目环境影响评价在工程分析阶段开展清洁生产审计工作的基本构架。

6.2 清洁生产评价指标体系

6.2.1 清洁生产指标的选取原则

1. 从产品生命周期全过程考虑

生命周期分析方法是清洁生产指标选取的一个最重要原则，它是从一个产品的整个寿命周期全过程地考察其对环境的影响，如从原材料的采掘，到产品的生产过程，再到产品的销售，直至产品报废后的处理、处置。

生命周期分析方法有时也叫生命周期评价，按国际标准化组织定义："生命周期评价是对一个产品系统的生命周期中输入、输出及其潜在环境影响的汇编和评价"。生命周期评价可追溯到 20 世纪 70 年代的二次能源危机，在经历这二次能源危机时，许多制造业认识到提高能源利用效率的重要性，于是开发出一些方法来评估产品生命周期的能耗问题，以求提高总能源利用效率。后来这些方法进一步扩大到其他资源利用和废物的产生方面，以便企业在选择产品时作出正确的判断。

进入80年代以来，随着一些环境影响评价技术的发展，例如对温室效应和资源消耗等的环境影响定量评价方法的发展，生命周期评价方法日臻成熟。在发达国家，环境报告制度的形成需要对产品形成统一的环境影响评价方法和数据。这些均构成了今天生命周期评价的重要基础。

到了90年代，由于美国"环境毒理学和化学学会"（SETAC）和欧洲"生命周期评价开发促进会"（SPOLD）的大力推动，生命周期评价方法在全球范围得到比较大规模的应用。

生命周期评价方法的关键和其他环境评价方法的主要区别是它要从产品的整个生命周期来评估对环境的总影响，这对于进行同类产品的环境影响比较尤为有用。例如，棉制衬衫和化纤衬衫哪个对环境更好？详细的生命周期评价结果表明，衬衫对环境的最大影响是衬衫的使用阶段，而不是在棉花的种植（化肥、杀虫剂的使用会有环境影响）或纤维的生产过程（化纤厂的废水也会有环境影响）；而衬衫在使用过程中对环境影响最大的问题是熨烫过程的能耗。由于化纤衬衫比棉衬衫更易于熨烫成型而节省能源，所以综合比较来看，使用化纤衬衫对环境影响较小。

生命周期评价方法的主要缺点是非常繁琐，且需数据量很大，而结果一般是相对的，尤其当系统边界或假设条件不同时，不同产品的比较便无意义。另一方面，并非对建设项目要求进行严格意义上的生命周期评价，而是借助这种分析方法来确定环境影响评价中清洁生产评价指标的范围。

2. 体现污染预防思想

清洁生产指标的范围不需要涵盖所有的环境、社会、经济等指标，主要反应出建设项目实施过程中所使用的资源量及产生的废物量，包括使用能源、水或其他资源的情况，通过对这些指标的评价能够反映出建设项目通过节约和更有效的资源利用来达到保护自然资源的目的。

3. 容易量化

清洁生产指标是反映建设项目上马后对环境的影响，指标涉及面比较广，有些指标难以量化。为了使所确定的清洁生产指标既能够反映建设项目的主要情况，又简要易行，在设计时要充分考虑到指标体系的可操作性，因此，应尽量选择容易量化的指标项，这样才可以给清洁生产指标的评价提供有力的依据。

4. 数据易得

清洁生产的指标体系是为评价一个项目是否符合清洁生产战略而制定的，是一套非常实用的体系，所以在设计时，既要考虑到指标体系构架的整体性，又要考虑到体系在使用时，易获得较全面的数据支持。

6.2.2 清洁生产评价指标

依据生命周期分析的原则，清洁生产评价指标应能覆盖原材料、生产过程和产品的各个主要环节，尤其对生产过程，既要考虑对资源的使用，又要考虑污染物的产生（注意：不是污染物的排放），因而环评中的清洁生产评价指标可分为四大类：原材料指标、产品指标、资源指标和污染物生产指标。

1. 原材料指标

原材料指标应能体现原材料的获取、加工、使用等各方面对环境的综合影响，因而可从毒性、生态影响、可再生性、能源强度以及可回收利用性这五个方面建立指标。

（1）毒性

原材料所含毒性成分对环境造成的影响程度。

（2）生态影响

原料取得过程中的生态影响程度。例如，露天采矿就比矿井采矿的生态影响大。

（3）可再生性

原材料可再生或可再生的程度，例如铝的能源强度就比铁高，因为铝的炼制过程消耗了更多的能源。

（4）可回收利用性

原材料的可回收利用程度，例如金属材料的可回收利用性比较好，而许多有机原料（例如酿造的大米）则几乎不能回收利用。

2. 产品指标

对产品的要求是清洁生产的一项重要内容，因为产品的销售、使用过程以及报废后的处理处置均会对环境产生影响，有些影响是长期的，甚至是难以恢复的。对产品的寿命优化问题也应加以考虑，因为这也影响到产品的利用效率。

（1）销售

产品的销售过程中，即从工厂运送到零售商和用户过程对环境造成的影响程度。

（2）使用

产品在试用期内使用的消耗品和其他产品可能对环境造成的影响程度。

（3）寿命优化

在多数情况下产品的寿命是越长越好，因为可以减少对生产该种产品的物料的需求。但有时并不然，例如，某一高耗能产品的寿命越长则总能耗越大，随着技术进步有可能生产同样功能的低能耗产品，而这种节能产生的环境效应有时会超过节省物料的环境效益，在这种情况下，产品的寿命越长对环境的危害越大。寿命优化就是要使产品的技术寿命（指产品的功能保持良好的时间）、美学寿命（指产品对用户具有吸引力的时间）和初设寿命处于优化状态。

（4）报废

产品报废后对环境的影响程度。

3. 资源指标

在正常的操作情况下，生产单位产品对资源的消耗程度可以部分的反映一个企业的技术工艺和管理水平，即反映生产过程的状况。从清洁生产的角度看，资源指标的高低同时也反映企业的生产过程在宏观上对生态系统的影响程度，因为在同等条件下，资源消耗量越高，则对环境的影响越大。资源指标可以由单位产品的新鲜水耗量、单位产品的能耗和单位产品的物耗来表达。

（1）单位产品新鲜水耗量

在正常的操作下，生产单位产品整个工艺使用的新鲜水量（不包括回用水）。

（2）单位产品的能耗

在正常的操作下，生产单位产品消耗的电力、油耗和煤耗等。

（3）单位产品的能耗

在正常的操作下，生产单位产品消耗的构成产品的主要原料和对产品起决定作用的辅料的量。

4. 污染物产生指标

除资源（能耗）指标外，另一类能反映生产过程状况的指标便是污染物产生指标，污染物产生指标效率较高，说明工艺相应比较落后或/和管理水平较低。考虑到一般的污染问题，污染物产生指标设三类，即废水产生指标、废气产生指标和固体废物产生指标。

（1）废水产生指标

废水产生指标首先要考虑的是单位产品的废水产生量，因为该项指标最能反映废水产生的总体情况。但是，许多情况下单纯的废水量并不能完全代表产污状况，因为废水中所含的污染物量的差异也是生产过程状况的一种直接反映。因而对废水产生指标又可细分为两类，即单位产品废水产生量指标和单位产品主要水污染物产生量指标。

（2）废气产生指标

废气产生指标和废水产生指标类似，也可细分为单位产品废气产生量指标和单位产品主要大气污染物产生量指标。

（3）固体废物产生指标

对于固体废物产生指标，情况则简单一些，因为目前国内还没像废水、废气那样具体的排放标准，因而指标可简单的定为"单位产品主要固体废物产生量"。

6.3   清洁生产评价方法

要对环境影响评价项目进行清洁生产分析，必须针对清洁生产指标确定出既能反映总体情况又简便易行的评价方法。考虑到清洁生产指标涉及面较广、完全量化难度较大等特点，拟针对不同的评价指标，确定不同的评价等级，对于易量化的指标评价等级可分细一些，不易量化的指标等级则分粗一些，最后通过权重法将所有指标综合起来，从而判断建设项目的清洁生产程度。

6.3.1   评价等级

根据以上的清洁生产指标分析，清洁生产评价可分为定性评价和定量评价两大类。原材料指标和产品指标在目前的数据条件下难以量化，属于定性评价，因而粗分为三个等级；资源指标和污染物产生指标易于量化，可作定量评价，因而细分为五个等级。

1. 定性评价等级

（1）高：表示所使用的原材料和产品对环境的有害影响比较小。

（2）中：表示所使用的原材料和产品对环境的影响中等。

（3）低：表示所使用的原材料和产品对环境的有害影响比较大。

2. 定量评价等级

（1）清洁：有关指标达到本行业国际先进水平。

（2）较清洁：有关指标达到本行业国内先进水平。

（3）一般：有关指标达到本行业国内平均水平。

（4）较差：有关指标达到本行业国内中下水平。

（5）很差：有关指标达到本行业国内较差水平。

为了统计和计算方便，定性评价和定量评价的等级分值范围均定为 0～1，对定性评价分三个等级，按基本等量、就近取整的原则划分不同等级的分值范围，具体如表 6-1 所示；对定量指标依据同样原则，但划分五个等级，具体如表 6-2 所示。

表 6-1　原材料指标和产品指标（定性指标）的等级评分标准

等级	分值范围	低	中	高
等级分值	[0, 1.0]	[0, 0.30]	[0.30, 0.70]	[0.70, 1.0]

注：确定分值时取二位数字。

表 6-2　资源指标和污染物产生指标（定量指标）的等级评分标准

等级	分值范围	很差	较差	一般	较清洁	清洁
等级分值	[0, 1.0]	[0, 0.20]	[0.20, 0.40]	[0.40, 0.60]	[0.60, 0.80]	[0.80, 1.0]

6.3.2　评价方法

清洁生产指标的评价方法采用百分制，首先对原材料指标、产品指标、资源消耗指标和污染物生产指标按等级评分标准分别进行打分，若有分指标则按分指标打分，然后分别乘以各自的权重值，最后累加起来得到总分。通过总分值的比较可以基本判定建设项目整体所达到的清洁生产程度，另外各项分指标的数值也能反映出该建设项目所改进的地方。

6.4　清洁生产评价案例分析

6.4.1　造纸行业清洁生产

1. 造纸行业典型工艺流程

造纸行业（制浆）的典型工艺为：漂白碱法麦草制浆、本色硫酸盐木浆和漂白硫酸盐木浆生产工艺。

（1）漂白碱法麦草制浆生产典型工艺流程

漂白碱法麦草制浆生产典型工艺流程如图 6-2 所示。

（2）本色硫酸盐木浆生产典型工艺流程

本色硫酸盐木浆生产典型工艺流程如图 6-3 所示。

（3）漂白硫酸盐木浆生产典型工艺流程

漂白硫酸盐木浆生产典型工艺流程如图 6-4 所示。

图 6-2　漂白碱法麦草制浆生产典型工艺流程

图 6-3　本色硫酸盐木浆生产典型工艺流程

2. 造纸行业清洁生产指标

造纸行业的清洁生产评价指标基准数据主要是根据国内外现有统计数据经分析总结得出，并经造纸行业专家评议修正。同时参考了我国已进行过清洁生产审核企业的清洁生产数据。

漂白碱法麦草制浆工艺清洁生产指标基准数据如表 6-3 所示，本色硫酸盐木浆工艺清洁生产指标结束数据如表 6-4 所示，漂白硫酸盐木浆制浆工艺清洁生产指标基准数据如表 6-5 所示。

图 6-4 漂白硫酸盐木浆生产典型工艺流程

表 6-3 漂白碱法麦草制浆工艺清洁生产指标基准数据

指标评价等级	清洁	较清洁	一般	较差	很差
指标评价等级范围	[0.8, 1.0]	[0.6, 0.8)	[0.4, 0.6)	[0.2, 0.4)	[0, 0.2)
	国际先进	国内先进	国内平均	国内较差	国内很差
一、资源消耗指标					
1. 耗水量（m^3/tp）	<100	<150	150~300	300~400	>400
2. 耗麦草量（t/tp）					
a. 白度75°以上	<2.2	<2.2	2.2~2.5	2.5~2.6	>2.6
b. 白度75°以下	<2.4	<2.4	2.4~2.7	2.7~2.8	>2.8
3. 碱回收率（%）	80~85	70~75	50~70	40~50	<10
二、污染物产生负荷指标					
1. 废水量（m^3/tp）	<100	<150	150~300	300~400	>400
2. COD_{Cr}（kg/tp）	100~150	200~250	250~450	450~500	>550
3. BOD_5（kg/tp）	30~50	60~80	80~140	140~180	>180
4. SS（kg/tp）	<30	50~100	100~200	200~300	>300

注：t/tp 为吨绝干麦草/吨绝干浆，其余各处 tp 均为吨绝干浆。

表 6-4 本色硫酸盐木浆制浆工艺清洁生产指标基准数据

指标评价等级	清洁	较清洁	一般	较差	很差
指标评价等级范围	[0.8, 1.0]	[0.6, 0.8]	[0.4, 0.6]	[0.2, 0.4]	[0, 0.2]
	国际先进	国内先进	国内平均	国内较差	国内很差
一、资源消耗指标					
耗水量（m^3/tp）	≤15	50~100	100~200	200~250	>250
耗木材量（t/tp）	<1.85	<1.90	1.90~2.05	2.05~2.15	>2.15
碱回收率（%）	98	90~95	70~90	50~70	<50
二、污染物产生负荷指标					
1. 废水量（m^3/tp）	≤15	<100	100~200	200~250	>250
2. COD_{Cr}（kg/tp）	<20	40~80	80~250	250~500	>500
3. BOD_5（kg/tp）	<6	12~25	25~75	75~150	>150
4. SS（kg/tp）	10~15	15~50	50~150	150~200	>200

注：t/tp 为吨绝干木材/吨绝干浆，其余各处 tp 均为吨绝干浆。

表 6-5　漂白硫酸盐木浆制浆工艺清洁生产指标基准数据

指标评价等级	清洁	较清洁	一般	较差	很差
指标评价等级范围	[0.8，1.0]	[0.6，0.8]	[0.4，0.6]	[0.2，0.4]	[0，0.2]
	国际先进	国内先进	国内平均	国内较差	国内很差
一、资源消耗指标					
1. 耗水量（m^3/tp）	<50	<100	100～250	250～350	>350
2. 耗木材量（t/tp）	<2.10	<2.15	2.15～2.30	2.30～2.40	>2.40
3. 碱回收率（%）	97～98	88～90	70～88	50～70	<50
二、污染物产生负荷指标					
1. 废水量（m^3/tp）	<50	<100	100～250	250～350	>350
2. COD_{Cr}（kg/tp）	<40	60～100	100～300	300～550	>550
3. BOD_5（kg/tp）	<12	18～30	30～90	90～170	>170
4. SS（kg/tp）	10～15	15～50	50～150	150～250	>250
5. AOX（kg/tp）	0（零排放）	<1.5	1.5～5.0	5.0～6.0	>6.0

注：t/tp 为吨绝干木材/吨绝干浆，其余各处 tp 均为吨绝干浆。

需要说明的是，虽然对于一家工业企业来说，污染物多种多样，而对于制浆造纸行业来说，则污染物主要是水污染，因此在上表中，主要统计了 COD、BOD、SS 和废水量等几项水污染物指标。由于国内目前没有能耗统计数据，所以上表中能耗基准数据暂缺。

6.4.2　电解铝行业清洁生产

1. 电解铝行业典型工艺流程

如图 6-5 所示，现代工业炼铝主要采用冰晶石—氧化铝熔盐电解法。铝生产在电解槽中进行，直流电流通入电解槽，在阴极和阳极发生电化学反应，阴极产物是铝液，铝液用真空抬包抽空，经过净化和澄清之后，浇铸成铝锭，铝含量达到99.5%～99.8%；阳极是 CO_2 和 CO 气体，其中还含有少量有害的氟化物和沥青烟气，净化后废气排放到大气，收回的氟化物返回电解槽。图 6-5 是电解铝生产工艺流程图。

2. 电解铝行业清洁生产指标

（1）电解铝清洁生产指标判定依据

电解铝 LCA 清单分析的数据，可以反映电解铝清洁生产的程度，即通过 LCA 清单分析获得的敏感的、便于度量且内涵丰富的、起主导性作用的数据可作为电解铝清洁生产的评价指标，在具体确定清单分析数据作为清洁生产评价指标时应遵循如下原则。

①评价指标应具有科学性

指标体系必须建立在科学性的基础上，指标概念须明确，能够度量和反映系统的结构和功能。

②评价指标应具有可操作性

指标的确立要有利于利用现有的统计资料，指标要具有可测性和可比性，易于量化。在调查评价中，指标数据要便于从统计资料、取样调查、典型调查或直接从相关部门获取。

③评价指标应具有完备性

指标体系作为一个有机整体，应能够比较全面地反映被评价的材料生产和使用等过程对环境的影响状况。

图 6-5　电解铝生产工艺流程图

④评价指标的相对独立性

表征系统环境状况的指标常存在指标间信息的重叠，因此在确立指标时，应选择具有相对独立性的指标，从而提高环境协调性评价的准确性和科学性。

（2）电解铝清洁生产评价指标分析

电解铝清洁生产指标采纳 LCA 清单分析的主要数据，同时考虑电解铝生产管理与环境管理的作用，经电解铝行业专家与高级管理人员商讨，确定下列指标，评价的指标应能覆盖原材料、生产过程和产品的各个主要环节。

1）管理与工艺设备要求指标

管理与工艺设备要求是实施清洁生产的重要标志和保障。铝电解槽是电解铝生产的主要指标，采用质量管理体系达标情况、原材料质量标准体系情况反映生产管理高效的指标。

2）资源消耗指标

①原材料消耗指标：原材料消耗指标主要考虑用于电解铝生产的原辅材料在生产过程中是否对生态环境产生不利的影响，以及原料在企业生产过程中是否得到充分利用，原材料指标包括：氧化铝单耗、氟化铝单耗、冰晶石单耗、炭块单耗。

a. 氧化铝单耗

$$氧化铝单耗 = \frac{电解铝年耗量(kg/a)}{铝锭年产量(t/a)}$$

随着科学技术进步和生产管理的提高，氧化铝单耗不断降低，国内铝电解企业氧化铝单耗处于 1930～1950 kg/（t·Al），最好企业已经降到 1920 kg/（t·Al），多余的消耗主要是运输损耗、加料过程中的飞扬以及其他机械损失造成的，随着机械化、自动化技术的发展，槽体密闭程度的提高，氧化铝的损失量是可以降低的。考虑大型预焙槽铝电解企业的生产管理水平和技术装备能力，制定本项指标。

b. 氟化铝和冰晶石单耗

$$氟化铝单耗 = \frac{氟化铝年耗量(kg/a)}{铝锭年产量(t/a)}$$

$$冰晶石单耗 = \frac{冰晶石年耗量(kg/a)}{铝锭年产量(t/a)}$$

氟化铝、冰晶石理论上都是不消耗的，然而在电解高温下氟化物（主要是氟化铝）的挥发与碱及碱土金属的相互作用和水解造成它们的损失，损失大部分被烟气带走。随着烟气净化系统的建立和完善，这部分损失基本可以避免，减少其挥发量的主要途径是降低电解温度。国内铝电解企业氟化铝单耗处于 27～30 kg/（t·Al），冰晶石单耗处于 5～7 kg/（t·Al），最好企业氟化铝单耗 23 kg/（t·Al），冰晶石单耗 5 kg/（t·Al），已经处于国际领先水平，本项指标的选用切合实际。

c. 炭阳极单耗（净耗）

$$炭阳极（净耗）单耗 = \frac{（炭阳极年耗量 - 残极年回收量）(kg/a)}{铝锭年产量(t/a)}$$

炭阳极理论上消耗量为 393 kg/t·Al，国内铝电解企业炭阳极单耗处于 480～540 kg/（t·Al），最好企业降到 450 kg/（t·Al），平均利用率在 70% 左右，主要原因是纯度不高、质量不好、操作（电解）管理不善等造成。国外炭阳极净耗在 410～425kg/（t·Al）之间，随着科学技术进步和生产管理的提高，炭阳极单耗不断降低，考虑大型预焙槽铝电解企业的生产管理水平和技术装备能力，选用本项指标。

②能耗消耗指标：在正常的操作情况下，生产单位产品对资源的消耗程度可以部分地反映一个企业的技术工艺和管理水平，在同等条件下，资源消耗量越高，对环境的影响越大。资源消耗指标选择最常用的经济技术指标整流效率、电流效率和原铝直流电耗，此外，还有煤用量及新鲜水用量。

a. 整流效率

整流效率即整流器输出的直流电量与输入的交流的比值，整流效率越高，得到的直流电量越多，其转换损失越小。

$$整流效率 = \frac{整流器输出的直流电量(kW·h)}{输入整流器的交流电量(kW·h)} \times 100\%$$

b. 电流效率

电流效率是铝电解生产过程中一项非常重要的技术经济指标，它在一定程度上反映了电解生产的技术和管理水平。电流效率大小是用实际铝产量和理论铝产量之比来表示，即

$$\eta = (P_{实}/P_{理}) \times 100\% \tag{6-1}$$

式中　$P_{理} = C \times I \times \tau \times 10^{-3}$（kg）；

C——铝的电化当量，$C = 0.3356\mathrm{g \cdot A^{-1} \cdot h^{-1}}$；

I——电解槽系列平均电流强度（A）；（经国家授权部门标定后核实整流效率为准，确定电流强度）；

τ——电解时间（h）。

在电解生产过程中，一方面金属铝在阴极析出，另一方面又以各种原因损失掉，目前，国际最先进电流效率指标已达95.8%，国内普遍采用的160kA预焙槽电流效率在88.27% ~ 91.0%，而200kA预焙槽电流效率提高到92.5%，已在国内处于领先水平，个别达到93% ~ 95%。结合国内铝电解企业生产实际情况，选用本项指标。

c. 直流电耗和综合交流电耗

原铝直流电耗 W［（kW·h/（t·Al）］

$$W = \frac{V_{电解槽平均电压}}{0.3356 \times \eta}$$

式中　$V_{电解槽平均电压} = V_{工作电压} + V_{线路分摊电压} + V_{效应电压}$

综合交流电耗［kW·h/（t·Al）］

$$综合交流电耗 = \frac{电解铝生产系统年耗电量(\mathrm{kW \cdot h/a})}{铝锭年产量(\mathrm{t/a})}$$

直流电耗和综合交流电耗是电解生产中一项综合技术指标，电解槽的效应越多，槽平均电压就越高，电耗就必然高。在发生阳极效应时，不产出铝，而增加了电的消耗。考虑大型预焙槽铝电解企业的生产管理水平和技术装备能力，选用本项指标。

d. 阳极效应系数和效应持续时间

阳极效应系数是指每台电解槽每天发生的阳极效应次数，用"次/（天·槽）"表示，效应持续时间单位为分钟（min）。

3）产品指标

考虑到产品的销售、使用过程以及报废后对环境产生影响难以量化，采取产品规模、等级和合格率指标。

4）环境指标

①SO_2排放量［kg/（t·Al）］

$$SO_2 排放量 = \frac{电解铝生产系统SO_2 排放量(\mathrm{kg/a})}{铝锭年产量(\mathrm{t/a})}$$

②粉尘排放量［kg/（t·Al）］

$$粉尘排放量 = \frac{电解铝生产系统粉尘排放量(\mathrm{kg/a})}{铝锭年产量(\mathrm{t/a})}$$

③氟化物（以氟计）排放量［kg/（t·Al）］

氟化物是指铝电解槽烟气中的无机氟化物，包括气氟（氟化氢等气体）和固氟（氟化铝等固体氟盐）。

$$氟化物（以氟计）排放量 = \frac{电解铝生产系统氟化物（以氟计）排放量(\mathrm{kg/a})}{铝锭年产量(\mathrm{t/a})}$$

环境指标是表示污染严重程度的指标，它直接与环境有关，结合企业的实际情况提出了污染物产生指标，电解铝生产过程产生的废气污染物主要有沥青烟、氟化物、粉尘、二氧化硫、一氧化碳、二氧化碳等；固体污染物主要考虑碳块量、碳化硅量、复合型材料等。

5）废弃物资源化利用指标

与固体废弃物资源化利用有关的指标为废阳极回收利用情况、废阴极回收利用情况；与废气有关的指标为废气回收、处理情况；同时考虑废水循环利用情况。电解铝生产过程中所产生这几项废物基本具有可回收利用的特点和价值，只有回收和利用才可以减少对环境的影响。电解铝清洁生产评价指标如表6-6所示。

表6-6　电解铝清洁生产评价指标

一级指标名称	二级指标名称	三级指标名称
管理与工艺设备要求（B1）	质量管理体系达标情况（C11）	ISO9000达标（D111）
		ISO14000达标（D112）
		创建环境友好企业情况（D113）
	原材料的质量标准体系情况（C12）	氟化铝质量标准（D121）
		氧化铝质量标准（D122）
		冰晶石质量标准（D123）
		碳阳极质量标准（D124）
	电解槽（C13）	平均单槽日产原铝（D131）
		系列标准槽型数（D132）
		系列标准槽使用寿命（D133）
资源消耗指标（B2）	能源消耗指标（C21）	综合交流电耗（D211）
		整流效率（D212）
		电流效率（D213）
		直流电耗（D214）
		阳极效应系数（D215）
		效应持续时间（D216）
	原材料消耗指标（C22）	氟化铝单耗（D221）
		氧化铝单耗（D222）
		冰晶石单耗（D223）
		阳极净耗（D224）
		阳极毛耗（D225）
产品指标（B3）	铝锭一级品合格率（C31）	
环境指标（B4）	吨铝废气排放总量（C41）	粉尘排放量（D411）
		SO_2排放量（D412）
		CO_2排放量（D413）
		CO排放量（D414）
		气态F排放量（D415）
	吨铝固废排放量（C42）	阴极碳块（D421）
		阳极碳块（D422）
		其他内衬材料（D423）
	吨铝废水排放量（C43）	
废弃物资源化利用情况（B5）	废阳极回收利用情况（C51）	
	废阴极回收利用情况（C52）	
	废气回收处理情况（C53）	电解槽集气效率（D531）
		废气净化效率（D532）
	废水重复利用率（C54）	

3. 电解铝清洁生产评价等级

（1）等级划分

《电解铝清洁生产评价指标体系》中各具体指标按照国际清洁生产先进水平（一级）、国内清洁生产先进水平（二级）、多数采用 160kA 及以上预焙电解槽技术正常生产能达到的清洁生产水平（三级）分成三级。采用模糊数学评价方法，得到各具体指标对应的隶属度，乘以各指标对应的权重，得到单指标评价结果。将单指标评价结果组成的判断向量乘以评价尺度，所得结果就是各企业清洁生产评价的分数。三级对应分数确定如表 6-7 所示：

表 6-7　清洁生产等级划分

等级划分	分值范围
清洁生产一级	90～100（含 90）
清洁生产二级	80～90（含 80）
清洁生产三级	70～80（含 70）

（2）清洁生产等级说明

通过对电解铝企业的基础数据调查及评价结果显示，全国约有 5% 的电解铝厂家可以达到清洁生产一级水平，30% 的厂家达到清洁生产二级水平，达到清洁生产三级水平的厂家占 45% 左右。

根据清洁生产指标等级标准，得出等级贡献值如表 6-8 所示。

表 6-8　清洁生产等级贡献值

项　目	能耗降低（%）	资源节约（%）	污染物减排量（%）			
			气态 F	SO_2	粉尘	CO_2
三级上升到二级	4	4	20	50	19	4
二级上升到一级	7	4	38	80	15	9

第7章 大气环境影响评价

大气环境影响评价是建设项目环境影响评价的一个重要组成部分，其主要目的是预防大气污染，保证大气环境质量。

7.1 大气环境评价等级的确定

7.1.1 评价工作程序

大气环境影响评价工作的整个过程可以分为三个阶段：第一阶段为准备阶段，是评价工作的基础，主要工作包括研究有关文件、环境空气质量现状调查、初步工程分析、环境空气敏感区调查、评价因子筛选、评价标准确定、气象特征调查、地形特征调查、编制工作方案、确定评价工作等级和评价范围等；第二阶段是评价工作的重要阶段，主要工作包括污染源的调查与核实、环境空气质量现状监测、气象观测资料调查与分析、地形数据收集和大气环境影响预测与评价等；第三阶段是报告书编制阶段，主要工作包括给出大气环境影响评价结论与建议、完成环境影响评价报告书中大气部分的编写等。这三个阶段是相互联系的，最终的目的是为了提供一份满足大气环境保护要求的报告书。

7.1.2 评价因子筛选和评价标准的确定

1. 评价因子筛选

（1）环境影响因素的识别

按照影响时段的不同，建设项目对大气环境的影响可分为以下三个阶段：①施工期间的影响，如道路交通施工的扬尘、建筑材料和生产设备的运输等；②运行期间的影响，主要包括项目的生产运行阶段排放的废气对大气环境的影响；③服务期满后的影响，主要是指建设项目的使用寿命结束后对大气环境产生的影响。

不同的建设项目，其生产的工艺流程、所需的原材料、产生的污染物种类、污染物的排放方式等都不完全相同，对大气环境所造成的影响也存在差异。此外，不同地区的环境特点和敏感性也不同。因此，在进行大气环境影响因素识别时需要根据建设项目的不同特点进行具体分析。具体的识别方法包括矩阵法、网络法、地理信息系统（GIS）支持下的叠加图法等。

（2）评价因子的筛选

评价因子筛选的依据一般包括：①选择该项目等标排放量较大的污染物作为主要污染因子；②在评价区内已造成严重污染的污染物；③列入国家主要污染物总量控制指标的污染物。

目前，我国各地大气污染评价因子主要包括 4 类：颗粒物（TSP、PM_{10}）、有害气体（SO_2、NO_x、CO 等）、有害元素（氟、铅、汞、镉、砷等）和有机物（苯并 [a] 芘、总烃等）这四类。

2. 评价标准的确定

（1）环境质量标准

根据最新修订的《环境空气质量标准》（GB 3095—2012，实施日期 2016 - 01 - 01），空气质量可划分为两类功能区：一类区为自然保护区、风景名胜区和其他需要特殊保护的区域；二类区为居住区、商业交通居民混合区、文化区、工业区和农村地区。其中一类区执行一级标准，二类区执行二类标准。《环境空气质量标准》中共限定了 10 种评价因子的限定浓度值，包括 SO_2、TSP、PM_{10}、$PM_{2.5}$、NO_2、NO_x、CO、O_3、Pb、B [a] P，常用评价因子的具体标准值如表 7-1 所示。

表 7-1　常用大气环境质量评价因子浓度限值

污染物因子	取值时间	浓度限值（mg/m^3）	
		一级标准	二级标准
二氧化硫 （SO_2）	年平均	0.02	0.06
	日平均	0.05	0.15
	一小时平均	0.15	0.50
二氧化氮 （NO_2）	年平均	0.04	0.04
	日平均	0.08	0.08
	一小时平均	0.20	0.20
一氧化碳 （CO）	日平均	4	4
	一小时平均	10	10
臭氧 （O_3）	日最大 8 小时平均	0.1	0.16
	一小时平均	0.16	0.2
颗粒物 （PM_{10}）	年平均	0.04	0.07
	日平均	0.05	0.15
颗粒物 （$PM_{2.5}$）	年平均	0.015	0.035
	日平均	0.035	0.075

对于该标准中尚未规定的污染物，可参照《工业企业设计卫生标准》（GBZ 1—2010）中"居住区大气中有害物质的最高容许浓度 表 1"的相应值。如已有地方标准，应选用地方标准中的相应值。对某些上述标准中都未包含的评价因子，可参照有关标准或国外标准评价，但应说明采用标准的依据，报地方环保部门批准后执行。

（2）污染物排放标准

我国的大气污染物排放标准远比空气质量标准多，在选择时往往需要综合多方面的因素，如污染源行业性质、污染物特性、排气筒特点、所处大气环境功能类别、甚至项目建设时间。在现有的国家大气污染物排放标准体系中，需要遵循综合性排放标准与行业性排放标准不交叉执行的原则，有专项排放标准的执行相应的专项排放标准，例如：火电厂执行《火电厂大气污染物排放标准》（GB 13223—2011），锅炉执行《锅炉大气污染物排放标准》（GB 13271—2001），钢铁工业执行《钢铁烧结、球团工业大气污染物排放标准》（GB 28662—2012），炼焦工业执行《炼焦化学工业污染物排放标准》（GB 16171—2012）等，其他的大气污染物排放执行《大气污染物综合排放标准》（GB16297—1996）。另外，由于各地区呈现的环境问题有差别，许多地方出台了严于国家标准的地方标准，就应选用地方排放标准。

7.1.3 评价工作等级的划分

1. 评价工作等级划分依据

划分评价工作等级的主要目的是为了区分不同的评价对象，在保证评价工作质量的前提下，尽可能地节约时间和经费。在筛选评价因子并确定评价标准的基础上，结合项目的初步工程分析结果，选择正常排放的主要污染物及排放参数，采用估算模式对各污染物的最大影响程度和最远影响范围进行计算，然后按照评价工作分级判据进行分级。

根据《环境影响评价技术导则 大气环境》（HJ 2.2—2008）的要求，大气环境影响评价工作等级划分的主要依据包括：①建设项目主要废气污染物的排放量；②建设项目所在地周围地形的复杂程度；③当地应执行的环境空气质量标准。

2. 评价工作等级的确定

在大气环境影响评价中，根据《环境影响评价技术导则 大气环境》（HJ 2.2—2008）的要求，经过对拟建项目的初步工程结果进行，选择 $1 \sim 3$ 种主要污染物，然后分别计算每一种污染物的最大地面质量浓度占标率 P_i（第 i 个污染物）及第 i 个污染物的地面质量浓度达标准限值10%时所对应的最远距离 $D_{10\%}$。其中 P_i 定义为

$$P_i = \frac{c_i}{c_{0i}} \times 100\% \tag{7-1}$$

式中　P_i——第 i 个污染物的最大地面质量浓度占标率（%）；

　　　c_i——采用估算模式计算出的第 i 个污染物的最大地面质量浓度；

　　c_{0i}——第 i 个污染物的环境空气质量浓度标准。一般选用 GB 3095—2012 中 1 h 平均取样时间的二级标准的质量浓度限值；对于没有小时浓度限值的污染物，可取日平均浓度限值的 3 倍值。对于致癌物质、毒性可积累或毒性较大如苯、汞、铅等，可直接取其日平均允许浓度限值。

大气环境评价评价工作等级共分为三级，不同级别的评价等级，评价的范围和评价的深度不同，评价的工作量相差也很大，一级评价项目最高，二级次之，三级最低。按表 7-2 的分级判据进行划分，其中最大地面浓度占标率 P_i 按公式（7-1）计算，如污染物数 i 大于 1，取 P 值中最大者（ P_{max} ）和其对应的 $D_{10\%}$ 。

表 7-2 评价工作等级

评价工作等级	评价工作分级判据
一级	$P_{max} \geq 80\%$ ，且 $D_{10\%} \geq 5km$
二级	其他
三级	$P_{max} < 10\%$ 或 $D_{10\%} <$ 污染源距厂界最近距离

3. 评价工作等级确定的要求

①同一项目有多个（两个以上，含两个）污染源排放同一种污染物时，则按各污染源

分别确定其评价等级，并取评价级别最高者作为项目的评价等级。

②对于高耗能行业的多源（两个以上，含两个）项目，评价等级应不低于二级。

③对于建成后全厂的主要污染物排放总量都有明显减少的改、扩建项目，评价等级可低于一级。

④如果评价范围内包含一类环境空气质量功能区，或者评价范围内主要评价因子的环境质量已接近或超过环境质量标准，或者项目排放的污染物对人体健康或生态环境有严重危害的特殊项目，评价等级一般不低于二级。

⑤对于以城市快速路、主干路等城市道路为主的新建、扩建项目，应考虑交通线源对道路两侧的环境保护目标的影响，评价等级应不低于二级。

⑥对于公路、铁路等项目，应分别按项目沿线主要集中式排放源（如服务区、车站等大气污染源）排放的污染物计算其评价等级。

⑦可以根据项目的性质，评价范围内环境空气敏感区的分布情况，以及当地大气污染程度，对评价工作等级做适当调整，但调整幅度上下不应超过一级。调整结果应征得环保主管部门同意。

⑧一、二级评价应选择本导则推荐模式清单中的进一步预测模式进行大气环境影响预测工作。三级评价可不进行大气环境影响预测工作，直接以估算模式的计算结果作为预测与分析依据。

⑨确定评价工作等级的同时应说明估算模式计算参数和选项。

7.1.4　评价范围的确定

建设项目的大气环境影响评价范围需根据评价的等级项目所在地周围的自然地理特征、社会环境特征以及有无环境保护敏感区来确定，具体要求包括以下内容。

①根据项目排放污染物的最远影响范围确定项目的大气环境影响评价范围，即以排放源为中心点，确定评价范围为半径 25km 的圆形区域，或边长（25×50）km 矩形区域。

②评价范围的直径或边长一般不应小于 5 km。

③对于以线源为主的城市道路等项目，评价范围可设定为线源中心两侧各 200 m 的范围。

在实际的大气环境影响评价的过程中，若建设项目附近有大中城区、自然保护区、风景名胜区等环境保护敏感区，评价范围应将其包括在内。

7.2　大气环境质量现状调查

大气环境现状调查的主要目的是通过收集现有大气环境监测资料和监测数据，查清评价区大气环境质量现状，为大气环境影响预测和评价提供背景数据。主要包括大气污染源调查与评价、大气环境质量现状监测和气象观测资料调查等方面的内容。

7.2.1　大气污染源调查与评价

1. 大气污染源调查

通过大气污染源调查可以掌握污染源的类型、数量及其分布，各类污染源排放的污染物种类、数量及其随时间变化的情况。污染源排放参数、污染源的位置和类型直接关系到大气环境质量。大气环境影响评价中污染源调查的目的是弄清评价区背景污染的来源，分析和估计它们对评价区大气环境的影响程度，确定影响评价区大气环境质量的主要污染源和主要污染物。

（1）调查范围

大气污染源调查范围一般与影响评价范围一致或略小，应根据污染源排放强度、排放高度及环境特征综合确定。

（2）调查对象

对于一、二级评价项目，应调查分析项目的所有污染源（对于改、扩建项目应包括新、老污染源）、评价范围内与项目排放污染物有关的其他在建项目、已批复环境影响评价文件的拟建项目等的污染源。如有区域替代方案，还应调查评价范围内所有拟替代的污染源。三级评价项目可只调查拟建项目污染源。

（3）调查方法

污染源调查与分析方法根据不同的项目可采用不同的方式，一般对于新建项目可通过类比调查、物料衡算或设计资料确定；对于评价范围内在建和未建项目的污染源调查，可使用已批准的环境影响报告书中的资料；对于现有项目和改、扩建项目的现状污染源调查，可利用已有有效数据或进行实测；对于分期实施的工程项目，可利用前期工程最近5年内的验收监测资料、年度例行监测资料或进行实测。评价范围内拟替代的污染源调查方法可参考项目污染源调查方法。

①现场实测法：对于有组织排放的大气污染物，例如，由烟囱排放的SO_2或颗粒物等，可根据实测的废气流量和污染物浓度，按下式计算

$$Q_i = Q_n \times C_i \times 10^{-6} \tag{7-2}$$

式中　Q_i——废气中i类污染物单位时间排放量（kg/h）；

　　　Q_n——废气体积（标准状态）流量（m^3/h）；

　　　C_i——废气中污染物i的实测质量浓度值（mg/m^3）。

废气体积流量及浓度的测量方法见《空气和废气监测分析方法》。

②物料衡算法：物料衡算法是对生产过程中所使用的物料情况进行定量分析的一种科学方法。对一些污染实测污染源，可采用此方法计算污染物的排放量。

③排污系数法：根据《产排污系数手册》提供的实测和类比数据，按规模、污染物、产污系数、末端处理技术以及排污系数来计算污染物的排放量，《产排污系数手册》可参考《第一次全国污染源普查工业污染源产排污系数手册》。

（4）建设项目大气污染源调查内容

建设项目污染源调查包括污染流程、排放量、排放方式等，对于毒性较大的污染物还应估算其非正常排放量或事故排放量。污染流程图一般按生产工艺流程或按分厂、车间分别绘制，并按分厂或车间逐一统计各有组织排放源和无组织排放源的主要污染物排放量。

污染排放方式包括点源排放、面源排放及线源排放。所谓点源、面源、线源并非严格的几何概念，高的、独立的烟囱一般作点源处理；无组织排放及数量多、源高不高、源强不大的排气筒一般作面源处理；繁忙的公路、铁路、机场跑道一般作线源处理；对于厂区某些属于线源性质的排放源可并入附近的面源，按面源排放统计。

①污染源排污概况调查内容：在满负荷排放下，按分厂或车间逐一统计各有组织排放源

和无组织排放源的主要污染物排放量；对改、扩建项目应给出：现有工程排放量、扩建工程排放量，以及现有工程经改造后的污染物预测削减量，并按上述三个量计算最终排放量；对于毒性较大的污染物还应估计其非正常排放量；对于周期性排放的污染源，还应给出周期性排放系数。周期性排放系数取值为 0～1，一般可按季节、月份、星期、日、小时等给出周期性排放系数。

②点源调查内容：点源调查内容主要包括：排气筒底部中心坐标（一般按国家坐标系）及分布平面图；排气筒的海拔高度（m）、几何高度（m）及出口内径（m）；烟气出口速度（m/s）；排气筒出口处烟气温度（K）；各主要污染物正常排放速率（g/s），排放工况，年排放小时数（h）；毒性较大物质的非正常排放速率（g/s），排放工况，年排放小时数（h）。还需调查排放是连续排放还是间断排放，间断排放应注明具体排放时间、每次排放时间长度及排放频率等。对排放颗粒物的点源，除调查排放量外，还应根据工作需要调查颗粒物密度及粒径分布。

③面源调查内容：面源调查统计之前首先应相应将评价区在选定的坐标系内网格化，网格单元一般可取 1×1（km^2），评价区域较小时也可取 500×500（m^2），或者根据方便工作的需要确定网格单元。建设项目所占面积小于网格单元面积时，可取其为网格单元面积，然后按网格统计面源各参数，其内容包括：面源起始点坐标以及面源所在位置的海拔高度（m）；面源初始排放高度（m），若网格内排放高度不等时，可按排放量加权取平均排放高度；各主要污染物正常排放速率 $[g/(s \cdot m^2)]$，排放工况，年排放小时数（h）。如果评价区面源分布较密且排放量较大，当面源高差较大时，可酌情按不同平均高度将面源分成两三类。此外，对燃料及一些固体废弃物堆场，当风速达到某一等级时就刮起扬尘，对于这类扬尘可作"风面源"处理，可通过实验、类比调查或现场观测确定起动风速，计算扬尘量。

2. 大气污染源评价

（1）污染源评价的目的

污染源评价的主要目的是通过分析比较，确定主要污染物和主要污染源，然后提出具体可行的污染控制和治理方案，为污染治理和区域治理规划提供技术依据。各种污染物具有不同的特性和环境效应，要对污染源和污染物做综合评价，必须考虑到排污量与污染物危害性两方面的因素。为了便于分析比较，需要把这两个因素综合到一起，形成一个可把各种污染物或污染源进行比较的（量纲统一）指标。其主要目的就是使各种不同的污染物和污染源能够互相比较，以确定其对环境影响大小的顺序。污染源评价是污染源调查的继续和深入，是该项综合工作中的一个主要组成部分。

（2）评价项目和评价标准

原则上要求各地区污染源排放出来的大多数种类的污染物都进入评价，但考虑到区域环境中污染源和污染物数量大、种类多，目前困难较大，因此，在评价项目选择时，应保证本区域引起污染的主要污染源和污染物进入评价。

为了消除不同污染源和污染物，因毒性和计量单位的不统一，评价标准的选择就成为衡量污染源评价结果合理性、科学性的关键问题之一。在选择标准进行标准化处理时，一要考虑所选标准制订的合理性，二要考虑到各标准能否反映出污染源在区域环境中可能造成危害的各主要方面，同时还要使应选的标准至少包括本区域所有污染物的 80% 以上。

为了使各地区的污染源能相互之间比较，这就需要有一个全国范围的统一标准。国家环保总局污染源调查领导小组在《工业污染源调查技术要求及其建档技术规定》中根据全国的具体情况制定了污染源评价标准。严格来说，各地在污染源评价时，都应执行这一标准。但是近年来，在环境影响评价的污染源调查和评价工作中常采用对应的环境质量标准或排放标准作为污染源评价标准。

（3）污染源评价方法

污染源评价方法很多，目前多采用等标污染负荷法和大气污染特征指数法对大气污染物进行评价。

①等标污染负荷法

a. 污染物的等标污染负荷

$$P_i = \frac{Q_i}{C_{0i}} \times 10^9 \qquad (7\text{-}3)$$

式中　P_i——第 i 种污染物的等标污染负荷（t/h）；

　　　Q_i——第 i 种污染物的单位时间排放量（t/h）；

　　　C_{0i}——第 i 种污染物的环境空气质量标准（mg/m³）。

b. 工厂污染物等标污染负荷。某工厂污染物等标污染负荷等于该工厂所排放的各种污染物的等标污染负荷之和，即

$$P_n = \sum_{t=1}^{n} P_i \qquad (7\text{-}4)$$

c. 地区的等标污染负荷 P_m

$$P_m = \sum P_n \qquad (7\text{-}5)$$

d. 污染物占工厂的等标污染负荷比

$$K_i = \frac{P_i}{\sum P_i} \qquad (7\text{-}6)$$

e. 污染源占区域的等标污染负荷比

$$K_n = \frac{P_n}{\sum P_n} \qquad (7\text{-}7)$$

主要污染源的确定：按调查区域内污染源等标污染负荷比由大到小排列，然后由大到小计算累计污染负荷比，累计污染负荷比为 80% 左右所包含的污染源被确定为该区域的主要污染源。

注意事项：采用等标污染负荷法处理容易造成一些毒性大、流量小、在环境中易于积累的污染物排不到主要污染物中去，然而对这些污染物的排放控制又是必要的。所以通过计算后，还应作全面地考虑和分析，最后定出主要污染物和主要污染源。

②大气污染源特征指数法

大气污染源特征指数计算公式为

$$P_i = \frac{Q_i}{C_{0i}H^2} \qquad (7\text{-}8)$$

式中　P_i——大气污染源特征指数；

　　　Q_i——第 i 种污染物的质量排放量；

C_{0i}——第i种污染物的环境空气质量标准；

H——排气筒高度（m）。

该法考虑了排气筒的高度，比等标污染负荷法能更好地反映污染源对地面浓度的贡献。

7.2.2　大气质量现状监测

大气环境质量现状监测的目的是为了取得进行大气环境质量预测和评价所需的背景数据。因此，监测范围、监测项目、监测点和监测制度的确定，都应根据拟建项目的规模、性质和厂址周围的地理环境及实际条件而定，突出针对性和实用性。

大气环境质量监测的项目包括 TSP、PM_{10}、SO_2、NO_x、CO 和光化学氧化剂等。由于大气环境污染物的时空变化规律和气象条件密切相关，因此，在进行大气环境质量监测时应同步进行气象观测。

1. 监测范围

监测范围应该根据拟建工程可能影响的范围确定，一般设置在所确定的评价范围内。为了查清对照（背景点）的浓度，往往需要在评价区外选择拟建项目主导风向的上风侧（不受当地工业的废气污染）的地点进行监测。对于评价区附近的名胜古迹、游览区等特定保护对象，可以根据特殊要求设置专门检测点。

2. 监测布点

（1）监测点的数量设置

监测点设置的数量应根据拟建项目的规模和性质，综合考虑当地的自然环境条件、区域大气污染状况和发展趋势、功能布局和敏感点的分布，结合地形、污染气象等自然因素综合优化选择确定，对于一级评价项目，监测点不应少于 10 个；二级评价项目监测点数不应少于 6 个，三级评价项目，如果评价区内已有例行监测点可不安排监测，否则可布置 1～3 个点进行监测。

（2）监测点位置的设置原则

监测点位置应具有较好的代表性，设点的测量值应能反映一定地区范围的气象要素以及大气环境污染水平和规律。

设点时应从总体上把握大气流场的特征与规律，不论是近距离输送还是中远程输送，大气流场都是首要因素，同时适当考虑自然地理环境、交通和工作条件，使测点尽可能分布比较科学合理而兼顾均匀，又便于有效自序工作。

监测点周围应开阔，采样口水平线与周围建筑物高度的夹角应不大于30°；测点周围应没有局地污染源，并应避开树木和吸附能力较强的建筑物。原则上应在 20m 以内没有局地污染源，在 15～20m 以内避开绿色乔木、灌木，在建筑物高度的 2.5 倍距离内避开建筑物。

（3）监测点位置的布设方法

主要思路与原则是正确把握大气流场及充分反映其运动规律与主要特征参数，具体监测点位置的布设方法大致有以下五种。

①网格布点法。这种布点法适用于待监测的污染源分布非常分散（面源为主）的情况。具体布点方法是，把监测区域网格化，根据人力、设备等条件确定布点密度。如果条件允许，可以在每个网格中心设一个监测点。否则，可适当降低布点的空间密度。该方法监测结果代表性强，但监测分析的工作量大。在区域环境影响评价中常应用网格布点法。

②同心圆多方位布点法。该布点法适用于孤立源及其所在地区风向多变的情况。布点方

法是，以排放源为圆心，画出 16 个或 8 个方位的射线和若干个不同半径的同心圆，同心圆周与射线的交点即监测点。在实际工作中，根据客观条件需要，往往是在主导风向的下风方位布点密些，其他方位疏些。确定同心圆半径的原则是，在预计的高浓度区及高浓度与低浓度交接区应密些，其他地区疏些。

③扇形布点法。该布点法适用于评价区域风向变化不大的情况。其方法步骤如下：沿主导风向轴线，从污染源向两侧分别扩出 45°、22.5° 或更小的夹角（视风向脉动情况而定）的射线，两条射线构成的扇形区即监测布点区。再在扇形区内做出若干条射线和若干个同心圆弧，圆弧与射线的交点即待定的监测点。在实际环境影响评价工作中，因检测时间较短，风向和风速等气象条件变化大，故代表性差。

④配对布点法。该布点法适用于线源。例如，对公路和铁路建设工程进行环境影响评价时，在行车道的下风侧，离车道外沿 0.5 ~ 1m 处设一个监测点，同时在该点外沿 100m 处再设一个监测点，根据道路布局和车流量分布，选择典型路段，用配对法设置监测点。

⑤功能分区布点法。该方法适用于了解污染物对不同功能区的影响。环境空气质量的例行监测和区域环境质量现状评价中，常用这种方法。

此外，通常应在居民集中区、风景区、文物点、医院、院校等关键点、敏感点以及下风向距离最近的村庄布设监测点。在最小风向上风向的适当位置往往还需要设置对照点。在实际工作中，可根据人力、物力条件及监测点条件的限制，因地制宜，以一种布点方法为主，多种方法结合，根据环境与项目的具体情况对布点位置与方法予以调整，以满足具体项目的环境影响评价需要。

3. 监测时间和采样频率

检测时间和频率的确定，主要考虑当地的气象条件和人们的生活和工作规律。中国大部分地区处于季风气候区，冬、夏季风有明显不同的特征，由于日照和风速的变化，边界层温度层结也有较大的差别。在北方地区，冬季采暖的能耗量大，逆温现象的频率高，扩散条件差，大气污染比较严重。而在夏季，气象条件对扩散有利，又是作物的主要生长季节。所以《环境影响评价技术导则　大气环境》规定：一级评价项目应进行 2 期（冬季、夏季）监测；二级评价项目可取 1 期不利季节进行监测，必要时应作 2 期监测；三级评价项目必要时可作 1 期监测。

由于气候存在着周期性的变化，每个小周期平均为 7d 左右。在一天之中，风向、风速、大气稳定性都存在着时间变化，同时人们的生产和生活活动也有一定的规律。生物的生长都有明显的时令、气节与物候。景观生态呈现周期和时律变化。为了使监测数据具有代表性，所以《环境影响评价技术导则　大气环境》规定：每期监测时间，至少应取得有季节代表性的 7d 有效数据，采样时间应符合监测资料的统计要求。对于评价范围内没有排放同种特征污染物的项目，可减少监测天数。监测时间的安排和采用的监测手段，应能同时满足环境空气质量现状调查、污染源资料验证及预测模式的需要。监测时应使用空气自动监测设备，在不具备自动连续监测条件时，1 小时质量浓度监测值应遵循下列原则：一级评价项目每天监测时段，应至少获取当地时间 02、05、08、11、14、17、20、23 时共 8 个小时质量浓度值，二级和三级评价项目每天监测时段，至少获取当地时间 02、08、14、20 时共 4 个小时质量浓度值。日平均质量浓度监测值应符合《环境空气质量标准》（GB 3095—2012）对数据的有效性规定。

对于部分无法进行连续监测的特殊污染物，可监测其一次质量浓度值，监测时间须满足所用评价标准值的取值时间要求。

现状监测应同步观测污染气象参数。对于不需要进行气象观测的评价项目,应收集其附近有代表性的气象台站各检测时间的地面风速、风向、气温、气压等资料。

4. 采样及分析方法

采样时必须对采样过程进行严格的质量控制,以保证样品的代表性和数据的可靠性。采样方法按相关采样技术规范进行,有单独采样和集中采样两种方法。对气态污染物的长时间采样必须采用几种采样方法,其中在进行小时浓度采样时采用单独采样方法;氟化物的人均浓度和小时平均浓度,颗粒物、铅、苯并〔a〕芘采用单独采样方法。采样方法、采样装置等详见相关采样技术规范。

样品的分析方法按照《环境空气质量标准》规定的分析方法进行,该标准中未规定的监测分析项目,按《环境监测分析方法》进行。

7.2.3　气象观测资料调查

1. 气象观测资料调查的基本原则

(1) 气象观测资料调查的条件

气象观测资料的调查要求与项目的评价等级有关,还与评价范围内地形复杂程度、水平流场是否均匀一致、污染物排放是否连续稳定有关。常规气象观测资料包括常规地面气象观测资料和常规高空气象探测资料。

(2) 常规气象资料的调查时间

对于各级评价项目,均应调查评价范围 20 年以上的主要气候统计资料,包括年平均风速和风向玫瑰图、最大风速和月平均风速、年平均气温、极端气温与月平均气温、年平均相对湿度、年均降水量、降水量极值、日照等。对于一、二级评价项目,还应调查逐日、逐次的常规气象观测资料及其他气象观测资料。

2. 气象观测资料调查要求

①对于一级评价项目,气象观测资料调查基本要求分两种情况:

评价范围小于 50 km 条件下,须调查地面气象观测资料,并按选取的模式要求,调查必需的常规高空气象探测资料;

评价范围大于 50 km 条件下,须调查地面气象观测资料和常规高空气象探测资料。

地面气象观测资料调查要求:调查距离项目最近的地面气象观测站,近 5 年内至少连续 3 年的常规地面气象观测资料。如果地面气象观测站与项目的距离超过 50 km,并且地面站与评价范围的地理特征不一致,还需补充地面气象观测。

常规高空气象探测资料调查要求:调查距离项目最近的高空气象观测站,近 5 年内至少连续 3 年的常规高空气象探测资料。如果高空气象探测站与项目的距离超过 50 km,高空气象资料可采用中尺度气象模式模拟 50 km 内的格点气象资料。

②对于二级评价项目,气象观测资料调查基本要求同一级评价项目。对应的气象观测资料年限要求为近 3 年内至少连续 1 年的常规地面气象观测资料和高空气象探测资料。

3. 气象观测资料调查内容

(1) 地面气象观测资料

①观测资料的时次

根据所调查地面气象观测站的类别,遵循先基准站、次基本站、后一般站的原则,收集每日逐次的实际观测资料。

②常规调查项目

观测资料的常规调查项目包括：时间（年、月、日、时）、风向（以角度或按 16 个方位表示）、风速（m/s）、干球温度（℃）、低云量（十分量）、总云量（十分量）。

③不同评价等级预测精度要求的调查项目

根据不同评价等级预测精度要求及预测因子特征，可选择调查的观测资料内容：湿球温度（℃）、露点温度（℃）、相对湿度（%）、降水量（mm/h）、降水类型、海平面气压（hPa）、观测站地面气压（hPa）、云底高度（km）、水平能见度（km）等。

（2）常规高空气象探测资料

①时次

观测资料的时次根据所调查常规高空气象探测站的实际探测时次确定，一般应至少调查每日 1 次（北京时间 08：00）距地面 1.5km 高度以下的高空气象探测资料。

②探测资料的常规调查项目

探测资料的常规调查项目包括：时间（年、月、日、时）、探空数据层数、每层的气压（hPa）、高度（m）、气温（℃）、风速（m/s）、风向（以角度或按 16 个方位表示）。

对于修订版大气导则所推荐的进一步预测模式，输入的地面气象观测资料需要逐日每天 24 次的连续观测资料，对于每日实际观测次数不足 24 次的，应在应用气象资料前对原始资料进行插值处理。插值方法可采用连续均匀插值法（实际观测次数为一日 4 次或一日 8 次）或者均值插值法（实际观测次数为一日 8 次以上）。

4. 补充地面气象观测

如果地面气象观测站与项目的距离超过 50km，并且地面站与评价范围的地理特征不一致，还需要进行补充地面气象观测。在评价范围内设立补充地面气象观测站，站点设置应符合相关地面气象观测规范的要求。

一级评价的补充观测应进行为期一年的连续观测；二级评价的补充观测可选择有代表性的季节进行连续观测，观测期限应在 2 个月以上。观测内容应符合地面气象观测资料的要求。观测方法应符合相关项目气象观测规范的要求。

补充地面气象观测数据可作为当地长期气象条件参与大气环境影响预测。

7.3 大气环境影响预测

7.3.1 大气环境影响预测步骤

（1）确定预测因子

预测因子应根据评价因子而定，一般选取有环境空气质量标准的评价因子作为预测因子。对于项目排放的特征污染物也应选择有代表性的作为预测因子。此外，评价区域内某种污染物浓度已经超标，如果建设项目也排放此污染物，即使排放量较低，也应该在预测因子中予以考虑。

（2）确定预测范围

预测范围至少应覆盖整个评价范围，同时还应考虑污染源的排放高度、评价范围的主导风向、地形和周围环境空气敏感区的位置等，并进行适当调整。此外，在计算污染源对评价范围的影响时，一般取东西向为 x 坐标轴、南北向为 y 坐标轴，项目位于预测范围的中心区域。

（3）确定计算点

计算点可分环境空气敏感区、预测范围内的网格点以及区域最大地面浓度点这三类，选择所有环境空气敏感区中的环境空气保护目标作为计算点。

（4）确定污染源计算清单

污染源的类型可分为点源、面源、体源和线源，污染源计算清单可根据污染源的类型来确定，对于点源污染源，其计算清单应包括排气筒底部海拔高度、排气筒高度和内径、烟气出口速度、烟气出口温度、年排放小时数、排放工况、评价因子源强（烟尘、粉尘、SO_2、NO_x 等）。

（5）确定气象条件

计算小时平均质量浓度需采用长期气象条件，进行逐时或逐次计算。选择污染最严重的（针对所有计算点）小时气象条件和对各环境空气保护目标影响最大的若干个小时气象条件（可视对各环境空气敏感区的影响程度而定）作为典型小时气象条件。

计算日平均质量浓度需采用长期气象条件，进行逐日平均计算。选择污染最严重的（针对所有计算点）日气象条件和对各环境空气保护目标影响最大的若干个日气象条件（可视对各环境空气敏感区的影响程度而定）作为典型日气象条件。

（6）确定地形数据

在非平坦的评价范围内，地形的起伏对污染物的传输、扩散会有一定的影响。对于复杂地形下的污染物扩散模拟需要输入地形数据。根据《环境影响评价技术导则　大气环境》（HJ 2.2—2008）的规定：距污染源中心点 5 km 内的地形高度（不含建筑物）等于或超过排气筒高度时，定义为复杂地形。如果评价区域属于复杂地形，应根据需要收集地形数据。此外，地形数据的来源应予以说明，地形数据的精度应结合评价范围及预测网格点的设置进行合理选择。

（7）确定预测内容和设定预测情景

大气环境影响预测的内容根据评价工作等级和项目的特点来确定，预测情景根据预测内容而定，一般考虑污染类别、排放方案、预测因子、气象条件和计算点这五个方面的内容。

（8）选择预测模式

采用推荐模式清单中的模式进行预测，并说明选择模式的理由。推荐模式清单包括估算模式、进一步预测模式和大气环境防护距离计算模式等。选择模式时，应结合模式的适用范围和对参数的要求进行合理选择。如果使用非导则推荐清单中的模式，则需要提供模式技术说明和验算结果。

（9）确定模式中的相关参数

针对不同的区域特征以及不同的污染物、预测范围和预测时段，对模式参数进行分析比较，合理选择模式中的相关参数，并简要说明选择确定的理由以保证参数选择的合理性。

（10）进行大气环境影响预测分析与评价

根据已经确定的预测内容和预测情景进行模拟计算，根据模拟计算的结果进行大气环影响预测分析与评价。

7.3.2 大气环境影响预测内容与方法

1. 主要内容

（1）一级评价项目预测内容

①全年逐时或逐次小时气象条件下，环境空气保护目标、网格点处的地面质量浓度和评价范围内的最大地面小时质量浓度。

②全年逐日气象条件下，环境空气保护目标、网格点处的地面质量浓度和评价范围内的最大地面日平均质量浓度。

③长期气象条件下，环境空气保护目标、网格点处的地面质量浓度和评价范围内的最大地面年平均质量浓度。

④非正常排放情况，全年逐时或逐次小时气象条件下，环境空气保护目标的最大地面小时质量浓度和评价范围内的最大地面小时质量浓度。

⑤对于施工期超过一年，并且施工期排放的污染物影响较大的项目，还应预测施工期间的大气环境质量。

（2）二级评价项目预测内容为一级评价项目预测内容中的①~④。

（3）三级评价项目可不进行上述预测，只需分析估算模式的计算结果即可。

2. 预测方法

大气环境预测的方法可以分为两种：第一种为经验法，主要是在统计、分析历史资料的基础上，结合未来的发展规划进行预测；另一种为数学法，主要指利用数学模式进行计算或模拟，按经典的划分法，数学法可分为以下三类：第一类是假设湍流通量正比于平均梯度的"梯度输送理论"，第二类是基于泰勒统计理论的"湍流统计理论"，第三类是基于量纲分析的"相似理论"。目前随着计算机技术的飞速发展，数学方法的应用日益普遍。

大气环境影响预测的数学方法主要是利用大气扩散模型，可用于大气环境影响预测的扩散模式多种多样。由于污染物的种类、高度、排放方式以及所处的地理环境和相对应的气象条件不同，对周围环境的影响范围和影响程度也就存在着差异。为了保证大气环境预测结果的准确性，在具体应用时应该根据评价区域的地形和气象特征、污染源及污染物特征、时空分辨率要求、以及有关资料和技术条件等，合理正确地选用不同的大气扩散模型来进行预测运算。

《环境影响评价技术导则 大气环境》（HJ 2.2—2008）中所推荐的新一代大气扩散模式如 AERMOD、ADMS、CALPUFF 等对于大气物理化学过程描述得更加全面细致，可以更加有效地对空气质量影响进行全面的评估，在各类建设工程和区域开发项目的环境影响评价中可望得到广泛的应用。目前，在我国的大气环境影响预测中，对于一般建设工程和区域开发评价项目来说，使用最广泛的大气扩散模型是以高斯扩散模型为基础的。高斯在大量实测资料分析的基础上，应用"湍流统计理论"得到了正态分布假设下的扩散模型，即高斯模型。

7.3.3 点源扩散的高斯模式

高斯扩散模型的坐标系是以排放点（无界点源或地面源）或高架源排放点在地面的投影点为原点，平均风向为 x 轴，y 轴在水平面内垂直于 x 轴，y 轴的正向在 x 轴的左侧，z 轴垂直于水平面，向上为正方向，即为右手坐标系。在这种坐标系中，烟流中心或与 x 轴重合，或在 xoy 面的投影为 x 轴。

大量的实验和理论研究表明，特别是对于连续点源污染物扩散的平均状况，其浓度分布符合正态分布规律，因此我们可以对高斯扩散模型采用以下假设：①污染物在 y、z 轴向上的浓度分布符合高斯分布（正态分布），在 x 轴方向上只考虑迁移，不考虑扩散；②在整个空间中风速是均匀稳定的，大气只在一个方向上做稳定的水平运动；③源强是连续均匀的；④扩散过程中污染物质量守恒，且平流输送作用远远大于扩散作用。污染物没有衰减和增生，不发生沉降、分解和化合，地面对其起全反射作用，不吸收，不吸附。

1. 无界空间下连续点源扩散模式

由假设①可以得到下风向任意一点 (x, y, z) 污染物平均浓度分布函数为

$$C(x,y,z) = A \frac{1}{2\pi\delta_y\delta_z} e^{-y^2/2\delta_y^2} e^{-z^2/2\delta_z^2} \tag{7-9}$$

由假设④可知，单位时间内通过与大气流场方向垂直平面（yoz 平面）的污染物扩散迁移量等于污染物的排放源强 Q，即

$$
\begin{aligned}
Q &= \int_{-\infty}^{\infty} \int_{-\infty}^{\infty} C \cdot \bar{u} \mathrm{d}y\mathrm{d}z \\
&= \int_{-\infty}^{\infty} \int_{-\infty}^{\infty} A \frac{1}{2\pi\delta_y\delta_z} e^{-y^2/2\delta_y^2} e^{-z^2/2\delta_z^2} \bar{u}\mathrm{d}y\mathrm{d}z \\
&= A\bar{u} \int_{-\infty}^{\infty} \frac{1}{\sqrt{2\pi}\delta_z} \left(\int_{-\infty}^{\infty} \frac{1}{\sqrt{2\pi}\delta_y} e^{-y^2/2\delta_y^2} \mathrm{d}y \right) e^{-z^2/2\delta_z^2} \mathrm{d}z \\
&= A\bar{u}
\end{aligned}
\tag{7-10}
$$

由分布函数公式可以解得

$$A = \frac{Q}{\bar{u}} \tag{7-11}$$

从而可以得到无界空间下连续点源扩散模式

$$C(x,y,z) = \frac{Q}{2\pi\bar{u}\delta_y\delta_z} \exp\left[-\frac{y^2}{2\delta_y^2} - \frac{z^2}{2\delta_z^2} \right] \tag{7-12}$$

式中　$C(x, y, z)$——下风向任意一点出污染物浓度（mg/m³）；

x——下风向距离（m）；

y——该点与通过排气筒的平均风向轴线在水平面上的垂直距离（m）；

z——垂直方向的高度（m）；

Q——单位时间内污染物的排放量（mg/s）；

u——排气筒出口处的平均风速（m/s）；

δ_y——水平方向扩散参数（水平方向上概率分布均方差）（m）；

δ_z——垂直方向扩散参数（垂直方向上概率分布均方差）（m）。

2. 高架连续点源扩散模式

高架连续点源的扩散问题，必须考虑地面对污染物扩散的影响。根据假设④，我们可以假设地面像镜面一样，对污染物起到完全反射的作用。按照全反射原理，可以用"像源法"原理来考虑点源扩散的地面反射作用。

有效源高度为 H_e 的污染源 $(0, 0, H)$ 对于某一点 P (x, y, z) 的扩散浓度可以分为两部分：一部分是不存在地面时，实源 $(0, 0, H)$ 在 P 点所造成的污染物实际浓度 C_1；另一部分是由于地面反射作用，像源 $(0, 0, -H)$ 在 P 点所增加的污染物浓度 C_2。

实源产生的浓度 C_1：P 点在以实源为原点的坐标系中，对于污染源的垂直距离为 $(z - H)$，当不考虑地面的影响时，根据无界空间下连续点源扩散模型，按式（7-12）计算，则可以得到

$$C_1(x,y,z,H) = \frac{Q}{2\pi \bar{u}\delta_y\delta_z}\exp\left[-\frac{y^2}{2\delta_y^2} - \frac{(z - H_e)^2}{2\delta_z^2}\right] \tag{7-13}$$

像源产生的浓度 C_2：P 点在以像源为原点的坐标系中，对于污染源的垂直距离为 $(z + H)$，它在 P 点产生的浓度也按式（7-12）计算，则可以得到

$$C_2(x,y,z,H) = \frac{Q}{2\pi \bar{u}\delta_y\delta_z}\exp\left[-\frac{y^2}{2\delta_y^2} - \frac{(z + H_e)^2}{2\delta_z^2}\right] \tag{7-14}$$

P 点的实际污染物浓度应为实源和像源的作用之和，即

$$C = C_1 + C_2$$

$$C(x,y,z,H) = \frac{Q}{2\pi \bar{u}\delta_y\delta_z}\exp\left(-\frac{y^2}{2\delta_y^2}\right)\left\{\exp\left[-\frac{(z - H_e)^2}{2\delta_z^2}\right] + \exp\left[-\frac{(z + H_e)^2}{2\delta_z^2}\right]\right\} \tag{7-15}$$

上式即为高架连续点源正态分布假设下的高斯扩散模型。通过该模型，可以计算下风向任意一点的污染物浓度。

①地面浓度：在大气环境影响预测中，人们往往更关心的是地面污染物的浓度，而不是任意一点的浓度。令 $z = 0$，由式（7-15）可以得到高架连续点源的地面浓度公式

$$C(x,y,0) = \frac{Q}{\pi \bar{u}\delta_y\delta_z}\exp\left(-\frac{y^2}{2\delta_y^2}\right)\exp\left(-\frac{H_e^2}{2\delta_z^2}\right) \tag{7-16}$$

在高架连续点源附近，地面污染物浓度接近于零，然后逐渐升高，在某个距离时达到最大值，然后缓慢降低；在方向上，污染物的浓度按正态分布规律而变化。

②地面轴线浓度：地面轴线浓度是 x 轴线上的浓度，令 $y = 0$，由式（7-16）可以得到地面轴线浓度公式

$$C(x,0,0) = \frac{Q}{\pi \bar{u}\delta_y\delta_z}\exp\left(-\frac{H_e^2}{2\delta_z^2}\right) \tag{7-17}$$

地面轴线浓度是以 x 轴为对称轴，反应的是垂直于气流方向上地面污染物浓度出现最大值的地方，在地面轴线 x 轴上具有最大值，向两侧（y 方向）逐渐减小。

③地面最大浓度：假设比值 δ_y/δ_z 为一常数，其值不随距离 x 变化而变化，对式（7-18）求导并取极值可得到地面最大污染物浓度

$$C_{max} = \frac{2Q}{\pi \bar{u}H_e^2} \cdot \frac{\delta_z}{\delta_y} \tag{7-19}$$

$$\delta_z\big|_{x = x\rho_{max}} = \frac{H}{\sqrt{2}} \tag{7-20}$$

3. 地面连续点源扩散模式

若污染源位于近地面，令有效源高 $H_e = 0$，由高架连续点源扩散模式式（7-15），可以得到地面连续点源浓度

$$C(x,y,z,0) = \frac{Q}{\pi \bar{u} \delta_y \delta_z} \exp\left[-\left(\frac{y^2}{2\delta_y^2} + \frac{z^2}{2\delta_z^2}\right)\right] \tag{7-21}$$

① 令 $z = 0$，由上式可以得到地面连续点源的地面浓度公式

$$C(x,y,0,0) = \frac{Q}{\pi \bar{u} \delta_y \delta_z} \exp\left[-\frac{y^2}{2\delta_y^2}\right] \tag{7-22}$$

② 令 $y = 0$，由上式可以得到地面连续点源的地面轴线浓度公式

$$C(x,0,0,0) = \frac{Q}{\pi \bar{u} \delta_y \delta_z} \tag{7-23}$$

4. 特殊气象条件下的扩散模式

（1）封闭型扩散模式

① 形成原因

在实际的大气环境中，常常会出现大气层上部逆温的现象，即低层为不稳定大气层，在离地面几百米到 $1 \sim 2 km$ 的高空存在一个明显的逆温层。这种逆温现象使得污染物在垂直方向上的扩散受到限制，只能在地面和逆温层之间进行扩散。观测表明，逆温层底上下两侧的浓度通常相差 $5 \sim 10$ 倍，因此，将这种上部逆温时的扩散称为封闭型扩散。

② 计算公式

封闭型扩散实际上是污染物在地面和逆温层之间进行扩散，仍然可以用像源法来处理这个问题。这时的污染源在两个镜面上所形成的像是无穷多个像，污染物的浓度可看成是实源和无穷多像源的作用之和。

上部逆温层或稳定层底的高度称混合层高度，用 h 表示。设地面及混合层全反射，地面到上部逆温层底之间任意一点的污染物浓度都可以在高斯模式的高架源基础上叠加计算，得到封闭型扩散模式的浓度公式

$$C = \frac{Q}{2\pi \bar{u} \delta_y \delta_z} \exp\left[-\left(\frac{y^2}{2\delta_y^2}\right)\right] \cdot \sum_{n=-k}^{k}\left\{\exp\left[-\frac{(z - H_e + 2nh)}{2\delta_z^2}\right] - \exp\left[-\frac{(z + H_e + 2nh)^2}{2\delta_z^2}\right]\right\}$$

$$\tag{7-24}$$

式中　k 表示进行反射的次数，根据导则，在二级评价项目中取 $k = 4$，三级评价项目中取 $k = 0$。

若烟流边缘刚刚达到上部逆温层底的哪一点，到污染源的水平距离用 X_D 表示。在 $x < X_D$ 的距离内，烟流的高度未到达上部逆温层底的高度，它的扩散还未受到上部逆温层的影响，所以在 $x < X_D$ 的距离内，其地面轴线浓度可以按一般高架连续点源扩散模式来进行计算。

（2）熏烟型扩散模式

① 形成原因

熏烟型扩散模式也叫漫烟型扩散模式，在夜间辐射逆温存在时，由高架连续点源排放的污染物进入稳定的大气层，形成平展型扩散。污染物在垂直方向扩散速度缓慢，在源的上方形成一条下场的高浓度区。日出以后，太阳辐射逐渐增加，地面逐渐变暖，逆温从地面开始被破坏，逐渐向上发展。当逆温破坏到烟流下边稍高一些时，收到刚刚发展起来的势力湍流作用，逆温破坏处的污染物便发生强烈的向下混合作用，增大了地面污染物浓度。当逆温消退到烟流顶部时，所有烟云在上部逆温下迅速向下扩散，造成地面污染物浓度升高，这个过

程称为熏烟扩散过程。整个过程大约持续 30min 至 1h 之间。

②计算公式

为了估算在逆温遭到破坏熏烟条件下的地面浓度，假设烟流原来是排入稳定层内的，当逆温消退到高度 h_f 时，在高度 h_f 以下，污染物浓度在垂直方向的分布是均匀的，则熏烟条件下的地面浓度公式为

$$C_f(x,y) = \frac{Q}{\sqrt{2\pi}\,\bar{u}h_f\delta_{yf}}\exp\left(-\frac{y^2}{2\delta_{yf}^2}\right)\Phi(p) \tag{7-25}$$

$$\Phi(p) = \frac{1}{\sqrt{2\pi}}\int_{-\infty}^{p}\exp\left(-\frac{p^2}{2}\right)\mathrm{d}p \tag{7-26}$$

$$p = \frac{h_f - H_e}{\delta_z} \tag{7-27}$$

$$\delta_{yf} = \delta_y + \frac{H_e}{8} \tag{7-28}$$

式中 δ_{yf}——熏烟条件下的扩散参数；

$\Phi(p)$——正态分布函数，用来反映原稳定状态下的烟流进入混合层的份额。一般来说，$p = -2.15$ 时为烟羽的下边界，此时 $\Phi(p)\approx 0$，烟羽未进入混合层；$p = 2.15$ 时为烟羽的上边界，此时 $\Phi(p)\approx 1$，烟羽全部进入混合层。

如果逆温消失在烟囱的有效高度时，可以认为烟流的一半向下混合，而另一半则留在上部稳定的大气层中，这是地面浓度为

$$C_f(x,y) = \frac{Q}{2\sqrt{2\pi}\,\bar{u}h_f\delta_{yf}}\exp\left(-\frac{y^2}{2\delta_{yf}^2}\right) \tag{7-29}$$

令 $y=0$，由上式可以得到地面轴线浓度为

$$C_f(x,0) = \frac{Q}{\sqrt{2\pi}\,\bar{u}h_f\delta_{yf}} \tag{7-30}$$

若逆温消退到高度 h_f 时，恰好等于烟流的上边源，则烟流全部向下垂直混合，使地面污染物浓度达到最大值，其公式为

$$C_f(x,y) = \frac{Q}{\sqrt{2\pi}\,\bar{u}h_f\delta_{yf}}\exp\left(-\frac{y^2}{2\delta_{yf}^2}\right) \tag{7-31}$$

式中 $h_f = H_e + 2.15\delta_z$。

以上扩散模式只适用于逆温破坏到 $H_e + 2.15\delta_z$ 以下高度时，当逆温层破坏到 $H_e + 2.15\delta_z$ 以上时，整个烟流就位于不稳定大气层中，熏烟过程已经不存在，故上述模式不再适用。

（3）小风和静风时点源扩散模式

气象上一般将将风速小于 0.5m/s 的情况成为静风，将风速介于 0.5 ~ 1.5m/s 的情况称为小风。原来的高斯扩散模式均假设沿 x 方向的湍流扩散速率远远小于风速对于污染物的推流输送速率，在 x 方向的污染物扩散可以忽略不计。但是在小风和静风时，由于平均风速太小，主导风向不确定，这种假设条件不再成立，因此不能应用原来的高斯模式来预测这种情况下污染物浓度的分布情况。

以排气筒地面位置为坐标原点，平均风向为 x 轴，地面任一点处的污染物浓度公式为

$$C(x,y,0) = \frac{2Q}{(2\pi)^{3/2}\gamma_{02}\eta^2}G \tag{7-32}$$

其中：

$$\eta^2 = x^2 + y^2 + \left(\frac{\gamma_{01}}{\gamma_{02}} \cdot H_e\right)^2 \tag{7-33}$$

$$G = \exp\left(-\frac{\overline{u_x^2}}{2\gamma_{01}^2}\right)\left[1 + \sqrt{2\pi}\exp\left(\frac{s^2}{2}\right)s\Phi(s)\right] \tag{7-34}$$

$$\Phi(s) = \frac{1}{\sqrt{2\pi}}\int_{-\infty}^{s}\exp\left(-\frac{t^2}{2}\right)dt \tag{7-35}$$

$$s = \frac{\bar{u}x}{\gamma_{01}\eta} \tag{7-36}$$

式中　$\Phi(s)$——正态分布函数，可根据 s 由数学手册查得；

　　　γ_{01}，γ_{02}——水平方向和垂直方向扩散参数的回归系数；

　　　t——扩散时间（s）。

7.3.4　线源、体源和面源扩散模式

1. 线源扩散模式

（1）无限长线源扩散模式

当风向与线源垂直时，主导风向的下风向为 x 轴，可以得到连续排放的无限长线源下风向某点污染物的浓度公式为

$$\begin{aligned}
C(x,0,z) &= \frac{Q_1}{\pi\bar{u}\delta_y\delta_z}\exp\left(-\frac{H^2}{2\delta_z^2}\right)\int_{-\infty}^{+\infty}\exp\left(-\frac{y^2}{2\delta_y^2}\right)dy \\
&= \frac{\sqrt{2}\,Q_1}{\sqrt{\pi}\,\bar{u}\delta_z}\exp\left(-\frac{H^2}{2\delta_z^2}\right)
\end{aligned} \tag{7-37}$$

当风向与线源不垂直时，如果风向与线源交角为 φ 且 $\varphi \geq 45°$，可以得到连续排放的无限长线源下风向某点的污染物浓度公式为

$$C(x,0,z) = \frac{\sqrt{2}\,Q_1}{\sqrt{\pi}\,\bar{u}\delta_z\sin\varphi}\exp\left(-\frac{H^2}{2\delta_z^2}\right) \tag{7-38}$$

（2）有限长线源扩散模式

当风向垂直于有限长线源时，通过所关心的接收点向有限长线源作垂线，该直线与有限长线源的交点作为坐标原点，直线的下风向为 x 轴，线源的范围是从 y_1 延伸至 y_2，则有限长线源下风向某点污染物的浓度公式为

$$C(x,0,z) = \frac{\sqrt{2}\,Q_1}{\sqrt{\pi}\,\bar{u}\delta_z}\exp\left(-\frac{H^2}{2\delta_z^2}\right)\int_{P_1}^{P_2}\frac{1}{\sqrt{2\pi}}\exp\left(-\frac{p_2}{2}\right)dp \tag{7-39}$$

式中　$p_1 = \dfrac{y_1}{\delta_y}$；$p_2 = \dfrac{y_2}{\delta_y}$。

2. 面源扩散模式

面源模型主要是用来预测源强较小、排出口较低，但数量多、分布比较均匀的污染源。大气导则规定平原城区排气筒不高于 40m 或排放量小于 0.04t/h 的排放源可以作为面源处理。

中华人民共和国环境保护部 HJ 2.2—2008 标准中对于面源扩散模式作了详细的介绍，

使用的方法为点源积分法。首先将评价区在选定的坐标系内网格化，然后令接收点位于其中一个网络的中心或网格边线的中心，对接收点上风方每个可能影响得到接收点的网格，按式（7-3-10）分别计算各个网格面源接受点的浓度贡献值，最后求和即可得到该接受点的预测污染物浓度值。

3. 体源扩散模式

当无组织排放源为体源时，其地面浓度可按高架连续点源扩散模式计算，但需要对扩散参数 δ_y 和 δ_z 进行修正。将修正后的 δ_y 和 δ_z 带入高架连续点源扩散模式计算即可。修正后的 δ_y 和 δ_z 分别为

$$\delta_y = \gamma_1 x^{\alpha_1} + \frac{L_y}{4.3} \tag{7-40}$$

$$\delta_z = \gamma_2 x^{\alpha_2} + \frac{L_z}{4.3} \tag{7-41}$$

式中　L_y、L_z——体源在 y 和 z 方向的边长。

7.3.5　可沉降颗粒物扩散模式

颗粒物是大气中很重要的一种污染物，当颗粒物污染物的粒径大于 $15\,\mu m$ 时，除了受到气流的输送和大气扩散的作用外，还明显地受到重力沉降的作用，地面对其不能发生全反射作用，不符合高斯模型的假设。当颗粒物受到重力作用时，烟羽中心轴向下倾斜，其地面浓度可以用烟羽倾斜模式计算

$$C(x,y,0) = \frac{Q(1+\alpha)}{2\pi \bar{u} \delta_y \delta_z} \exp\left(-\frac{y^2}{2\delta_y^2}\right) \exp\left[-\frac{\left(H_e - v_g \dfrac{x}{\bar{u}}\right)}{2\delta_z^2}\right] \tag{7-42}$$

$$v_g = \frac{d^2 \rho g}{18\mu} \tag{7-43}$$

式中　α——尘粒的地面反射系数，其具体值如表 7-3 所示；

　　　v_g——尘粒的沉降速度（m/s）；

　　　g——重力加速度（9.8m/s²）；

　d，ρ——尘粒的直径和密度（m、kg/m³）；

　　　μ——空气动力黏性系数［kg/(m·s)］。

表 7-3　地面反射系数 α

粒度范围（μm）	15～30	31～47	48～75	76～100
平均粒径（μm）	22	39	61	88
反射系数（α）	0.8	0.5	0.3	0

7.4　大气环境影响评价

大气环境影响评价的最终目的是从大气环境保护的角度评价拟建项目的可行性，作出明确的评价结论。一般应包括两个方面：①以法规标准为依据，根据环保目标，在现状调查、

工程分析和影响预测的基础上，判别拟建项目对当地环境的影响，全面比较项目建设对大气环境的有利影响和不利影响，明确回答该项目选址是否合理，对拟建项目的选址方案、总图布置、产品结构、生产工艺等提出改进措施和建议。②针对建设项目特点、环境状况和技术经济条件，对不利的环境影响提出进一步治理大气污染的具体方案和措施，把建设项目对环境的不利影响降到最低程度，最终提出可行的环保对策和明确的评价结论。

7.4.1　大气环境影响评价目的和指标

1. 大气环境影响评价目的

大气环境影响评价是在现状调查、工程分析和影响预测的基础上，以法律、标准等为依据，根据明确的环境保护目标，其主要目的在于：①定量预测评价区内大气环境质量的变化程度；②根据可能出现的高浓度背景，解释污染物迁移规律；③与环境目标值（标准）比较，了解环境影响的程度，对拟建项目的选址方案、总图布置、产品结构、生态工艺等提出改进措施与建议；④优化合理的布局方案、治理方案；⑤从大气环境保护的角度评价拟建项目的可行性，为项目建成后进行环境监测布点提供建议。

2. 大气环境影响评价的指标

（1）环境目标值确定

用于大气环境影响评价的环境目标值主要指环境质量目标值，是经过有关环保部门批准的大气环境质量评价标准，通常是《环境空气质量标准》（GB 3095—2012）和相关的地方标准中的指标，缺项则由选定的国外标准等补充。

（2）总量控制目标

总量控制是指控制某一区域内全部污染源的污染物排放总量，使该区域环境质量达到特定目标的方法。以总量控制目标评价拟建项目时，评价参数主要是由更高行政区分解下来的当地污染物总量控制指标。此外，拟建项目所在地的环保行政主管部门也可根据本区域的污染物排放总量控制目标值、当地社会经济和环境状况，对拟建项目的总量控制目标提出具体要求。

（3）评价指数

常用的评价指数是单项指数 $L_i = \dfrac{C_i}{C_{oi}}$，$L_i \geqslant 1$ 为超标，根据预测值和评价指数计算结果，绘制各污染因子的等浓度曲线，指明其超标区域或未超标情况下最大区域的位置和面积、超标区的功能特点、变化范围和平均值。

当计算出某评价因子的日平均值或一次取样浓度值超标时，应再计算其季（期）或年平均浓度值的超标小时数或频率值。

7.4.2　建设项目大气环境影响评价的内容

1. 选址和总图布置

①根据建设项目各主要污染因子的全部排放源在评价区的超标区（或 L_i 值的最大区域）或关心点上的污染分担率 K_{ij}，同时结合评价区的环境特点、工业生产现状或发展规划，以及环境质量水平和可能的改造措施等因素，从大气环保角度，对厂址选择是否合理提出评价和建议。

②根据建设项目各污染源在评价区关心点以及厂址、办公区、职工生活区等区域的污染

分担率，结合环境、经济等因素，对总图布置的合理性提出评价和建议。

③如果在该评价区内有几种厂址选择方案或总图布置方案，则应给出各种方案的预测结果（包括浓度分布图和污染分担率），再结合各方面因素，从大气环境保护的角度，进行方案比选并提出推荐意见。

2. 污染源评价

①根据各污染因子和各类污染源在超标区或关心点的 L_i 及 K_{ij} 值，确定主要污染因子和主要污染源，以及各污染因子和污染源对污染贡献大小的次序。

②对原设计的主要污染物、污染源方案从大气环保角度做出评价（源高、源强、工艺流程、治理技术和综合利用措施等）。

3. 分析超标时的气象条件

①根据预测结果分析出现超标时的气象条件，例如静风、大气不稳定状况，日出和日落前的熏烟和辐射逆温的形成，因特定的地表或地形条件引起的局地环流（山谷风、海陆风、热岛环流等），给出其中的主要因素以及这些因素的出现时间、强度、周期和频率。

②扩建项目如已有污染因子的监测数据，可结合同步观测的气象资料，分析其超标时的气象条件。

4. 环境空气质量影响评价

根据上述评价或分析结果，结合各项调查资料，全面分析建设项目最终选择的设计方案（一种或几种）对评价区大气环境质量的影响，并给出这一影响的综合性评价。

5. 环境保护对策与措施

提出具有可操作性的环保对策和措施，以减轻建设项目对大气环境质量的不良影响，使环境效益、社会效益、经济效益达到统一。

一般可采用以下环保对策：①改变燃料结构；②改进生产工艺；③加强管理和治理重点污染源；④无组织排放的控制；⑤排气筒高度选择；⑥加强能源资源的综合利用；⑦区域污染源总量控制；⑧土地的合理利用与调整；⑨厂区绿化，防护林建设等；⑩环境监测计划的建设等。

6. 结论

一级、二级评价项目的大气环境影响评价专章或专题报告应有关于评价结论的专门章节，三级项目可省略小结，直接在结论部分特别叙述与大气环境影响评价有关的问题。

结论中的内容包括大气环境现状，建设项目工程分析中有关大气污染源的分析，各方案建设项目对大气环境影响预测和评价的结果，环保措施的评述和建议等。

最终结论应明确拟建项目在建设运行各阶段能否满足预定的大气环境保护目标的要求。

（1）应做出"可以满足大气环境保护目标要求"结论的情况

①建设项目在实施过程中的不同生产阶段除很小范围以外，大气环境质量均能达到预定要求，而且大气污染物排放量符合区域污染物总量控制的要求。

②在建设项目实施过程的某个阶段，非主要的个别大气污染物参数在较大范围内不能达到预定的标准要求，但采取一定的环保措施后可以满足要求。

（2）应做出"不能满足大气环境保护目标要求"结论的情况

①大气环境现状已"不能满足大气环境保护目标要求"。

②要求的污染削减量过大而导致削减措施在技术、经济上明显不合理。

有些情况不能做出明确的结论，如建设项目对大气环境的某些方面起了恶化作用的同时又改善了其他某些方面，则应说明建设项目对大气环境的正、负影响程度及其评价结果。

需要在评价结果中确定建设项目与大气环境的有关部分的方案比较时，应在结论中确定推荐方案，并说明理由。

7.5 大气环境影响评价案例

某烟草工厂由于生产线即将达到报废年限，设备的工艺技术性能、产品质量保障能力严重下降，同时生产线受当时技术条件和观念的制约，主要的生产设备存在布局不合理、能耗高等问题，达不到节能减排的要求，遂决定进行易地搬迁改造，大气污染为该工厂污染的主要方面，因此按要求进行该工程项目的大气环境影响评价。

7.5.1 评价标准、评价等级及评价范围

1. 评价标准

环境空气质量执行《环境空气质量标准》（GB 3095—2012）二级标准，锅炉排放的烟气执行《锅炉大气污染物排放标准》（GB 13271—2001）中燃气锅炉Ⅱ时段标准。

2. 评价等级

本建设项目主要气态污染物为 NO_x，所处地形为简单地形，由《环境影响评价技术导则 大气环境》（HJ 2.2—2008）中推荐的估算模式计算出 NO_x 的最大地面浓度占标率为 $P_{NOx}=8.56\% <10\%$，则本项目大气环境影响评价工作等级定为三级。

3. 评价范围

根据《环境影响评价技术导则 大气环境》（HJ 2.2—2008）和本项目的评价工作等级（三级），拟建项目评价范围为：以锅炉房烟囱为中心，边长为 5km 的矩形区域。

7.5.2 工程概况与工程分析

此烟草工厂搬迁新址位于平原地区某中等城市的工业园区内。拟建工程营运期间大气污染主要为锅炉烟气、工艺废气和打叶复烤车间的烟叶异味和原烟仓库杀虫/防霉剂挥发噪声的气味。

7.5.3 环境空气质量现状评价

1. 现状监测

本次环境空气质量现状监测选择在厂区和下风向某村庄设置 2 个监测点，选择的监测因子为 SO_2、NO_2、TSP 和 PM_{10}，同步记录风向、风速，连续监测 3 天。

2. 现状评价

根据现场监测结果，采用浓度占标率和超标率对环境空气现状进行评价。

7.5.4 环境影响预测与分析

本项目主要采用清洁能源天然气，污染物的排放量较燃煤锅炉大大减少。根据源强核算的结果，结合锅炉类型和区域的环境特点，核算出本项目建成后正常运行时（开 2 台燃气

锅炉）对下风向环境空气中 NO_2 的贡献情况如表 7-4 所示，最大浓度处叠加背景值后达标情况如表 7-5 所示。

表 7-4　燃气锅炉 NO_2 排放浓度贡献值预测表（浓度单位：$\mu g/m^3$）

烟囱下风向距离（m）	10	100	200	300	400	500	600
浓度	0.000	0.001	0.294	1.574	3.777	6.182	8.144
烟囱下风向距离（m）	700	800	900	1000	1100	1200	1300
浓度	9.440	10.136	10.376	10.304	9.928	9.496	9.056
烟囱下风向距离（m）	1400	1500	1600	1700	1800	1900	2000
浓度	8.608	8.176	7.762	7.367	6.995	6.646	6.318
烟囱下风向距离（m）	2100	2200	2300	2400	2500	2600	2700
浓度	6.012	5.726	5.459	5.210	4.977	4.759	4.555
烟囱下风向距离（m）	2800	2900	3000	3500	4000	4500	5000
浓度	4.365	4.186	4.018	3.330	2.812	2.414	2.101

从表 7-4 可以看出，距离烟囱下风向 921 m 处 NO_2 达到最大，最大浓度为 0.0104 mg/m^3，由此可见，拟建项目采用清洁的能源天然气，能实现达标排放，且最大浓度占标率小于 10%，锅炉排放的 NO_2 对周边的环境空气的浓度贡献值较小。

表 7-5　预测最大点处浓度达标情况（浓度单位：$\mu g/m^3$）

名称	NO_2
下风向浓度最大值	0.0104
背景值	0.01298
是否达标	是

从表 7-5 看出，叠加背景值后下风向 NO_2 浓度未出现超标。又根据拟建项目总平面布置图，项目锅炉房设施在厂区的西北面，常德市的常年主导风向为 NNE，锅炉房烟囱下风向为中联重科工业园工业建设用地，无集中居民居住用地，厂界西面以及厂界外西侧临岗公路两侧均设置了绿化隔离带，因此，拟建项目的锅炉烟气对周边的大气环境影响较小。

7.5.5　建议与结论

本案例为大气环境影响评价等级为三级，所列出的评价项目和内容较少。对于实际环境影响评价项目，还应根据项目特点和复杂程度，考虑地形、地表植被特征以及污染物的化学变化等参数对浓度预测的影响，并结合环境质量现状检测结果，对区域及各环境空气敏感点进行叠加背景浓度综合分析，从项目选址、污染源排放度与排放方案、大气污染控制措施及总量控制等多方面综合评价，并最终给出大气环境影响可行性的结论。

第8章 水环境影响评价

8.1 水环境评价等级的确定

水环境影响评价在理论上包括地下水环境影响评价和地表水环境影响评价，限于技术方法和地下水埋藏条件资料的缺乏，目前我国的建设项目环境影响评价一般只进行地表水环境影响评价，本章也主要讲述地表水环境影响评价。

8.1.1 评价工作程序

地表水环境影响评价的工作程序一般包括三个阶段：

第一阶段为前期准备阶段，具体内容为进行详细的工程分析，确定污染源强和特征污染物，选择确定预测因子，进行详细的环境现状调查，包括水文调查，必要时进行水文测量，调查纳污水体的功能区划，在预测范围内有无需特别注意的环境敏感目标，如取水口、居民区、学校、医院、党政机关集中办公区、文物保护单位、养殖场、鱼类的"三场"（越冬场、产卵场、索饵场）等，并根据这些情况查阅国家和地方关于设置排污口或排污要求的法律法规和标准，在纳污水体合适地方设置监测断面（点）进行水质监测，根据监测结果评价水质状况，对引起不达标的原因进行分析调查，在预测范围内进行污染源调查。根据纳污水体的类型（非感潮河流、感潮河流、湖泊、海域）、水文状况（流速、流量、河宽、河深、坡降、河床粗糙程度、弯曲程度、岛屿等）、排污条件（岸边排放、中心排放）及污染物类型（持久性污染物、非持持久性污染物）等选择合理的预测模型及参数。

第二阶段为预测计算阶段，根据第一阶段的工作成果，选择合适的参数进行预测计算，成果以表或图的形式反映出来，应特别注意环境敏感目标处的预测结果。

第三阶段为分析评价阶段，对整个地表水环境影响评价得出结论，如果不能满足水体使用功能要求，应采取何种措施方能达到环保要求，如减小污染源强、改变排污口的位置或方式等。

具本的工作程序如图 8-1 所示。

8.1.2 评价等级

地表水环境影响评价工作划分为三个等级，一级评价项目要求最高，二级次之，三级最低，其划分的依据主要是项目排放的水量、废水复杂程度、废水中污染物迁移、转化和衰减变化特点以及纳污水体的规模、类型以及使用功能要求。

《环境影响评价技术导则 地面水环境》（HJ/T 2.3—1993）中规定的地表水环境影响评价具体分级如表 8-1 所示。

图 8-1　地表水环境影响评价工作程序

表 8-1　地表水环境影响评价分级判据

建设项目污水排放量（m³/d）	建设项目污水水质复杂程度	一级		二级		三级	
		地表水域规模（大小规模）	地表水水质要求（水质类别）	地表水域规模（大小规模）	地表水水质要求（水质类别）	地表水域规模（大小规模）	地表水水质要求（水质类别）
≥20000	复杂	大	Ⅰ～Ⅲ	大	Ⅳ、Ⅴ		
		中，小	Ⅰ～Ⅳ	中，小	Ⅴ		
	中等	大	Ⅰ～Ⅲ	大	Ⅳ、Ⅴ		
		中，小	Ⅰ～Ⅳ	中，小	Ⅴ		
	简单	大	Ⅰ、Ⅱ	大	Ⅲ～Ⅴ		
		中，小	Ⅰ～Ⅲ	中，小	Ⅳ、Ⅴ		
<20000 ≥10000	复杂	大	Ⅰ～Ⅲ	大	Ⅳ、Ⅴ		
		中，小	Ⅰ～Ⅳ	中，小	Ⅴ		
	中等	大	Ⅰ、Ⅱ	大	Ⅲ、Ⅳ	大	Ⅴ
		中，小	Ⅰ～Ⅱ	中，小	Ⅲ～Ⅴ		
	简单			大	Ⅰ～Ⅲ	大	Ⅳ、Ⅴ
		中，小	Ⅰ	中，小	Ⅱ～Ⅳ	中、小	Ⅴ

续表

建设项目污水排放量（m³/d）	建设项目污水水质复杂程度	一级		二级		三级	
		地表水域规模（大小规模）	地表水水质要求（水质类别）	地表水域规模（大小规模）	地表水水质要求（水质类别）	地表水域规模（大小规模）	地表水水质要求（水质类别）
<10000 ≥5000	复杂	大、中	Ⅰ～Ⅱ	大、中	Ⅲ、Ⅳ	大、中	Ⅴ
		小	Ⅰ、Ⅱ	小	Ⅲ、Ⅳ	小	Ⅴ
	中等			大、中	Ⅰ～Ⅲ	大、中	Ⅳ、Ⅴ
		小	Ⅰ	小	Ⅱ～Ⅳ	小	Ⅴ
	简单			大、中	Ⅰ～Ⅲ	大、中	Ⅲ～Ⅴ
				小	Ⅰ～Ⅲ	小	Ⅳ、Ⅴ
<5000 ≥1000	复杂			大、中	Ⅰ～Ⅲ	大、中	Ⅳ、Ⅴ
				小	Ⅱ～Ⅳ	小	Ⅴ
	中等			大、中	Ⅰ～Ⅲ	大、中	Ⅱ、Ⅲ
		小	Ⅰ	小	Ⅰ～Ⅲ	小	Ⅳ、Ⅴ
	简单					大、中	Ⅰ～Ⅳ
				小	Ⅰ	小	Ⅱ～Ⅴ
<1000 ≥200	复杂					大、中	Ⅰ～Ⅳ
						小	Ⅰ～Ⅴ
	中等					大、中	Ⅰ～Ⅳ
						小	Ⅰ～Ⅴ
	简单					中、小	Ⅰ～Ⅳ

海湾环境影响评价的分级标准可参阅《环境影响评价技术导则　地面水环境》（HJ/T 2.3—1993）。

1．水质复杂程度划分

污水水质的复杂程度按污水中的污染物类型以及某类污染物中水质参数的多少划分为复杂、中等和简单三类。

根据污染物在水环境中输移、衰减特点以及它们的预测模式，将污染物分为四类：持久性污染物、非持久性污染物、酸和碱、热污染。

复杂：污染物类型数 ≥3，或者只含有两类污染物，但需预测其浓度的水质参数数目 ≥10；

中等：污染物类型数 =2，且需预测其浓度的水质参数数目 <10；或者只含有一类污染物，但需预测其浓度的水质参数数目 ≥7；

简单：污染物类型数 =1，需预测浓度的水质参数数目 <7。

2．水体规模的划分

河流与河口，按建设项目排污口附近河段的多年平均流量或平水期平均流量划分。

大河：≥150m³/s；

中河：15～150m³/s；

大河：<15m³/s；

湖泊和水库，按枯水期湖泊或水库的平均水深以及水面面积划分。

当平均水深≥10m 时：

大湖（库）：≥25km^2

中湖（库）：2.5～25km^2

小湖（库）：<2.5km^2

当平均水深<10m时：

大湖（库）：≥50km^2

中湖（库）：5～50km^2

小湖（库）：<5km^2

8.1.3 评价范围

建设项目地表水环境影响评价范围与地表水环境现状调查的范围相同或略小（特殊情况可略大），确定环境现状调查范围（预测范围）的原则和要求为：

①环境现状调查的范围，应能包括建设项目对周围地表水水环境影响较显著的区域。在此区域内进行的调查，能全面说明与地表水环境相联系的环境基本状况，并能充分满足环境影响预测的要求。

②在确定某项具体工程的地表水环境调查范围时，应尽量按照将来污染物排放后可能的达标范围，参考表8-2、表8-3和表8-4并考虑评价等级高低（评价等级高时可取调查范围略大，反之可略小）后决定。

表8-2　不同污水排放量时河流环境现状调查范围（排污口下游）参考表

污水排放量（m^3/d）	调查范围（km）		
	大河	中河	小河
>50000	15～30	20～40	30～50
50000～20000	10～20	15～30	25～40
20000～10000	5～10	10～20	15～30
10000～5000	2～5	5～10	10～25
<5000	<3	<5	5～15

表8-3　不同污水排放量时湖泊（水库）环境现状调查范围参考表

污水排放量（m^3/d）	调查范围（km）	
	调查半径（km）	调查面积（km^2）
>50000	4～7	25～80
50000～20000	2.5～4	10～25
20000～10000	1.5～2.5	3.5～10
10000～5000	1～1.5	2～3.5
<5000	≤1	≤2

注：调查面积为以排污口为圆心，以调查半径为半径的半圆面积。

表8-4　不同污水排放量时海湾环境现状调查范围参考表

污水排放量（m^3/d）	调查范围（km）	
	调查半径（km）	调查面积（km^2）
>50000	5～8	40～100
50000～20000	3～5	15～40
20000～10000	1.5～3	3.5～15
<5000	≤1	≤3.5

注：调查面积为以排污口为圆心，以调查半径为半径的半圆面积。

8.2 水环境现状调查

进行水环境现状调查的目的是了解评价范围内的水环境质量，是否满足水体功能使用要求，取得必要的背景资料，以此为基础进行计算预测，比较项目建设前后水质指标的变化情况。水环境现状调查应尽量利用现有数据，如资料不足时需进行实测。

8.2.1 水体污染源调查

为了充分说明问题，在调查范围内应进行现有污染源的调查。污染源分为两类：点污染源（简称点源）和非点污染源（简称非点源或面源）。

点源调查的方法以搜集现有资料为主，调查的详细程度应根据评价等级及其与建设项目的关系而确定，评价等级高且现有污染源与建设项目距离较近时应详细调查。调查的内容为：

1. 点源的排放

排放口的平面位置（附污染源平面位置图）及排放方向；

排放口在断面上的位置；

排放形式：分散排放还是集中排放。

2. 排放数据

根据现有的实测数据、统计报表以及各厂矿的工艺路线等选定的主要水质参数，并调查现有的排放量、排放速度、排放浓度及其变化等数据。

3. 用排水状况

主要调查取水量、用水量、循环水量及排水量等。

4. 厂矿企业、事业单位的污水处理情况

主要调查污水的处理设施、处理效率、处理能力及事故排放状况等。

非点源主要指生产废水或生活污水集中处理排放以外的其他污染源，如物料堆放引起的污染、农业面源污染（农药、化肥）、比较分散的没有处理设施的生活污水和大气沉降等。非点源调查一般采用间接搜集资料的方法，基本上不实测。非点源调查的内容如下：

（1）概况

原料、燃料、废料、废弃物的堆放位置（即主要污染源，要求附污染源平面位置图）、堆放面积、堆放形式、堆放点的地面铺装及其保洁程度、堆放物的遮盖方式等。

（2）排放方式、排放去向与处理情况

应说明非点源污染物是有组织的汇集还是无组织的漫游，是集中后直接排放还是处理后排放，是单独排放还是与生产废水或生活污水共同排放等。

（3）排放数据

根据现有实测数据、统计报表以及根据引起非点源污染的原料、燃料、废料、废弃物的物理、化学、生物化学性质选定调查的主要水质参数，并调查有关排放季节、排放时期、排放量、排放深度及其变化等数据。

8.2.2 水质监测

水质监测所包括的项目有两类，一类是常规水质参数，它们能反映评价水体水质的一般状况，一类是特征水质参数，它们能代表或反映建设项目建成投产后排放废水的性质。

常规水质参数以《地表水环境质量标准》（GB 3838—2002）中所提出的 pH、DO、OC、BOD_5、NH_3-N、挥发酚、石油类、氰化物、铜、锌、砷、汞、铬（六价）、总磷以及水温为基础，根据水域类别、评价等级、污染源状况适当删减。

特征水质参数应根据建设项目的特点、水域类别以及评价等级选定。不同行业的特征水质参数可参阅《环境影响评价技术导则 地面水环境》（HJ/T 2.3—1993）的相关规定。

当受纳水体的环境保护要求较高（如自然保护区、饮用水源保护区、珍贵水生生物保护区、经济鱼类养殖区等），且评价等级为一、二级时，应考虑调查水生生物和底泥，调查项目可根据具体工作要求确定，或从下列项目中选择部分内容。

水生生物方面：浮游动植物、藻类、底栖无脊椎动物的种类和数量、水生生物群落结构等；

底泥方面：主要调查与拟建工程排水性质有关的易积累的污染物。

8.2.3 地表水体布设水质监测断面及取样点的原则与方法

1. 河流监测断面的布设原则

在调查范围的两端应布设监测断面，调查范围内重点保护水域、重点保护对象附近水域应布设监测断面，水文特征突然变化处（如支流汇入处等）、水质急剧变化处（如污水排入处等）、重点水工构筑物（如取水口、桥梁涵洞等）附近、水文站附近等应布设监测断面。

在拟建排污口上游 500m 处应设一个监测断面。

2. 取样点的布设

（1）取样垂线的确定

当河流断面形状为矩形或相近于矩形时，可按下列原则布设。

小河：在取样断面的主流线上设 1 条取样垂线。

大、中河：河宽小于 50m 者，在监测断面上各距岸边 1/3 水面宽处，设一条取样垂线（垂线应设在有较明显水流处），共设 2 条取样垂线；河宽大于 50m 者，在监测断面的主流线上及距离两岸不少于 0.5m，并有明显水流的地方，各设 1 条取样垂线，共设 3 条取样垂线。

特大河（如长江、黄河、珠江等）：由于河流过宽，监测断面上的取样垂线应适当增加，而且主流线两侧的垂线不必相等，拟设置排污口一侧可以多一些。

如断面形状十分不规则时，应结合主流线的位置，适当调整取样垂线的位置和数目。

（2）垂线上取样水深的确定

在一条垂线上，水深大于 5m 时，在水面下 0.5m 水深处及在距河底 0.5m 处，各取样 1 个；水深为 1~5m 时，只在水面下 0.5m 处取 1 个样；在水深不足 1m 时，取样点距水面不应小于 0.3m，距河底也不应小于 0.3m。对于三级评价的小河不论河水深浅，只在 1 条垂线上一个点取 1 个样，一般情况下取样点应在水面下 0.5m 处，距河底不应小于 0.3m。

（3）水样的处理

三级评价：需要预测混合过程段水质的场合，每次应将该段内各监测断面中每条垂线上的水样混合成一个水样。其他情况每个监测断面每次只取 1 个混合水样，即在该断面上，各处所取的水样混匀成 1 个水样。

二级评价：同三级评价。

一级评价：每个取样点的水样均应分析，不取混合样。

河口、湖泊、海湾等地表水体及各类水体监测频次见《环境影响评价技术导则　地面水环境》（HJ/T 2.3—1993）的相关规定。

8.3　水环境影响预测与评价

8.3.1　预测工作的准备

1. 预测条件

（1）预测范围

地表水预测范围一般与已确定的评价范围一致。

（2）预测点

为了全面地反映拟建项目对该范围内地表水的环境影响，一般应选以下地点为预测点：已确定的敏感点；环境现状监测点（以利于进行对比）；水文特征和水质突变处的上下游、水源地、重要水工建筑物及水文站；在混合过程段，应设若干预测点；在排污口下游附近可能出现局部超标，为了预测超标范围，应自排污口起由密而疏地布设若干预测点，直到达标为止；预测混合段和超标范围段的预测点可以互用。

（3）预测时期

地表水预测时期为丰水期、平水期和枯水期三个时期。一般来说，枯水期河水自净能力最小，平水期居中，丰水期最大。但不少水域因非点源污染可能使丰水期的稀释能力变小。冰封期是北方河流特有的现象，此时的自净能力最小。因此对一、二级评价应预测自净能力最小和一般的两个时期环境影响。对于冰封期较长的水域，当其功能为生活饮用水、食品工业用水水源或渔业用水时，还应预测冰封期的环境影响。三级评价或评价时间较短的二级评价可只预测自净能力最小时期的环境影响。

（4）预测阶段

一般分建设过程、生产运行和服务期满后三个阶段。所有建设项目均应预测生产运行阶段对地表水体的影响，并按正常排污和不正常排污（包括事故）两种情况进行预测。对于建设过程超过一年的大型建设项目，如产生流失物较多、且受纳水体属于水质级别要求较高（在Ⅲ类以上）时，应进行建设阶段环境影响预测。个别建设项目还应根据其性质、评价等级、水环境特点以及当地的环保要求，预测服务期满后对水体的环境影响（如矿山开发、垃圾填埋场等）。

2. 预测方法的选择

预测建设项目对水环境的影响应尽量利用成熟、简便并能满足评价精度和深度要求的方法。

（1）定性分析法

分为专业判断法和类比调查法两种。

①专业判断根据专家经验推断建设项目对水环境的影响，运用专家判断法、激智法、幕景分析法和特尔斐法等，有助于更好发挥专家专长和经验。

②类比调查法是参照现有类似工程对水体的影响，预测拟建项目对水环境的影响。本法要求拟建项目和现有类似工程在污染物来源、性质方面相似，并在数量上有比例关系。但实际的工程条件和水环境条件往往与拟建项目有较大差异，因此类比调查法给出的是拟建项目影响大小的估值范围。

定性分析法具有省时、省力、耗资少等优点，并且在某种条件下也可给出明确的结论。定性分析法主要用于三级和部分二级的评价项目和对水体影响较小的水质参数，或解决目前尚无法取得必需的数据而难以应用数学模型预测等情况。

（2）定量预测法

指应用数学模型进行计算预测，是地表水环境影响预测最常用的方法。

8.3.2 影响预测模型

1. 河流水质模型

河流是沿地表的线形低凹部分集中的经常性或周期性水流。较大的叫河（或江），较小的称为溪。河口是河流注入海洋、湖泊或其他河流的河段，可以分为入海口、入湖口及支流河口。河口的水文特性及形态变化与河流周期所注入水体条件有关。

应用水质模型预测河流水质时，常假设该河段内无支流，在预测时期内河段的水力条件是稳态的和只在河流的起点有恒定浓度和流量的废水（或污染物）排入。如果在河段内有支流汇入，而且沿河段有多个污染源，这时应将河流划分为多个河段采用多河段模型。

从理论上说，污染物在水体中的迁移、转化过程要用三维水质模型预测描述。但是，实际应用的是一维和二维模型。一维模型常用于污染物浓度在断面上比较均匀分布的中小型河流水质预测；二维模型常用于污染物浓度在垂向比较均匀，而在纵向（x 轴）和横向（y 轴）分布不均匀的大河。对于小型湖泊还可以采用更简化的零维模型，即在该水体内污染物浓度是均匀分布的。

（1）完全混合模型

一股废水排入河流后能与河水迅速完全混合，则混合后的污染物浓度（ρ_0）为

$$\rho_0 = \frac{Q\rho_1 + q\rho_2}{Q + q} \tag{8-1}$$

式中　Q——河流的流量（m^3/s）；

　　　ρ_1——排污口上游河流中的污染物浓度（mg/L）；

　　　q——排入河流的废水流量（m^3/s）；

　　　ρ_2——废水中的污染物浓度（mg/L）。

在完全混合段，持久性污染物的预测均应采用完全混合模型。

（2）一维模型

在河流的流量和其他水文条件不变的稳态条件下，可以采用一维模型进行污染物浓度预测。对于一般条件下的河流，推流形成的污染物迁移作用要比弥散作用大得多，在稳态条件下，弥散作用可以忽略，则有

$$\rho = \rho_0 \exp\left(-\frac{K_x}{u_x}\right) \tag{8-2}$$

式中 u_x——河流的平均流速（m/s）；

　　　K——污染物的衰减系数（1/d 或 1/s）；

　　　x——河水从排放口向下游流经的距离（m）。

当污染物排入小型河流中，可认为混合过程瞬间完成，非持久性污染物的预测计算可采用一维模型。

（3）污染物与河水完全混合所需距离

污染物从排污口排出后要与河水完全混合需一定的纵向距离，这段距离称为混合过程段，其长度为 x。

当某一断面上任意点的浓度与断面平均浓度之比介于 0.95～1.05 时，称该断面已达到横向混合，由排放点至完成横向断面混合的距离称为完成横向混合所需的距离。一般混合段长度可由下式进行估算

$$l = \frac{(0.4B - 0.6\alpha)Bu}{(0.058H + 0.065B)(gHI)^{1/2}} \tag{8-3}$$

式中 B——河流宽度（m）；

　　　a——排放口到岸边的距离（m）；

　　　u——河流段面平均流速（m/s）；

　　　H——平均水深（m）；

　　　I——河流底坡（m/m）；

　　　g——重力加速度（m/s²），取 9.81。

（4）二维稳态混合模式

当受纳河流较大，断面宽深比≥20，污染物进入河流后会形成一个明显的污染带，应选用二维稳态混合模式进行预测计算。

持久性污染物岸边排放时

$$c(x,y) = c_h + \frac{c_p Q_p}{H(\pi M_y x u)^{1/2}}\left\{\exp\left(-\frac{uy^2}{4M_y x}\right) + \exp\left[-\frac{u(2B-y)^2}{4M_y x}\right]\right\} \tag{8-4}$$

持久性污染物非岸边排放时

$$c(x,y) = c_h + \frac{c_p Q_p}{2H(\pi M_y x u)^{1/2}}\left\{\exp\left(-\frac{uy^2}{4M_y x}\right) + \exp\left[-\frac{u(2a+y)^2}{4M_y x}\right] + \exp\left[-\frac{u(2B-2a-y)^2}{4M_y x}\right]\right\}$$

$$\tag{8-5}$$

式中 c——河流中污染物预测浓度（mg/L）；

　　　c_h——河流上游污染物物浓度（mg/L）；

　　　c_p——污染物排放浓度（mg/L）；

　　　Q_p——污水排放量（m³/s）；

　　　H——水深（m）；

　　x，y——预测点的位置（m）；

　　　u——河水的平均流速（m/s）；

　　　B——河道宽度（m）；

　　　M_y——横向混合系数（m²/s），有如下规律：$M_y = \alpha u^* H = 0.284$。$\alpha$：综合系数，一般取
　　　　　　0.58；u^* 为摩阻流速，$u^* = \sqrt{HgI}$；g：重力加速度，$g = 9.81\text{m/s}^2$；I：水力坡降；

　　　a——排放口距岸边距离（m）。

（5）二维稳态混合衰减模式

对于非持久性污染物（如有机物、氨氮等），在考虑混合过程的同时，还需要考虑衰减的因素，预测模型如下：

岸边排放时

$$c(x,y) = \exp\left(-K_1 \frac{x}{86400u}\right)\left\{c_h + \frac{c_p Q_p}{H\sqrt{\pi M_y xu}}\left[\exp\left(-\frac{uy^2}{4M_y x}\right) + \exp\left(-\frac{u(2B-y)^2}{4M_y x}\right)\right]\right\}$$

（8-6）

式中　c——河流中污染物预测浓度（mg/L）；

c_h——河流上游污染物物浓度（mg/L）；

c_p——污染物排放浓度（mg/L）；

Q_p——污水排放量（m^3/s）；

H——水深（m）；

x，y——预测点的位置（m）；

u——河水的平均流速（m/s）；

B——河道宽度（m）；

M_y——横向混合系数（m^2/s），有如下规律：$M_y = \alpha u^* H = 0.284$。$\alpha$：综合系数，一般取 0.58；$u^*$ 为摩阻流速，$u^* = \sqrt{HgI}$；g：重力加速度，$g = 9.81 m/s^2$；I：水力坡降；

K_1——污染物的一级降解速率常数（1/d）。

非岸边排放时

$$c(x,y) = \exp\left(-K_1 \frac{x}{86400u}\right)\left\{c_h + \frac{c_p Q_p}{2H\sqrt{\pi M_y xu}}\left[\exp\left(-\frac{uy^2}{4M_y x}\right) + \right.\right.$$
$$\left.\left. \exp\left(-\frac{u(2a+y)^2}{4M_y x}\right) + \exp\left(-\frac{u(2B-2a-y)^2}{4M_y x}\right)\right]\right\}$$

（8-7）

式中　a——排放放口距岸边距离（m）；

其他符号意义同前。

2. 河口水质模型

河口是入海河流受潮汐作用影响明显的河段，潮汐对河口水质具有双重影响。一方面，由海潮带来的大量的溶解氧，与上游下泄的水流相汇，形成强烈的混合作用，使污染物的分布趋于均匀；另一方面，由于潮流的顶托作用，延长了污染物在河口的停留时间，有机物的降解会进一步消耗水中的溶解氧，使水质下降。此外，潮汐也可使河口的含盐量增加。

河口模型比河流模型复杂，求解也比较困难。对河口水质有重大影响的评价项目，需要预测污染物浓度随时间的变化。这时应采用水力学中的非恒定流的数值模型，以差分法计算流场，再采用动态水质模型，预测河口任意时刻的水质。当排放口的废水能在断面上与河水迅速充分混合，则也可用一维非恒定流数值模型计算流场，再用一维动态水质模型预测任意时刻的水质。对河口水质有重大影响，但只需预测污染在一个潮汐周期内的平均浓度，这时可以用一维潮周平均模型预测。其计算方法如下

$$E_x \cdot \frac{d}{dx}\left(\frac{d\rho}{dx}\right) - \frac{d}{dx}(u_x \rho) + r + s = 0$$

（8-8）

式中　r——污染物的衰减速率 [g/（$m^3 \cdot d$）]；

s——系统外输入污染物的速率 [g/（$m^3 \cdot d$）]；

u_x——不考虑潮汐作用，由上游来水（净泄量）产生的流速（m/s）；

E_x——污染物横向扩散系数（m²/s）。

假定 $s=0$ 和 $r=-K_1\cdot\rho$，解得

对排放点上游（$x<0$）　　$\dfrac{\rho}{\rho_0}=\exp\ (j_1,\ x)$　　　　　　　　　　　　(8-9)

对排放点下游（$x>0$）　　$\dfrac{\rho}{\rho_0}=\exp\ (j_2,\ x)$　　　　　　　　　　　　(8-10)

式中　$j_1=\dfrac{u_x}{2E_x}\left(1+\sqrt{1+\dfrac{4K_1E_x}{u_x^2}}\right)$

$j_1=\dfrac{u_x}{2E_x}\left(1-\sqrt{1+\dfrac{4K_1E_x}{u_x^2}}\right)$

ρ_0 是 $x=0$ 处的污染物浓度，可以用下式计算

$$\rho_0=\frac{W}{Q\cdot\sqrt{1+\dfrac{4K_1E_x}{u_x^2}}}\tag{8-11}$$

式中　W——单位时间内排放的污染物质量（g）；

Q——河口上游来的平均流量净泄量（m³/d）。

关于河口水质模型的其他详细情况，请参阅有关专著或《环境影响评价技术导则　地面水环境》（HJ/T 2.3—1993）。

我国南方河口地区的冲积平原上常形成河网，这些地区的河网流态受潮汐影响变化多端，有的地区河网上建有许多水闸、船闸和防潮闸等，使河网流态受自然水文因素和人工调节的双重作用。要模拟和预测河网的水质非常复杂，虽然已有几种理论计算模型，但实际应用性和可操作性较差。一般的计算原则是将环状河网中过水量很小的河流忽略，将环状河网简化为树枝状河网，然后采用水力学模型和水质模型耦合的计算模型进行动态模拟。

3. 湖泊（水库）水质模型

湖泊是天然形成的，水库是由于发电、蓄洪、航运、灌溉等目的拦河筑坝人工形成的，它们的水流状况类似。绝大部分湖泊（水库）水域开阔，水流状态分为前进和振动两类，前者指湖流和混合作用，后者指波动和波漾。

（1）完全混合模型

完全混合模型属箱式模型，也称沃兰伟德（Vollenwelder）模型。

对于停留时间很长，水质基本处于稳定状态的中小型湖泊和水库，可以简化为一个均匀混合的水体。沃兰伟德假定，湖泊中某种营养物的浓度随时间的变化率，是输入、输出和在湖泊内沉积的该种营养物量的函数，可以用质量平恒方程表示

$$V\frac{\mathrm{d}\rho}{\mathrm{d}t}=\overline{W}_0-Q\cdot\rho-K_1\rho\cdot V\tag{8-12}$$

式中　V——湖泊（水库）的容积（m³）；

ρ——污染物或水质参数的浓度（mg/L）；

$\overline{W}_0$——污染物或水质参数的平均排入量（mg/s）；

t——时间（s）；

Q——出入湖、库流量（m³/s）；

K_1——污染物或水质参数浓度衰减速率系数（1/s）。

积分可得

$$\rho_t = \frac{\phi}{Q + K_1 V}\left\{\frac{\overline{W}}{\phi} - \exp\left[-\left(\frac{Q}{V} + K_1\right) \cdot t\right]\right\} \tag{8-13}$$

式中 $\overline{W} = \overline{W}_0 + \rho_p \cdot q$

W_0——现有污染物排入量（mg/s）；

ρ_p——拟建项目废水中污染物浓度（mg/L）；

q——废水排放量（m^3/s）。

$$\phi = \overline{W} - (Q + K_1 V)\rho_0 \tag{8-14}$$

式中 ρ_0——湖、库中污染物起始浓度（mg/L）。则

$$\rho_t = \frac{\overline{W}}{\alpha V}(1 - e^{-\alpha \cdot t}) + \rho_0 e^{-\alpha \cdot t} \tag{8-15}$$

$$\alpha = \frac{Q}{V} + K_1 \tag{8-16}$$

对于持久性污染物，$K_1 = 0$，则

$$\alpha = \frac{Q}{V} \tag{8-17}$$

当时间足够长，湖中污染物（营养物）浓度达到平衡时，$\dfrac{d\rho_0}{dt} = 0$。则平衡时浓度为

$$\rho_e = \frac{\overline{W}}{\alpha V} \tag{8-18}$$

设 $\rho_t/\rho_p = \beta$，则湖中污染物达到一指定 ρ_t 所需的时间为

$$t_\beta = \frac{V}{Q + K_1 V}\ln(1 - \beta) \tag{8-19}$$

当无污染物输入（$W = 0$）时浓度随时间变化为：

$$\rho_t = \rho_0 e^{(Q/V + K_1)} = \rho_0 e^{-\alpha \cdot t} \tag{8-20}$$

此时，可求出污染物（营养物）浓度达到初始浓度之比为 δ 即 $\rho_t/\rho_0 = \delta$ 时，所需时间

$$t_\delta = \frac{1}{\alpha}\ln \frac{1}{\delta} \tag{8-21}$$

（2）卡拉乌舍夫扩散模型

水域宽阔的大湖，当其污染来自沿湖厂矿或入湖河道时，污染往往出现在入湖口附近水域，此时应考虑废水在湖中的稀释扩散现象。假设污染物在湖中呈圆锥形扩散，可以采用极坐标表示较为方便。根据湖水中的移流和扩散过程，用质量平衡原理可得

$$\frac{\partial \rho_r}{\partial t} = \left(E - \frac{q}{\phi \cdot H}\right) \cdot \frac{1}{r}\frac{\partial \rho_r}{\partial r} + E\frac{\partial^2 \rho_t}{\partial r^2} \tag{8-22}$$

式中 q——排入湖中的废水量（m^3/s）；

r——湖内某计算点离排出口距离（m）；

E——径向湍流混合系数（m^2/s）；

ρ_r——所求计算点的污染物浓度（mg/L）；

H——废水扩散区污染物平均水深（m）；

ϕ——废水在湖中的扩散角（由排放口处地形确定，如在开阔、平直和与岸垂直时，$\phi = 180°$，而在湖心排放时，$\phi = 360°$）。

8.4 水环境影响评价案例

某硫酸厂项目拟选址位于某条大河边上，项目建成投产后排放生产废水为 190.1kt/a，生产废水中污染物主要是 pH、SS、氟化物、砷及微量重金属，其中比较敏感的污染物是氟化物和砷。因此，运营期对地表水环境的影响预测主要是预测项目废水正常排放和事故排放时，纳污河段中氟化物和砷的浓度分布。

1. 预测因子

根据工程分析，结合所排废水的特征污染物，确定地表水环境影响的预测因子为氟化物和砷。

2. 源强确定

根据《环境影响评价技术导则》，废水的排放分为正常排放和事故排放两种情况，达标排放即正常排放，事故排放是指当废水处理系统不能运行或完全失去作用，废水直接排放。根据工程分析结果，废水产生和排放源强如表 8-5 所示。

表 8-5 生产废水的污染源强

排放类型 污染物种类	正常排放		事故排放	
	排放浓度（mg/L）	排放源强（t/a）	排放浓度（mg/L）	排放源强（t/a）
氟化物	10	1.90	41.7	7.93
砷	0.5	0.095	17.5	3.33

3. 纳污水体水文条件

纳污河段为一库区范围，考虑枯水期水文条件，库区设计最低水位（33.5m），下泄流量为控制下泄流量（70m³/s），平均河宽 300m。平均水深 3m。

4. 预测模式

该库区属于典型的狭长湖泊，不存在大面积回流区和死水区且流速较快，停留时间较短。可以简化为河流，河流的断面宽深比 ≥20，属宽浅河道，可以认为水中物质在垂直方向的扩散是瞬间完成的，垂向浓度分布均匀。污水进入水体后会产生一个污染带，对于混合过程段，采用《环境影响评价技术导则 地面水环境》（HJ/T 2.3—93）推荐的二维稳态混合模式预测计算混合过程段以内的断面平均水质，计算模式如下

$$l = \frac{(0.4B - 0.6a)Bu}{(0.058H + 0.065B)(gHI)^{1/2}} \tag{8-23}$$

式中 B——河流宽度（m）；

a——排放口到岸边的距离（m）；

u——河流段面平均流速（m/s）；

H——平均水深（m）；

I——河流底坡（m/m）；

g——重力加速度（m/s²），取 9.81。

根据上述公式计算出混合过程段长度为 543m。

氟化物和总砷（均为持久污染物）的预测采用岸边排放时混合过程段采用二维稳态混合模式：

$$c(x,y) = c_h + \frac{c_h Q_p}{H\sqrt{\pi M_y x u}} = \left[\exp\left(-\frac{uy^2}{4M_y x}\right) + \exp\left(-\frac{u(2B-y)^2}{4M_y x}\right) \right] \tag{8-24}$$

式中 c ——河流中污染物预测浓度（mg/L）；

$\quad c_h$ ——河流上游污染物浓度（mg/L）；

$\quad c_p$ ——污染物排放浓度（mg/L）；

$\quad Q_p$ ——污水排放量（m³/s）；

$\quad H$ ——水深（m）；

$\quad x,y$ ——预测点的位置（m）；

$\quad u$ ——河水的平均流速（m/s）；

$\quad B$ ——河道宽度（m）；

$\quad M_y$ ——横向混合系数（m²/s），有如下规律：

$$M_y = \alpha u \cdot H = 0.48$$

完全混合段采用完全混合模式

$$c = (c_p Q_p + c_h Q_h)/(Q_p + Q_h) \tag{8-25}$$

式中 c ——混合后污染物的浓度（mg/L）；

$\quad c_p$ ——外排污水中污染物的浓度（mg/L）；

$\quad Q_p$ ——外排污水的量（m³/s）；

$\quad c_h$ ——河水中污染物的浓度（mg/L）；

$\quad Q_h$ ——参与混合稀释的河水量（m³/s）。

5. 预测结果

对砷和氟化物的预测结果如表8-6～表8-9所示。

表8-6 砷正常排放预测结果（mg/L），本底0.012

X（m） \ Y（m）	0	30	60	90	120	150	180	210	240	270	300
0	0.5	0.012	0.012	0.012	0.012	0.012	0.012	0.012	0.012	0.012	0.012
5	0.0179	0.0148	0.0123	0.012	0.012	0.012	0.012	0.012	0.012	0.012	0.012
10	0.0162	0.0149	0.013	0.0122	0.012	0.012	0.012	0.012	0.012	0.012	0.012
50	0.0139	0.0137	0.0134	0.013	0.0126	0.0123	0.0121	0.0121	0.012	0.012	0.012
100	0.0133	0.0133	0.0131	0.0129	0.0127	0.0125	0.0124	0.0122	0.0121	0.0121	0.0121
200	0.0129	0.0129	0.0129	0.0128	0.0127	0.0126	0.0125	0.0124	0.0124	0.0123	0.0123
500	0.0121	0.0121	0.0121	0.0121	0.0121	0.0121	0.0121	0.0121	0.0121	0.0121	0.0121
800	0.0121	0.0121	0.0121	0.0121	0.0121	0.0121	0.0121	0.0121	0.0121	0.0121	0.0121
1000	0.0121	0.0121	0.0121	0.0121	0.0121	0.0121	0.0121	0.0121	0.0121	0.0121	0.0121
1400	0.0121	0.0121	0.0121	0.0121	0.0121	0.0121	0.0121	0.0121	0.0121	0.0121	0.0121
1800	0.0121	0.0121	0.0121	0.0121	0.0121	0.0121	0.0121	0.0121	0.0121	0.0121	0.0121
2200	0.0121	0.0121	0.0121	0.0121	0.0121	0.0121	0.0121	0.0121	0.0121	0.0121	0.0121
2600	0.0121	0.0121	0.0121	0.0121	0.0121	0.0121	0.0121	0.0121	0.0121	0.0121	0.0121
3000	0.0121	0.0121	0.0121	0.0121	0.0121	0.0121	0.0121	0.0121	0.0121	0.0121	0.0121

表 8-7　砷事故排放预测结果（mg/L），本底 0.012

X (m) \ Y (m)	0	30	60	90	120	150	180	210	240	270	300
0	17.5	0.012	0.012	0.012	0.012	0.012	0.012	0.012	0.012	0.012	0.012
5	0.2184	0.1111	0.023	0.0123	0.012	0.012	0.012	0.012	0.012	0.012	0.012
10	0.1579	0.1131	0.0456	0.0174	0.0124	0.012	0.012	0.012	0.012	0.012	0.012
50	0.0773	0.0727	0.0607	0.0457	0.0322	0.0224	0.0167	0.0138	0.0126	0.0122	0.0121
100	0.0582	0.0565	0.0519	0.0452	0.0377	0.0305	0.0244	0.0197	0.0166	0.0149	0.0144
200	0.0447	0.0441	0.0424	0.0398	0.0366	0.0332	0.0298	0.0268	0.0244	0.0229	0.0224
500	0.0337	0.0339	0.034	0.0338	0.0335	0.0331	0.0327	0.0324	0.0321	0.0319	0.0318
800	0.0137	0.0137	0.0137	0.0137	0.0137	0.0137	0.0137	0.0137	0.0137	0.0137	0.0137
1000	0.0137	0.0137	0.0137	0.0137	0.0137	0.0137	0.0137	0.0137	0.0137	0.0137	0.0137
1400	0.0137	0.0137	0.0137	0.0137	0.0137	0.0137	0.0137	0.0137	0.0137	0.0137	0.0137
1800	0.0137	0.0137	0.0137	0.0137	0.0137	0.0137	0.0137	0.0137	0.0137	0.0137	0.0137
2200	0.0137	0.0137	0.0137	0.0137	0.0137	0.0137	0.0137	0.0137	0.0137	0.0137	0.0137
2600	0.0137	0.0137	0.0137	0.0137	0.0137	0.0137	0.0137	0.0137	0.0137	0.0137	0.0137
3000	0.0137	0.0137	0.0137	0.0137	0.0137	0.0137	0.0137	0.0137	0.0137	0.0137	0.0137

表 8-8　氟化物正常排放预测结果（mg/L），本底 0.235

X (m) \ Y (m)	0	30	60	90	120	150	180	210	240	270	300
0	10	0.235	0.235	0.235	0.235	0.235	0.235	0.235	0.235	0.235	0.235
5	0.3529	0.2916	0.2413	0.2352	0.235	0.235	0.235	0.235	0.235	0.235	0.235
10	0.3184	0.2928	0.2542	0.2381	0.2352	0.235	0.235	0.235	0.235	0.235	0.235
50	0.2723	0.2697	0.2628	0.2543	0.2465	0.241	0.2377	0.236	0.2353	0.2351	0.235
100	0.2614	0.2604	0.2578	0.254	0.2497	0.2455	0.2421	0.2394	0.2377	0.2367	0.2363
200	0.2537	0.2533	0.2524	0.2509	0.2491	0.2471	0.2451	0.2434	0.2421	0.2412	0.241
500	0.2474	0.2475	0.2475	0.2475	0.2473	0.2471	0.2469	0.2466	0.2465	0.2464	0.2463
800	0.2359	0.2359	0.2359	0.2359	0.2359	0.2359	0.2359	0.2359	0.2359	0.2359	0.2359
1000	0.2359	0.2359	0.2359	0.2359	0.2359	0.2359	0.2359	0.2359	0.2359	0.2359	0.2359
1400	0.2359	0.2359	0.2359	0.2359	0.2359	0.2359	0.2359	0.2359	0.2359	0.2359	0.2359
1800	0.2359	0.2359	0.2359	0.2359	0.2359	0.2359	0.2359	0.2359	0.2359	0.2359	0.2359
2200	0.2359	0.2359	0.2359	0.2359	0.2359	0.2359	0.2359	0.2359	0.2359	0.2359	0.2359
2600	0.2359	0.2359	0.2359	0.2359	0.2359	0.2359	0.2359	0.2359	0.2359	0.2359	0.2359
3000	0.2359	0.2359	0.2359	0.2359	0.2359	0.2359	0.2359	0.2359	0.2359	0.2359	0.2359

表 8-9　氟化物事故排放预测结果（mg/L），本底 0.235

X (m) \ Y (m)	0	30	60	90	120	150	180	210	240	270	300
0	41.7	0.235	0.235	0.235	0.235	0.235	0.235	0.235	0.235	0.235	0.235
5	0.7268	0.4711	0.2611	0.2357	0.235	0.235	0.235	0.235	0.235	0.235	0.235
10	0.5828	0.476	0.3152	0.2478	0.236	0.235	0.235	0.235	0.235	0.235	0.235

续表

X（m） \ Y（m）	0	30	60	90	120	150	180	210	240	270	300
50	0.3905	0.3795	0.351	0.3154	0.2831	0.2598	0.2461	0.2393	0.2364	0.2354	0.2352
100	0.345	0.341	0.33	0.3141	0.2962	0.279	0.2644	0.2534	0.2461	0.2419	0.2406
200	0.3128	0.3115	0.3075	0.3013	0.2937	0.2854	0.2773	0.2702	0.2646	0.2611	0.2598
500	0.2868	0.2873	0.2873	0.2869	0.2863	0.2854	0.2844	0.2836	0.2829	0.2824	0.2822
800	0.239	0.239	0.239	0.239	0.239	0.239	0.239	0.239	0.239	0.239	0.239
1000	0.239	0.239	0.239	0.239	0.239	0.239	0.239	0.239	0.239	0.239	0.239
1400	0.239	0.239	0.239	0.239	0.239	0.239	0.239	0.239	0.239	0.239	0.239
1800	0.239	0.239	0.239	0.239	0.239	0.239	0.239	0.239	0.239	0.239	0.239
2200	0.239	0.239	0.239	0.239	0.239	0.239	0.239	0.239	0.239	0.239	0.239
2600	0.239	0.239	0.239	0.239	0.239	0.239	0.239	0.239	0.239	0.239	0.239
3000	0.239	0.239	0.239	0.239	0.239	0.239	0.239	0.239	0.239	0.239	0.239

6. 预测结果分析评价

（1）废水正常排放时的影响

废水处理达标排放时，砷在纳污河段中的最高浓度为 0.5mg/L，造成下游河段约 0.03m² 的水域超标，超标河段长 0.12m；完全混合后的浓度是 0.0121mg/L，增量为 0.001mg/L。氟化物在纳污河段中的最高浓度是 10mg/L（排放口），造成约 0.02m² 的水域面积超标，超标河段长远 0.11m；完全混合后的浓度是 0.2359mg/L，增量是 0.0009mg/L。废水正常排放时，对纳污河段的影响很小。

（2）废水事故排放时的影响

废水未处理直接排放时，砷在纳污河段中的最高浓度为 17.5mg/L（排放口），造成下游 150m 河段超标；完全混合后的浓度是 0.0137g/L，增量是 0.0017mg/L，没有超过水质标准。混合距离长度为 600m，对这一段水域有一定的影响。氟化物在纳污河段中的最高浓度是 41.7mg/L（排放口），造成下游 4.5m 河段超标；完全混合后的浓度是 0.239mg/L，增量是 0.004mg/L。可见废水事故排放时将给纳污河段带来一定程度的污染，应尽量减少这种情况出现。

由上述可见，废水正常排放时，除了会造成排放口附近极小区域的污染以外，不会对纳污河段造成实质性影响。在项目排水口下游约 4000m 处有一个饮用水取水口，可供 15000 人的生活用水。根据预测结果，废水事故排放时取水口位置的砷和氟化物的浓度分别小于 0.0137mg/L 和 0.239mg/L，均未超过标准值。废水处理达标排放时，取水口位置的砷和氟化物浓度分别小于 0.0121mg/L 和 0.2359mg/L，对饮用水源的影响不大。

第9章 固体废物环境影响评价

9.1 固体废物污染与破坏概述

9.1.1 固体废物的涵义

固体废物是指在生产、生活和其他活动中产生的丧失原有利用价值或者虽未丧失利用价值但被抛弃或者放弃的固态、半固态和置于容器中的气态的物品、物质以及法律、行政法规规定纳入固体废物管理的物品、物质。

9.1.2 固体废物的分类

固体废物分类方法很多，可以根据其性质、状态和来源等进行分类。如按其化学性质可分为有机废物和无机废物；按其形状可分为固体废物（粉状、粒状、块状）和泥状废物（污泥）；按其危害状况可分为有害废物（指有易燃性、易爆性、腐蚀性、毒性、传染性、放射性等废物）和一般废物。应用较多的是按其来源进行分类，分为工业固体废物、矿业固体废物、农业固体废物、城市垃圾和有害废物五类，如表9-1所示。

表9-1 固体废物的分类、来源和主要组成物

分类	来源	主要组成物
矿业废物	矿山、选冶	废石、尾砂、金属、砖瓦灰石、水泥等
工业废物	冶金、交通、机械、金属结构等工业	金属、矿渣、砂石、模型、芯、陶瓷、边角料、涂料、管道、绝热和绝缘材料、粘结剂、废木、塑料、橡胶、烟尘、各种废旧建材等
	煤炭业	矿石、木料、金属、煤矸石等
	食品加工业	肉类、谷物、果类、蔬菜、烟草等
	橡胶、皮革、塑料等工业	橡胶、皮革、塑料、布、线、纤维、染料、金属等
	造纸、木材、印刷等工业	刨花、锯末、碎木、化学药剂、金属填料、塑料等
	石油化工	化学药剂、金属、塑料、橡胶、陶瓷、沥青、油毡、石棉、涂料等
	电器、仪器仪表等工业	金属、玻璃、木材、橡胶、塑料、化学药剂、研磨料、陶瓷、绝缘材料等
	纺织服装业	布头、纤维、橡胶、塑料、金属等
	建筑材料业	金属、水泥、黏土、陶瓷、石膏、石棉、砂石、纸、纤维等
	电力工业	炉渣、粉煤灰、烟尘等

续表

分类	来　源	主要组成物
城市垃圾	居民生活	食物垃圾、纸屑、布料、木料、金属、玻璃、塑料、陶瓷、庭院植物修剪物、燃料、灰渣、碎砖瓦、废器具、粪便、杂品等
	商业、机关	管道、碎砌体、沥青及其他建筑材料，废汽车、废电器、废器具，含有易燃、易爆、腐蚀性、放射性的废物，以及类似居民生活栏内的各种废物
	市政维护、管理部门	碎砖瓦、树叶、死禽畜、金属、锅炉灰渣、污泥、脏土等
农业废物	农林	稻草、秸秆、蔬菜、水果、果树枝条、糠秕、落叶、废塑料、人畜粪便、农药等
	水产	腥臭死禽畜，腐烂鱼、虾、贝壳，水产加工污水、污泥等
有害废物	核工业、核电站、放射性医疗单位、科研单位	含有放射性的金属、废渣、粉尘、污泥、器具、劳保用品、建筑材料等
	其他有关单位	含有易燃性、易爆性、腐蚀性、反应性、有毒性、传染性的固体废物

我国从固体废物管理的角度出发，将其分为工业固体废物、危险废物和城市垃圾等三类。

1. 工业固体废物

工业固体废物是指在工业生产、加工过程中产生的废渣、粉尘、碎屑、污泥，以及在采矿过程中产生的废石、尾砂等。

2. 危险废物

危险废物是指对人类、动植物现在和将来会构成危害的，没有特殊预防措施不能进行处理或处置的废弃物，它具有毒性（如含重金属的废物）、爆炸性（如含硝酸铵、氯化铵等的废物）、易燃性（如废油和废溶剂等）、腐蚀性（如废酸和废碱）、化学反应性（如含铬废物）、传染性（如医院临床废物）、放射性（如核反应废物）等一种或几种以上的危害特性。

3. 城市垃圾

城市垃圾是指来自居民的生活消费、商业活动、市政建设和维护、机关办公等过程中产生的固体废物，包括生活垃圾、城建渣土、商业固体废物、粪便等。

9.1.3　固体废物对人类环境的危害

固体废物对人类环境的危害很大，主要表现在以下方面。

1. 侵占土地

固体废物不加利用时，需占地堆放，堆积量越大，占地越多。据估算，每堆积 10^4t 废物，占地约需 666m²。随着我国国民经济的快速发展和人民生活水平的很大提高，矿山废物和城市垃圾占地与人类生存和发展的矛盾日益突出。例如，根据对北京市高空远红外探测的结果显示，北京市区几乎被环状的垃圾堆群所包围。

2. 污染土壤

废物堆放和没有采取适当防渗措施的垃圾填埋，经过风化、雨雪淋融、地表径流的侵蚀，其中的有害成分很容易产生高温和有毒液体并渗入土壤，杀灭土壤中的微生物，破坏微生物与周围环境构成的生态系统，甚至导致草木不生。其有害成分若渗流入水体，则可能进一步危害人的健康。例如，在 20 世纪 80 年代，我国内蒙古包头市的某矿尾砂堆积如山，造成尾砂坝下游的大片土地被污染，一个乡的居民被迫搬迁。

3. 污染水体

固体废物若随天然降水或地表径流进入河流、湖泊，或随风飘迁落入水体，则使地面水受到污染；若随渗沥水进入土壤，则使地下水受到污染；若直接排入河流、湖泊或海洋，则会造成更大的水体污染——不仅减少水体面积，而且还妨害水生生物的生存和水资源的利用。例如，德国莱茵河地区的地下水因受废渣渗沥水污染，导致当地自来水厂有的关闭，有的减产。

4. 污染大气

固体废物一般通过如下途径污染大气：以细粒状存在的废渣和垃圾，在大风吹动下会随风飘逸，扩散到远处；运输过程中会产生有害的气体和粉尘；一些有机固体废物在适宜的温度和湿度下会被微生物分解，释放出有害气体；固体废物本身以及在对其处理（如焚烧）时散发的毒气和臭气等。典型的例子是曾在我国各地煤矿多次发生的煤矸石的自燃，散发出大量的 SO_2、CO_2、NH_3 等气体，造成了严重的大气污染。

5. 影响环境卫生

城市的生活垃圾、粪便等若清运不及时，就会产生堆存，严重影响人们居住环境的卫生状况，对人们的健康构成潜在的威胁。

9.2　固体废物环境影响评价等级划分和工作内容

9.2.1　固体废物环境影响评价等级划分

与大气环境、水环境等对某个自然环境产生的影响大小来定评价工作等级不同，固体废物对环境的影响具有一定的滞后性和隐蔽性，因此，其环境影响评价一般难以直接从危害角度进行等级划分，可参照《建设项目环境风险评价技术导则》（HT/T 169—2004）对固体废物环境影响评价等级进行类似划分为一、二两级，具体如表 9-2 所示。

表 9-2　固体废物环境影响评价等级划分

	急性毒性	一般毒性	可燃、易燃	易爆
重大危险源	一	二	一	一
非重大危险源	二	二	二	二
环境敏感地区	一	一	一	一

其中，一级评价应对固体废物的环境影响进行定量预测，说明影响范围和程度，提出防范、减缓和应急措施。二级评价可降低为对固体废物的环境影响进行简要分析，提出防范、减缓和应急措施。

9.2.2　环境影响评价类型与内容

固体废物的环境影响评价主要分两大类型：第一类是对一般工程项目产生的固体废物，

由产生、收集、运输、处理到最终处置的环境影响评价；第二类是对处理、处置固体废物设施建设项目的环境影响评价。

1. 第一类环境影响评价类型内容

①污染源调查。根据调查结果，要给出包括固体废物的名称、组分、性态、数量等内容的调查清单，同时应按一般工业固体废物和危险废物分别列出。②污染防治措施的论证。根据工艺过程、各个产出环节提出防治措施，并对防治措施的可行性加以论证。③提出最终处置措施方案，如综合利用、填埋、焚烧等。并应包括对固体废物收集、贮运、预处理等全过程的环境影响及污染防治措施。

2. 第二类环境影响评价类型内容

根据处理处置的工艺特点，依据《环境影响评价技术导则》，执行相应的污染控制标准进行环境影响评价。如一般工业废物贮存、处置场，危险废物贮存场所，生活垃圾填埋场，生活垃圾焚烧厂，危险废物填埋场，危险废物焚烧厂等。在这些工程项目污染物控制标准中，对厂（场）址选择，污染控制项目，污染物排放限制等都有相应的规定，是环境影响评价必须严格予以执行的。

9.3 固体废物环境影响识别与现状评价

9.3.1 固体废物环境影响识别

建设项目环境影响评价工作的目的是贯彻"预防为主"的方针，在项目的开发建设之前，通过对其"活动、产品或服务"的识别，预测和评价可能带来的环境污染与破坏，制定出消除或减轻其负面影响的措施，从而为环境决策提供科学依据。因此，在开展固体废物环境影响评价之前，需先进行固体废物环境影响识别，主要针对以下几个基本环节。

第一，根据清洁审查、环境管理体系（ISO14000）这一新的环境保护模式的要求，对建设项目的工艺、设备、原辅材料以及产品进行分析，从生产活动的源头分析固体废物的产出。对生产工艺、设备、生产水平与目前具有的部分工业行业固体废物排放系数等进行（同行业）比较，分析固体废物排放量的大小。

第二，根据《固体废物鉴别导则（试行）》的规定，对各类副产物是否属于固体废物进行判断。属于非固体废物的，则不需再作进一步评价分析。属于固体废物的，应依据《国家危险废物名录》判断其是否属于危险废物，凡列入《名录》的，属于危险废物，不需再进行危险特性鉴别；未列入《名录》的，应根据产生环节和主要成分进行分析，对可能含有危险组分的，应明确在项目试生产阶段，对其作危险特性鉴别要求，并确定其环境影响危害程度。鉴别指标主要按照下列标准进行检测。

（1）反应性

包括以下七种情况：

①性质不稳定，在无爆震时即发生剧烈变化；

②遇水能剧烈反应；

③遇水能形成爆炸性混合物；

④与水混合产生有毒气体、蒸气或烟雾；

⑤在有引发源和加热时引起爆震或爆炸；

⑥在常温常压下易发生爆炸或者爆炸性反应；

⑦根据其他法规所定义的爆炸品。

（2）易燃性

含闪点低于 60℃ 的液体，经摩擦、吸热或自发产生着火倾向的固体，燃烧剧烈并能持续，以及在管理期间会引起危险的废物。

（3）腐蚀性

当 pH≥12.5 或 pH≤2.0 时，该废物是具有腐蚀性的危险废物。

（4）急性毒性

按照标准中的《附录 A：危险废物急性毒性初筛试验方法》进行试验，对小白鼠（或大白鼠）经口灌胃，经过 48h 死亡超过半数者，则该废物是具有急性毒性的危险废物。

（5）浸出毒性

指固态的危险废物遇水浸沥、其中的有害物质迁移转化，污染环境，浸出的有毒物质的毒性称为浸出毒性。若浸出液中任何一种危害成分的浓度超过固体废物相关浸出毒性测定方法（GB l5555.1~12—1995）中所列的浓度值，该废物就是具有浸出毒性的危险废物。

（6）毒性物质含量鉴定

危险废物的毒性物质含量鉴别。

第三，分析项目生产过程中的有毒有害的原辅材料，是否可采用替代或更换为对环境影响较小的物料。

9.3.2　现状评价

现状评价是在前期现状调查和影响识别的基础上，对评价范围内的固体废物现状进行定量或定性的分析评价，评价应采用文字分析与描述，并辅之以数学表达式（计算方法）。

评价主要内容包括：①分析评价范围内的主要固体废物种类、数量等特征，明确主要污染源；②参照废物处理控制标准［如《含多氯联苯废物污染控制标准》（GB 13015—1991），《生活垃圾产生源分类及其排放》（CJ/T 368—2011）等］和设施控制标准［如《生活垃圾填埋污染控制标准》（GB 16889—2008），《危险废物焚烧污染控制标准》（GB 18484—2001），《危险废物贮存污染控制标准》（GB 18597—2001）、《危险废物填埋污染控制标准》（GB 18598—2001）、《一般工业固体废物贮存、处置场污染控制标准》（GB 18599—2001）等］，说明评价范围内的超、达标情况。

9.4　固体废物环境影响评价

9.4.1　一般工程项目的固体废物环境影响评价

一般工程项目的固体废物环境影响评价包括由产生、收集、运输、处理到最终处置的全过程环境影响评价，其主要评价内容可参照下述几个方面。

1. 污染源调查

对所建的一般工程项目进行"工程分析"，依据整个工艺过程，深入分析固体废物的产生环节、种类、性质和危害特性，科学预测产生量，列出各个生产环节所产生的固体废物的名称、组分、形态、排放量、排放方式及规律等内容的调查清单，并按一般工业固体废物和危险废物分别列出。

2. 污染防治措施的论证

根据工艺过程各个环节产生的固体废物的危害性及排放方式、排放量等，按照"全过程"的思路，分析其在产生、收集、运输、处理到最终处置等过程中对环境的影响，有针对性地从以下几个方面提出污染防治措施：①安全贮存的技术要求：主要包括贮存设施的建设指标、分类贮存以及规范包装的要求，具体指标可参考《一般工业固体废物贮存、处置场污染控制标准》（GB 18599—2001）、《危险废物贮存污染控制标准》（GB 18597—2001）的内容；②规范利用处置方式：根据建设项目固体废物利用处置方式评价结果，针对不符合环保要求的，逐一提出改进意见；③日常管理要求：履行申报的登记制度、建立台账管理制度，属自行利用处置的，应符合有关污染防治技术政策和标准，需定期监测污染物排放情况；属委托利用处置的，应执行报批和转移联单等制度，并对提出的污染防治措施可行性加以论证。对于危险废物则需要提出最终处置措施并加以论证。

3. 提出危险废物最终处置措施方案

（1）综合利用

给出综合利用的危险废物名称、数量、性质、用途、利用价值、防治污染转移及二次污染措施、综合利用单位情况、综合利用途径、供需双方的书面协议等。

（2）焚烧处置

给出危险废物名称、组分、热值、形态及在《国家危险废物名录》中的分类编号，并应说明处置设施的名称、隶属关系、地址、运距、路由、运输方式及管理。如处置设施属于工程范围内项目，则需要对处置设施建设项目单独进行环境影响评价。

（3）安全填埋处置

给出危险废物名称、组分、产生量、形态、容量、浸出液组分及浓度以及在《国家危险废物名录》中的分类编号、是否需要固化处理。对填埋场应说明名称、隶属关系、厂址、运距、路线、运输方式及管理。如填埋场属于工程范围内项目，则需要对填埋场单独进行环境影响评价。

（4）委托处置

一般工程项目产出的危险废物也可采取委托处置的方式进行处理处置，受委托方须具有环境保护行政主管部门颁发的相应类别的危险废物处理处置资质。在采取此种处置方式时，应提供与接收方的危险废物委托处置协议和接收方的危险废物处理处置资质证书，并将其作为环境影响评价文件的附件。

4. 全过程的环境影响分析

依据固体废物的种类、产生量及其管理全过程可能造成的环境影响进行针对性的分析和预测是固体废物环境影响评价的重点。全过程环境影响分析包括固体废物的分类收集，有害与一般固体废物、生活垃圾的混放对环境的影响；包装、运输过程中的散落、泄漏的环境影响；堆放、贮存场所的环境影响；综合利用、处理、处置的环境影响。

9.4.2　对固体废物集中处理设施的环境影响评价

固体废物集中处置设施主要包括生活垃圾填埋场和焚烧厂、一般工业废物的贮存和处置场、危险废物贮存场、危险废物填埋场和焚烧厂等。在进行这些项目的环境影响评价时，应根据固体废物处理处置的工艺特点，依据《环境影响评价技术导则》、执行相应的污染控制标准进行环境影响评价。评价的重点应放在处理、处置固体废物设施的选址、污染控制项目、污染排放等内容上。除此之外，在预测分析中，需对固体废物堆放、贮存、转移及最终处置可能造成的对大气、水体、土壤的污染影响及对人体、生物的危害进行充分分析和预测，避免产生二次污染。另外，如何规避这些环境风险也是环境影响评价的主要内容。

由于生活垃圾与危险废物、工业废物在性质上差别较大，因此其环境影响评价的内容和重点也有所不同。

1. 生活垃圾集中处理设施的环境影响评价

根据处理、处置设施建设及其排污特点，生活垃圾集中处理设施建设项目环境影响评价的主要工作内容有场（厂）址选择评价、环境质量现状评价、工程污染因素分析、施工期影响评价、地表水和地下水环境影响预测和评价，以及大气环境影响预测和评价。

（1）生活垃圾填埋场环境影响评价

1）生活垃圾填埋场对环境的主要影响

运行中的生活垃圾填埋场费环境的影响主要包括：

①填埋场渗滤液泄漏或处理不当对地下水及地表水的污染；

②填埋场产生气体排放对大气的污染、对公众健康的危害以及可能发生的爆炸对公众安全的威胁；

③填埋场的存在对周围景观的不利影响；

④填埋作业及垃圾堆体对周围地质环境的影响，如造成滑坡、崩塌、泥石流等；

⑤填埋机械噪声对公众的影响；

⑥填埋场滋生的害虫、昆虫、啮齿动物以及在填埋场觅食的鸟类和其他动物可能传播疾病；

⑦填埋场中的垃圾袋、纸张以及尘土等在未来得及覆土压实情况下可能飘出场外造成环境污染和景观破坏；

⑧流经填埋场的地表径流可能受到污染。

垃圾填埋场封场后对环境的影响减小，上述环境影响中的 e～h 项基本上不存在，但在填埋场植被恢复过程中种植于填埋场顶部覆盖层上的植物可能受到污染。

2）生活垃圾填埋场的主要污染源

生活垃圾填埋场的主要污染源是垃圾渗滤液和填埋气体。

①渗滤液生活垃圾填埋场渗滤液是一种高污染负荷且表现出很强的综合污染特征及成分复杂的高浓度有机废水，其 pH 在 4～9 之间，COD 在 2000～62000mg/L 的范围内，BOD_5 从 60～45000mg/L，可生化性差，重金属浓度和市政污水中重金属浓度基本一致。

一般来说，垃圾渗滤液的水质随着填埋场的运行时间不同而发生变化，这主要是有填埋场中垃圾的稳定化过程决定的。垃圾填埋场渗滤液通常根据填埋场的填埋时间可分为两大类：一类是年轻的填埋场（填埋时间在 5 年以下）渗滤液，水质特点是 pH 较低，COD 和 BOD_5 浓度均较高，色度大，可生化性较好，各类重金属离子浓度较高；另一类是年老的填埋场（填埋时间一般在 5 年以上）渗滤液，水质特点是 pH 为 6~8，接近中性或弱碱性，COD 和 BOD_5 浓度均较低，$NH_4^+ - N$ 浓度高，重金属离子浓度比年轻填埋场有所下降，可生化性差。因此，在进行生活垃圾填埋场的环境影响评价时，应根据填埋场的年龄选择有代表性的指标。

②填埋气体生活垃圾填埋场产生的气体主要为甲烷和二氧化碳，此外还含有少量的一氧化碳、氢、硫化氢、氨、氮和氧等。填埋场释放气体中微量气体量很少，但成分却多达116种有机成分，其中许多为挥发性有机组分。在垃圾填埋过程中产生环境影响的主要大气污染物是恶臭气体。

3）生活垃圾填埋场环境影响评价的工作内容

根据生活垃圾填埋场的建设及污染物排放特征，环境影响评价的主要工作内容有场址选择评价、自然环境质量评价、工程污染因素分析、施工期影响评价、水环境影响预测与评价、空气环境影响预测与评价等，其主要工作内容如表9-3所示。

表9-3　填埋场环境影响评价的主要工作内容

评价项目	评价内容
场址选择评价	评价拟选场址是否符合选址标准 方法：根据场地自然条件对照选址标准逐项进行评判 重点：拟选场地水文地质、工程地质条件、土壤自净能力等
自然环境质量评价	评价拟选场地及其周围空气、地面水、地下水、噪声等自然环境质量状况 方法：监测值与标准对照，采用单因子或多因子综合评判法
工程污染因素分析	分析建设过程中和建成投产后可能产生的主要污染源及其污染物产生的种类、数量、排放规律等 方法：计算、类比、经验分析等
施工期影响评价	评价施工场地内排放的生活污水、机械噪声、二次扬尘、水土流失对周围环境（包括生态环境）的不利影响
水环境影响预测与评价	评价填埋场衬层结构的安全性及排除的渗滤液对周围水环境的影响：①正常排放对地表水的影响；②非正常渗漏对地下水的影响
大气环境影响预测与评价	评价填埋场释放气体及恶臭对环境的影响：①释放气体，主要根据排气系统的结构预测和评价排气系统的可靠性、排气利用的可能性及排气对环境的影响；②恶臭，根据垃圾的种类预测恶臭气体产生的位置、种类、浓度计影响范围等，评价垃圾在运输、填埋、及封场后对环境的影响
噪声环境影响预测与评价	评价垃圾运输、施工、填埋操作、封场阶段机械产生的振动及噪声对环境的影响 方法：机械噪声声压级预测并结合卫生标准和功能区标准评价
污染防治措施	主要包括：①渗滤液的治理、控制、及填埋场衬层破裂补救措施；②释放气体的导排、综合利用及防臭措施；③减振防燥措施
环境经济损益评价	计算评价污染设施投资及产生的经济、社会、环境效益
其他	①对土壤、景观及生态进行评价；②对洪涝特征年产生的过量渗滤液及垃圾释放气体因物理、化学条件变化而产生爆炸等进行风险评价

（2）生活垃圾焚烧厂环境影响评价

1）生活垃圾焚烧厂对环境的主要影响

运行中的生活垃圾焚烧厂对环境的影响主要包括：

①焚烧炉内所产生的废气对大气环境的影响及对公众健康的危害；

②余热锅炉蒸气排空管、高压蒸气吹管、汽轮发电机组、送风机、引风机、空压机、水泵等设备运行的噪声对公众的影响；

③垃圾贮坑、垃圾车、从贮坑往垃圾焚烧炉加料以及焚烧过程中产生的恶臭气体对环境的影响；

④焚烧灰渣对环境的不利影响，如垃圾焚烧炉、炉排下炉渣和烟气除尘器中收集的飞灰等；

⑤垃圾渗滤水和生产废水对周围地表水和地下水产生的不利影响；

⑥厂房、烟囱等设施对周围景观的不利影响；

2）生活垃圾焚烧厂的主要污染源

生活垃圾焚烧厂的主要污染源是焚烧烟气。

垃圾焚烧厂产生的烟气主要污染物可以分为粉尘（颗粒物）、酸性气体（ HCl 、 HF 、 NO_x 、 SO_x 等）、重金属（ Hg 、 Pb 、 Cr 等）和有机剧毒性污染物（多环芳烃、多氯联苯、甲醛、多氯二苯并呋喃以及二噁英等）等几大类。垃圾焚烧烟气中的重金属主要有镉、铅、铬、汞等及其化合物，大部分来源于废旧电池、日光灯管、电子元件、涂料及其温度计等在焚烧过程因高温气化挥发进入烟气，及部分在焚烧过程中形成氧化物或者卤化物气化挥发进入烟气。二噁英产生的主要原因是混合垃圾含水率高，发热量低，导致垃圾燃烧不充分；其次是垃圾中自身含有的二噁英类物质（含氯塑料、杀虫剂、农药等），在焚烧过程中释放出来以及在焚烧过程中形成的前驱体，如氯苯、氯酚、聚氯酚类物质在重金属的催化下转化而成；最后是烟气处理过程中的低温再合成污染物。

3）生活垃圾焚烧厂环境影响评价的工作内容

根据生活垃圾焚烧厂的建设及污染物排放特征，环境影响评价的主要工作内容有厂址选择评价、工程规划、工程分析、环境现状调查、环境影响识别与预测、污染防治措施等，其主要工作内容如表9-4所示。

表9-4　生活垃圾焚烧厂环境影响评价的主要工作内容

评价项目	评价内容
厂址选择评价	评价拟选厂址是否符合选址标准 方法：根据场地自然条件对照选址标准逐项进行评判 重点：地形及地质状况、污染物扩散和稀释条件、附近地区未来发展情形、交通状况等条件等
工程规划评价	①评价服务区域：考虑运输距离和运行过程中对环境的影响；②评价设厂容量：考虑容量与计划服务年限、垃圾量的增长及垃圾品质的变动等因素；③评价基本处理流程：考虑技术、经济、垃圾品质等因素选择焚烧方式
工程分析	收集垃圾焚烧厂的工艺和设备资料，从清洁生产的角度，分析设备的先进性和合理性，通过物料衡算，确定污染物种类、排放量及规律 方法：计算、类比、经验分析等
环境现状调查	收集和调查预选厂址的气象、水文、水体质量、空气质量、噪声背景、土地利用、公众意见、社会经济、交通状况、文化景观和古迹、生态环境及相关法规等资料，并在高浓度出现的地区作背景空气质量测定
环境影响预测和评价	①大气污染评价：利用高斯扩散模式，计算废气通过烟囱排放后，各种污染物经扩散稀释后的着地浓度。将该着地浓度与污染物背景浓度之和同空气质量标准对比；②噪声污染评价：余热锅炉蒸气排空管、高压蒸气吹管、汽轮发电机组、送风机、引风机、空压机、水泵等噪声对环境的影响

续表

评价项目	评价内容
污染防治措施	主要包括：①烟气、灰渣排放控制、烟气净化工艺及防恶臭措施；②施工场地和影响区域的水土保持工作；③减振防爆措施
环境经济损益评价	计算评价污染设施投资及产生的经济、社会、环境效益
其他	①对土壤、景观及生态进行评价；②对垃圾焚烧过程中产生的二次环境污染及释放气体因物理、化学条件变化而产生爆炸等进行风险评价；③针对性对周边公众意见进行收集，调查意见中增加对项目的认识、提出意见要求或建议

9.4.3 危险废物处理处置的环境影响评价

危险废物是指列入《国家危险废物名录》或根据国家规定的危险废物鉴别标准和鉴别方法认定的具有腐蚀性、毒性、易燃性、反应性和感染性等一种或一种以上的危险特性，以及不排除具有以上危险特性的固体废物。危险废物的鉴别标准有《危险废物鉴别标准》（GB 5085.1～7—2007）和《危险废物鉴别技术规范》（HJ/T 298—2007），鉴别方法包括《固体废物 浸出毒性浸出方法 翻转法》（GB 5086.1—1997）和 GB/T 15555.1～15555.12—1995 等固体废物测定方法。对危险废物的环境影响评价主要目的在于对危险废物的资源化、减量化和无害化收集、运输、贮存、综合利用和最终处置的全过程中对环境的不利因素进行分析、预测和评价，提出具有针对性的、可满足区域环境质量要求的减轻或消除危害和风险的措施和预案的建议，符合城市总体规划、土地利用规划、水源保护规划、环境保护规划等法律法规要求，征求受影响区域公众意见，做出危险废物处理项目选址环境可行性的结论，为工程设计和环境管理提供科学依据。

1. 危险废物鉴别

危险废物种类繁多、性质复杂，危险特性鉴别作为名录判定的补充手段，是各级环保部门实施环境管理的重要依据。随着危险废物环境管理要求的不断提高，现行"企业确定检测指标、企业送样分析"的操作模式，给环境监管造成了较大干扰。在当前社会经济条件下，积极引入第三方鉴别和评估，规范危险特性鉴别行为，提高危险废物判定合理性，对准确把握工作重点，集中力量实施污染防治与监督管理，具有十分重要的意义。各地务必高度重视，强化危险废物鉴别的指导，提高危险废物环境管理水平，切实防治危险废物环境污染。危险废物鉴别主要包括五个步骤，分别是鉴别方案编制、鉴别方案论证、采样检测、鉴别报告编制和鉴别报告备案。

（1）鉴别方案编制

鉴别机构应当根据国家有关危险废物鉴别的标准规范，结合委托方提供的技术资料，编制鉴别方案，应当至少包括三方面内容。

①固体废物属性判定。根据《固体废物鉴别导则（试行）》（国家环保总局公告 2006 年 11 号）的规定，对被鉴别物的固体废物属性进行判别。经判别，不属于固体废物的，则被鉴别物亦不属于危险废物；经判别属于固体废物的，需作进一步鉴别。

②危险废物属性初筛。被鉴别物属固体废物的，鉴别机构应确定被鉴别物是否列入《国家危险废物名录》（以下简称《名录》）。经对照《名录》，被鉴别物列入《名录》且属于无"＊"号标注的，则属于危险废物；被鉴别物列入《名录》且属于有"＊"号标注

的，初步认为无危险特征可能的，需进行危险特性鉴别确认；被鉴别物虽未列入《名录》但可能具有危险特性的，需进行危险特性鉴别。被鉴别物未列入《名录》的，且经综合分析产生环节和主要成分，不可能具有危险特性的，则不属于危险废物。

③危险特性鉴别。依据《危险废物鉴别标准》［GB 5085.7（1－7）］的规定，确定被鉴别物的危险特性检测项目、检测方法和样品采集要求。通常情况下，检测项目应当根据被鉴别废物的性质，结合其产生源特性，在相应的《危险废物鉴别标准》中筛选确定。根据被鉴别物的产生过程，可以确定不存在、不产生的有害物质，可不进行相应的项目检测。鉴别机构应当在鉴别方案中，逐项说明检测项目筛选和排除依据。

（2）鉴别方案论证

鉴别方案编制完成后，需对其进行技术论证或者评估的，鉴别机构应当邀请环境管理部门和相关专家进行论证评估，并出具书面评估意见。参与论证的应包括行业工艺、环境工程、检测和环境管理等方面的专家和人员。

（3）采样检测

鉴别方案经评估论证通过后，鉴别机构应当严格按照鉴别方案，对被鉴别物进行采样和检测，以确定其危险特性。鉴别机构不具备相应认证资质的，应当委托有资质的机构进行采样和检测。被鉴别物的样品不得由委托方送样。样品检测应当使用《危险废物鉴别标准》规定的方法。检测机构应当出具书面检测报告。

（4）鉴别报告编制

鉴别机构应当根据检测结果，判定被鉴别物是否属于危险废物，并出具书面鉴别报告。鉴别报告中应有鉴别机构名称、完成时间，以及编写、审核和负责人签字，并加盖公章。鉴别机构应及时将鉴别报告送交委托方，并保留备份报告存档。

（5）鉴别报告备案

委托方应当将鉴别报告向所在地县级环保行政主管部门备案，经备案的鉴别报告可作为被鉴别物环境管理的依据。

2. 危险废物的收集

危险废物产生单位进行的危险废物收集包括两个方面，一是在危险废物产生节点将危险废物集中到适当的包装容器中或运输车辆上的活动，二是将已包装或已运输到车辆上的危险废物集中到危险废物产生单位内部临时贮存设施的内部转运。

危险废物收集前应制定详细的操作规程，内容至少应包括适用范围、操作程序和方法、专用设备和工具、转移和交接、安全保障和应急防护。同时根据危险废物产生的工艺特征、排放周期、危险废物特性、废物管理计划等因素制定收集计划。收集计划应包括收集任务概述、收集目标及原则、危险废物特性评估及收集量估算、收集作业范围和方法、收集设备与包装容器、安全生产与个人防护、工程防护与事故应急、进度安排与组织管理等。

危险废物在收集转运过程中，应采取相应的安全防护和污染防治措施。作业人员应根据工作需要配备必要的个人防护装备，同时做好防爆、防火、防中毒、防感染、防泄漏、防飞扬、防雨或其他防止污染环境的措施。

危险废物收集时应根据危险废物的种类、数量、危险特性、物理形态、运输要求等因素确定包装形式，具体包装材质可根据废物特性选择钢、铝、塑料等材质。性质类似的废物可收集到同一容器中，性质不相容的危险废物不应混合包装；危险废物包装应能有效隔断危险废物迁移扩散途径，并达到防渗、防漏要求；包装好的危险废物应设置相应的标签，标签信息应填写完整详实；盛装过危险废物的包装袋或包装容器破损后应按危险废物进行管理和处置。

在危险废物的收集作业过程中应根据收集设备、转运车辆以及现场人员等实际情况确定相应作业区域，同时设置作业界限标志和警示牌，作业区域内应设置危险废物收集专用通道和人员避险通道，收集时应配备必要的收集工具和包装物，以及必要的应急监测设备及应急装备，《危险废物收集记录表》应作为危险废物管理的重要档案妥善保存，如表9-5所示，收集结束后应清理和恢复收集作业区域，确保作业区域环境整洁安全，收集过危险废物的容器、设备、设施、场所及其他物品转作他用时，应消除污染，确保其使用安全。

表9-5　危险废物收集记录表

收集地点		收集日期	
危险废物种类		危险废物名称	
危险废物数量		危险废物形态	
包装形式		暂存地点	
责任主体			
通信地址			
联系电话		邮编	
收集单位			
通信地址			
联系电话		邮编	
收集人签字		责任人签字	

危险废物在进行内部转运时，应采用专用的工具并填写《危险废物厂内转运记录表》如表9-6所示，转运时应综合考虑厂区的实际情况确定转运路线，尽量避开办公区和生活区，内部转运结束后，应对转运路线进行检查和清理，确保无危险废物遗失在转运路线上，并对转运工具进行清洗。

表9-6　危险废物产生单位内转运记录表

企业名称：

危险废物种类		危险废物名称	
危险废物数量		危险废物形态	
产生地点		收集日期	
包装形式		包装数量	
转移批次		转移日期	
转移人		接收人	
责任主体			
通信地址			
联系电话		邮编	

3. 危险废物的贮存

危险废物应按种类和特性进行分区贮存，易燃易爆危险废物应配置有机气体报警、火灾报警装置和导出静电的接地装置。贮存废弃剧毒化学品时应充分考虑防盗要求，采用双钥匙封闭式管理，且有专人24小时看管。危险废物贮存单位应建立危险废物贮存的台账制度。

危险废物贮存容器（指贮存危险废物的车子、箱、筒、袋及经执行机关规定的容器）

应当使用符合标准的容器盛装危险废物，容器及材质要满足相应的强度要求，装载危险废物的容器必须完好无损，盛装危险废物的容器材质和衬里要与危险废物相容（不相互反应）；液体危险废物可注入开孔直径≤70 mm并有放气孔的桶中。

危险废物贮存设施的选址应满足以下条件：①地质结构稳定，地震烈度不超过7度；②设施底部必须高于地下水最高水位，场界应位于居民区800 m以外，地表水域150 m以外；③应避免建在溶洞区或易遭受严重自然灾害如洪水、滑坡、泥石流、潮汐等影响的地区；④应建在易燃、易爆等危险品仓库、高压输电线路防护区域之外；⑤应位于居民中心区常年最大风频的下风向；⑦基础必须防渗，防渗层为至少1 m厚黏土层，或2 mm厚高密度聚乙烯，或至少2 mm厚的其他人工材料。

4. 危险废物填埋场的选址要求及工程分析

目前在危险废物处理处置技术方面，行之有效的处理处置手段包括化学法、固化法、高温焚烧及安全填埋等。根据我国危险废物处理处置法律、法规和技术规程、规范的规定，目前我国危险废物的最终处置主要采取安全填埋。安全填埋场是一种陆地处置设施，它由若干个处置单元和构筑物组成，处置场有界限规定，主要包括废物预处理设施、废物填埋设施和渗滤液收集处理设施。由于危险废物具有危险性和危害性的特点，对危险废物安全处置项目环评与一般建设项目相比，存在一定的特殊性。安全填埋场选址是关系到环境影响评价质量好坏的最为关键的问题之一，也是安全填埋项目中重要的环节之一。

首先应根据《危险废物和医疗废物处置设施建设项目环境影响评价技术原则》（试行）（环发［2004］58号）中，对环境现状调查的要求，对项目拟建地的自然环境和社会环境现状进行调查，然后与国家有关危险废物的法规和规范中对选址的要求一一对照，分析拟选场址的可行性。在实际工作中，若遇到危险废物处理设施距离800 m以内有居民等敏感目标时，如没有其他合适的场址，环评通常要求在该区域内的居民搬迁，并附有相关部门的承诺。在进行环境影响评价中，最好有备选场址，一般以2个以上候选场址为宜。如通过评价，对拟选场址均给出否定结论，则应另选场址，并重新进行环境影响评价。

场址比选重点论证填埋场场址地质条件和水文地质条件。

（1）危险废物填埋场场址工程地质条件

工程地质条件对于填埋场的建设是相当重要的。填埋场应避开地质断裂带、坍塌地带、地下溶洞，以防止危险废物渗滤液对地下水造成污染风险；尽量选择有较厚的低渗透率土层和地下水位低的地区；尽量避开软土地基和可能产生地基沉降的地区，以防止在填满废物后由于重力作用造成填埋层沉降，破坏防渗衬层，造成渗滤液渗漏污染地下水。

根据《危险废物填埋污染控制标准》（GB 18598—2001）对填埋场场址的地质条件应符合下列要求：①能充分满足填埋场基础层的要求；②现场或其附近有充足的黏土资源以满足构筑防渗层的需要；③位于地下水饮用水水源地主要补给区范围之外，下游无集中供水井；④地下水水位应在不透水层3m以下；⑤天然地层岩性相对均匀、渗透率低；⑥地质结构相对简单、稳定，没有断层。如果工程地质欠缺但又必须选址于此的，应加强填埋库区天然材料衬层厚度库底所有回填的黏土，均须经机械分层压实，压实后的渗透系数应不大于1.0×10^{-7} cm/s，库底所有回填的黏土，均须经机械分层压实，压实后的渗透系数应不大于1.0×10^{-7} cm/s。同时还应考虑区域地质构造、区域稳定性、地震烈度及断裂带活跃性，可能受区域地质构造影响而出现基岩破碎程度较高和强、中风化岩层厚度情况。

（2）危险废物填埋场场址水文地质条件

水文地质条件包括：场区地表水系发育情况、地层富水性、含水层赋存特征、地下水形成条件径流和排泄路径。应给出地下水及地层分布柱状图；若水文地质条件欠缺的地方，需采取水文地质工程措施，如地下水丰富地区为了避免不利现象出现必须对库区底部地下水进行导排和截流、填埋场库区环场截流。地下水收集系统及导排宜采用导排盲沟＋排水席垫相结合的方案。安全填埋项目对选址要求较高，其中社会接受性和环境适宜性是场址选择的关键因素，因此在项目环境影响评价时，对场址选择的论证应严格按照标准要求，逐条对照。选择合理的场址，将为环境影响带来诸多有利因素。

（3）危险废物安全填埋项目工程分析

安全填埋项目工程分析主要工作内容是按国家对危险废物处置的相关标准、规定，分析项目采用的预处理工艺、设施及环境保护措施的合理性。应对危险废物的接收、分析鉴别、贮存、安全处置系统进行分析，分阶段给出工艺路线和环境保护措施，其中产生污染较大的车间有预处理车间、稳定化固化车间。

预处理工艺主要采取物化处理，物化处理主要是处理废酸、废碱液、废乳化液、重金属废液以及填埋场的渗滤液，主要将有害物质从水中分离出来，从而对其进行稳定化、固化处理，以满足危险废物填埋的入场标准。

需要进行稳定化、固化处理的废物，经称重鉴别后送入稳定化、固化处理车间。根据废物不同性质分类分区贮存于未处理废物容器内。通过泵体或叉车将废物运送至电子秤称重后，再转运至搅拌机上料斗，然后根据固体废物的重量及污染物组分加入相应的水泥及稳定剂，废物与水泥及稳定剂经搅拌机搅拌充分混合后，由卸料口出料并转运至废物暂存区域养护。同时进行分批次的抽样进行浸出试验，测定浸出液浓度是否达到入场标准，若达标后，方可送入填埋场进行填埋。若没能达到标准，则需将其固化体返回破碎再次进行稳定化固化处理。医疗废物和与衬层具有不相容性反应的废物禁止送入填埋场填埋。

5. 危险废物焚烧处置项目的场址选择及工程分析

由于危险废物具有危险性和危害性的特点，特别是医疗废物具有的特殊性，因此对危险废物焚烧处置项目环评与一般建设项目相比，存在一定的特殊性，需要重点关注厂（场）址选择、工程分析及环境风险。

（1）危险废物焚烧处置项目的场址选择

危险废物焚烧处置设施厂（场）址选择要求甚高，除要符合国家法律、法规要求外，还要对社会环境、自然环境、场地环境、气候条件、应急救援等因素进行综合分析，是一项十分复杂的工作。作为环评单位，首先应对项目拟建地的自然环境和社会环境现状进行调查，然后与国家有关危险废物的法规和规范中对选址的要求一一对照，分析拟选厂（场）址的可行性。

危险废物焚烧项目环评中的选址要求，根据重要程度应依次注意以下问题。

①应符合当地城市总体发展规划、环境保护规划、环境功能区划等的规划要求。

②危险废物处理设施距离主要居民区以及学校、医院等公共设施的距离，应不小于800 m。拟选厂址应避免公用设施或居民的大规模拆迁。场界应位于地表水域150 m以外。对于医疗废物焚烧设施，还特别要求处置厂距离工厂、企业等工作场所的直线距离应大于300 m。

③不允许建设在饮用水源保护区、自然保护区、风景区、旅游度假区等环境敏感区内。

④不允许建设在居民区主导风向的上风向地区。

⑤需进行公众调查，并得到公众支持。

⑥应具备满足工程建设要求的工程地质条件和水文地质条件。不应建在受洪水、潮水或内涝威胁的地区；受条件限制，必须建在上述地区时，应具备抵御 100 年一遇的洪水防洪、排涝措施。

⑦具备一定的基础条件（水、电、交通、通讯、医疗等）；有实施应急救援的水、电、通讯、交通、医疗条件；应考虑焚烧产生的炉渣及飞灰的处理与处置，并宜靠近危险废物安全填埋场；应有可靠的供水水源和污水处理及排放系统。

在进行环境影响评价中，最好有备选厂（场）址，一般以 2 个以上候选场址为宜。如通过评价，对拟选厂（场）址均给出否定结论，则应另选厂（场）址，并重新进行环境影响评价。

（2）危险废物焚烧处置项目的工程分析

焚烧项目工程分析主要工作内容，是按国家对危险废物处置的相关标准、规定，分析项目采用的工艺、设施及环境保护措施的合理性。焚烧系统是危险废物焚烧处置过程的中心环节，根据国内外焚烧系统的设计和具体应用经验，其核心设备——焚烧炉应根据危险废物的种类和特征，选用不同的炉型。在环境影响评价过程中，应根据危险废物的种类和特征，分析所采用处理技术的可行性，重点分析焚烧炉操作工况能否满足（GB 19128—2003）规定的要求，即焚烧温度不低于 850℃，停留时间不小于 2 s，焚烧效率不小于 99.9% 等指标要求。

烟气净化系统分析是焚烧项目工程分析的关键内容，环评中应根据不同的废物类型、组分含量，分析选择所用烟气净化方式的可行性。对于含氮量较高的危险废物，必须考虑氮氧化物的去除措施，应优先考虑通过对危险废物焚烧过程的燃烧控制，以抑制氮氧化物有害气体成分的产生。

环评时需根据项目拟处置危险废物的组成成分不同，考虑所选工艺的适用范围、处理效果，并分析其技术合理性，重点论证"三废"治理措施的可行性和可靠性。

9.4.4 工业固体废物处理处置的环境影响评价

一般固体废物是指未被列入《国家危险废物名录》或者根据国家规定的鉴别标准和《固体废物浸出毒性浸出方法》等鉴别方法判定不具有危险特性的工业固体废物。

按照 2001 年修订的《一般工业固体废物贮存、处置场污染控制标准》（GB 18599—2001）规定，第 I 类一般工业固体废物是指按照《固体废物浸出毒性浸出方法》规定方法进行浸出试验而获得的浸出液中，任何一种污染物的浓度均未超过《污水综合排放标准》最高允许排放浓度，且 pH 值在 6~9 范围之内的一般工业固体废物；第 II 类一般工业固体废物是指按照《固体废物浸出毒性浸出方法》规定方法进行浸出试验而获得的浸出液中，有一种或一种以上的污染物浓度超过《污水综合排放标准》最高允许排放浓度，或者 pH 值在 6~9 范围之外的一般工业固体废物。堆放场 I 类一般工业固体废物的贮存、处置场为第一类，简称 I 类场。堆放场 II 类一般工业固体废物的贮存、处置场为第二类，简称 II 类场。

1. 贮存、处置场场址选择要求

（1）I 类场合 II 类场的要求

①所选场址应符合当地城乡建设总体规划要求。

②应选在工业区和居民集中区主导风向下风侧，厂界距居民集中区500 m以外。

③应选在满足承载力要求的地基上，以避免地基下沉的影响，特别是不均匀或局部下沉的影响。

④应避开断层、断层破碎带、溶洞区，以及天然滑坡或泥石流影响区。

⑤禁止选在江河、湖泊、水库最高水位线以下的滩地和洪泛区。

⑥禁止选在自然保护区。风景名胜区和其他需要特别保护的区域。

（2）Ⅱ类场的其他要求

①应避开地下水主要补给区和饮用水源含水层。

②应选在防渗性能好的地基上，天然基础层地表距地下水位的距离不得小于1.5 m。

2. 贮存、处置场污染控制项目

2001年修订的《一般工业固体废物贮存、处置场污染控制标准》（GB 18599—2001）对一般固体废物贮存、处置场污染控制项目做了明确规定。

①渗透液及其处理后的排放水，应选在一般工业固体废物的特征组分作为控制项目。

②地下水，贮存、处置场投入使用前，以《地下水环境质量标准》规定的项目作为控制项目，使用过程中和关闭或封场后的控制项目，可选择所贮存、处置的固体废物的特征组分。

③大气，贮存、处置场以颗粒物为控制项目，其中属于自燃性煤矸石的贮存、处置场，以颗粒物和二氧化硫为控制项目。

9.5 固体废物环境影响评价案例分析

9.5.1 项目概况

1. 项目名称

某市废弃物安全处置中心。

2. 项目性质

某市每年都生产大量的固体废物和危险废物，其工业以轻纺、化工、制药、石化、电子、交通运输业为主，2001年申报登记的工业固体废物年产量416.256万吨，危险废物年产生量26.36万吨，是某省固体废物、危险废物产生大户。

3. 项目组成

某市废弃物安全处置中心主要由以下建设内容组成：

（1）安全填埋场

建设内容主要包括场区土方工程、边坡工程、截污坝、防渗系统、排洪系统、地下水导排系统、场区道路、渗滤液收集系统、最终覆盖层系统和生态修复工程等。

（2）接受、交换、调配中心

建设内容主要包括：信息管理系统、收运系统、分析测试系统、工艺试验系统、储存系统和调配车间等。

（3）物化处理车间（略）

（4）稳定化/固化处理车间

建设内容主要包括稳定化/固化处理车间的土建工程、水泥固化设施、药剂稳定化处理设施、中和预处理设施、脱水预处理设施等。

（5）污水处理系统

建设内容主要包括污水处理车间土建工程，调节池、沉淀池、反应池、过滤池及污泥浓缩池和人工湿地系统。

（6）公共工程设施

本项目的公用工程设施主要包括给排水、供电、通信、消防、道路及绿化等。

（7）办公生活设施（略）

4. 项目规模与构成

某市废弃物安全处置中心拟选厂址位于某市某区某镇某村的山谷中，征地面积 $333333 m^2$。根据危险废弃物的产生量和预测量，项目营运期内（2005～2023 年）需填埋的危险废弃物总量约为 $818431 m^3$，按适当留有余地原则，安全填埋场的建设规模按 $860000 m^3$ 计算。某市废弃物安全处置中心建设规模如表 9-7 所示。

表 9-7　某市废弃物安全处置中心建设规模

序号	处理设施	处理规模	需处理量	建设分期	备注
1	接受、配料车间	80000t/a	45426		
2	物化处理车间	5000t/a	952		渗滤液 14t/d
3	稳定化/固化车间	56000t/a	32057		
4	安全填埋	$8.6 \times 10^5 m^3$	818431	首期 $1.5 \times 10^5 m^3$	可用 5a
				二期 $1.5 \times 10^5 m^3$	可用 7a
				三期 $1.5 \times 10^5 m^3$	可用 8a

（1）填埋场场区平面布置

安全填埋场位于场区内东北部的 I 区，占地 $86700 m^2$，总容积 $8.6 \times 10^5 m^3$，场区底部高程为 46m。第一期拟填埋高程为 52m，库容为 $1.5 \times 10^5 m^3$；第二期拟填埋高程为 60m，库容为 $3.1 \times 10^5 m^3$；第三期拟填埋高程为 66m，库容为 $4.0 \times 10^5 m^3$。场区内东南部的 II 区作为预留发展用地，占地 $45400 m^2$，总容积 $5.6 \times 10^5 m^3$。

（2）填埋场区结构

填埋场分单元开挖和填埋，开挖边坡的开挖坡度为 1:3，平均开挖深度为 6.5m，除去衬层系统所占空间厚度（1.0m），地下平均开挖深度为 5.5m，封场地形坡度 4%，最终覆盖层厚度 1.5m。

（3）地下水排水系统

填埋场场区内的地下水主要补给来源为降雨入渗补给，场区开挖的平均深度为 6.5m，而地下水位稳定水位埋深为 2.20（沟谷）～15.60m（山坡），因此，在填埋场衬层以下，需要建设地下水排水系统，控制地下水最高水位与填埋场防渗层的安全距离在 2.0m 以上。排水系统由穿孔塑管、疏导砾石、集水池和排水泵组成。

（4）填埋单元的防渗构造

根据我国《危险废物填埋污染控制标准》（GB 18598—2001）及参照国外有关技术规定和要求，结合本项目厂址的实际地质、水文条件，确定采用双人工防渗系统，由上至下分别为主防渗层和次防渗层。其结构为：

①底部防渗层构造

◆200g 土工无纺布

◆300mm 砂、碎石疏水层

◆800g 土工无纺布

◆2.0mmHDPE 防渗层

◆1200g 工厂化合成膨润土层

◆HDPE 排水网格

◆200g 土工无纺布

◆1.5mmHDPE 防渗层

◆500mm 黏土层

◆天然基础层≥3.0m

②边坡防渗层构造

◆400g 土工无纺布

◆HDPE 排水网格

◆2.0mmHDPE 防渗层（双毛面）

◆1200g 工厂化合成膨润土层

◆1.5mmHDPE 防渗层（毛面）

◆天然基础层≥3.0m

（5）集排气系统

在填埋场划出一集中填埋污泥的区域，设立石笼，将气体直接排向大气。石笼使用卵石为排气材料，外裹铁丝网，顶有雨帽，防止降水流入。

（6）截污坝

为了使填埋场形成一个相对封闭的填埋坑，同时防止堆填的危险废物流失，在填埋西端和西南边沟口需修建截污坝。

（7）渗滤液收集系统

填埋场渗滤液收集系统包括位于填埋的废弃物与主防渗层之间的渗滤液主集排水系统和位于两层人工合成衬层之间的辅助集排水系统。

渗滤液主集排系统由疏水层和 $D = 200$mm 的 HDPE 穿孔导渗管组成。疏水层包括场底砂石疏水层和边坡网格疏水层。

辅助给排水系统由 HDPE 网格及相应的管道、集水井、监测井组成。

在填埋单元上部砾石中铺设带孔 HDPE 排水干管，与场底坡度一致。两侧铺设带孔支管，与主管连接。干管和支管分别使用外裹无纺布的 HDPE 穿孔管。

填埋场渗滤液排至渗滤液集水井后，由潜水泵抽至物化处理车间，经物化处理和污水 DT‑RO 工艺处理后达标排放。

（8）填埋场防雨措施及排水

在填埋区的周边设置雨水排水沟，沟内铺设排水管，其外侧充填砾石过滤层。排水沟与最终覆盖层中的砾石排水层相衔接，使进入排水层中的降水流入排水沟。在填埋场西面分区土堤外修建集水坑，将雨水引出填埋场外。填埋废弃物达到设计标高后及时进行封场，将雨水沿场顶坡面引入封场后场边的碎石盲沟，由盲沟汇集排入周边水沟。

填埋区的降水可通过临时的覆盖、雨帽、防水帆布和支撑的遮棚等措施防止雨水进入废物中。未填埋区域的集水将由泵抽到周边的环场排水沟中。未能防止与废弃物接触的降水将允许其透过废弃物后作为渗滤液处理。

9.5.2　工程分析

1. 渗滤液产生量的估算

由于危险废物的填埋在雨季是不作业的，因此使用平均降雨强度（1783.6mm）来预测渗滤液的产生量，只考虑开挖单位接收的降雨入渗液，忽略封场单元接受降雨的入渗量、废物重力给水量和废物（已水泥固化）的持水量。

由于填埋场分期分阶段填埋施工（整个填埋区分为 6 个单元填埋施工），接受降雨补给并可转化为渗滤液的部分为 1 个填埋单元（每填完一个单元后，进行终场覆盖，然后再开挖和填埋另一单元）。如按最大的填埋单元（面积为 15500m^2）来计算，由此估算出最大的填埋单元渗滤液年均产生量为 4976m^3，约 14m^3/d。如果采用日最大降雨量 269.5mm（历史记录最大量）计算的话，填埋单元渗滤液最大日产生量约为 752m^3。

2. 渗滤液处理

渗滤液收集后（先入缓冲池，由于在暴雨时填埋单元的渗滤液量最高可达 752m^3/d，因此缓冲池设计规模考虑为 800m^3，这样平常可以收集约 60d 正常运转产生的渗滤液量），送物化车间进行处理。

3. 废气排放

（1）填埋场产生的废气分析

本填埋场的填埋物绝大部分为无机废物，产生的有害或恶臭类污染物比生活垃圾填埋场少得多。进场的重金属污泥经过干化后进行稳定化处理，采用水泥石灰作为稳定剂可减少污泥中残留的 H$_2$S 排放，虽然同时产生 NH$_3$，但 NH$_3$ 的毒性比 H$_2$S 小得多。危险废物填埋场排放的少量气体对周围环境空气的影响较小。

（2）预处理车间产生的废气分析

本项目物化车间存放的待处理废液密封存放，进行中和、混凝沉淀、化学还原等预处理时产生的气体量也小，不会影响周围环境空气。

贮存间和固化车间所需的原料主要为水泥、石灰石、石灰、粉煤灰等，本项目在该两种处理车间采用布袋式除尘器处理颗粒物，通风量 >5000m^3/h。经布袋式除尘器处理后，外派的颗粒物的排放浓度和排放速率均达到 DB 44/27—2001 二级标准的要求。

（3）职工食堂燃气炉灶

本项目职工食堂拟安装 2 个炉头燃气炉灶，燃用液化石油气，职工食堂每天耗气量为 64m^3，按每吨液化气产生 0.0386kg 的 SO$_2$ 和 0.2358kg 的 NO$_x$ 计，则产生 SO$_2$ 为 0.005kg/d、NO$_x$ 为 0.029kg/d，相应的年排放量 SO$_2$ 为 1.83kg、NO$_x$ 为 10.59kg。油烟质量浓度按 13mg/m^3、烟气量按 32000m^3/d 计，职工食堂油烟产生量为 0.416kg/d。

（4）填埋作业时产生的废气分析

填埋作业时产生的废气主要有压力推土机和装载运输机。若考虑一台推土机和一台装载运输机同时工作，以上海 120 型推土机为例，耗油量 158g/min，装载运输机的耗油量与推土机相同，工作耗油量为 22.2kg/h，大气污染物的排放量 CO 为 627g/h，CH 为 193g/h，NO$_x$ 为 905g/h，烟尘为 72g/h。

4. 其他废水的产生量

（1）场区雨水

本项目设有雨水集排水系统，尽可能避免雨水渗入填埋场内。场区收集到的雨水，其污染物含量较少，经一级处理设施加以处理后外排或回用。

（2）预处理车间其他废水

预处理车间（如暂存仓库生产废水，机修车间生产废水等）在进行化学还原、中和沉淀或混凝沉淀处理后会产生一定量的废水（含去除重金属污染物后的渗滤液废水）。还有各车间产生地面冲洗水、洗车水、试验室分析化验废水等，这部分生产沸水里约 $12000m^3/a$。类比深圳市危险固体废物填埋场实测的生产废水数据，确定本填埋场生产废水中主要污染物指标如表9-8所示。

表9-8　生产废水主要污染物指标表

主要污染物	浓度范围（mg/L）
pH	5～8
Cu^{2+}	10～30
Ni^{2+}	3～10
Cr^{3+}	3～10
Zn^{2+}	10～15
Pb^{2+}	1～3
F^-	5～10
CN^-	0.02～2
COD_{Cr}	200～400
SS	100～300

（3）场区生活污水

本项目定员80人，按50人住在场区，在职工食堂就餐人数为80人，则建成后的生活污水量约为 $22m^3/d$，其中职工食堂含油污水量约为 $4m^3/d$。食堂含油污水经隔油隔渣预处理、粪便污水经三级厌氧化粪池处理后（经化粪池处理后，出水水质 COD_{Cr} 150～250mg/L，NH_3-N 25mg/L，PO_4-P 3.5mg/L），进行二级生化处理达到一级排放标准，将和其他经处理后的生产废水进入人工湿地系统。

5. 固体废物

本项目预处理车间会产生沉淀污泥等。预处理车间产生的沉淀污泥将视待处理的废料而定，对重金属类废物采用药剂稳定化处理，对废酸废碱废物采用中和处理，对含氰、含氟、含石棉废物采用水泥、石灰固化处理后再由本项目安全填埋场处置。产生的生活垃圾送某市生活垃圾填埋场处置。

6. 污水处理站排放标准、设计规模及处理工艺

（1）污水处理排放标准的确定

污水处理车间主要是将各处理处置工序及其他设施排放是工艺废水和生活污水进行集中处理，考虑到拟选地区的水是经良田最终排入流溪河，而流溪河为某市主要的饮用水水源地，因此，对污水厂的出水水质严格要求，处理后的废水应达到《污水综合排放标准》（GB 8978—1996）、某省《水污染物排放限值》（DB 44/26—2001）中的一级标准后回用或外排。

（2）污水处理设计规模的确定

根据生产废水的产生量 17028m³/a（47m³/d），生活污水的产生量 22m³/d，考虑到废水水量的波动性、强风暴降水等外界因素和将来生产的发展，确定生产污水处理设计规模为 55m³/d，生活污水的处理规模为 25m³/d。

（3）污水处理工艺流程

由于生产废水和生活污水的水质不同，生产废水采用 DT-RO 工艺，生活污水采用二级生化处理。经分别处理后生产废水和生活污水再进入人工湿地系统进一步去除有机物、氨氮和磷。经该系统处理后的废水应确保达到 GB 8978—1996 和 DB 44/26—2001 的中的一级标准限值，最终进入贮水池外排或回用。

9.5.3　环境概况

1. 拟选场址周围的自然环境概况（略）

2. 拟选场址周围的社会经济概况（略）

3. 拟选场址区域生态概况（略）

9.5.4　环境影响评价

1. 环境影响识别

某市废弃物安全处置中心的建设时间约为 8 年（1～3 期合计），营运期为 20 年，不同时期的工程行为的环境影响要素不同，环境影响要素识别如表9-9 所示。

表9-9　环境影响要素筛选和识别

环境资源		施工前期		施工期					运营期		
		占地	拆迁安置	取弃土	进场道路	填埋场	材料运输	机械作业	安全填埋	危废运输	绿化复垦
社会发展	就业劳务			○	○	○	○	○	●	●	●
	经济			○	○	○	○	○	●	●	●
	旅游										
	农业	■		□	□	□					●
	水利										●
	土地利用	□		□	□	□					●
物质资源	土质								■		
	地面水文			□	□						
	地下水文										
	地面水质			□	□	□			■		●
	地下水质								■		
	水土保持	□		□	□	□					●
生态资源	陆地植被	■	■	■	■						●
	陆栖动物	□	□		□						●
生活质量	声学环境			□	□	□	□	□	■	■	
	空气环境			□	□	□	□	□	■	■	●
	居住										
	美学			□	□	□			■	■	●

注：□/○：不利/有利影响；涂黑/白：长期/短期影响；空白：无相互作用。

（1）施工期环境要素识别

本项目的建设时间约为 8 年（1~3 期合计），在这样长的建设期内，项目建设一般会对拟选场（厂）周围环境质量带来以下几方面的影响。

①施工噪声：各类施工机械（如挖掘机、推土机、平地机、混凝土搅拌机、压路机、装载机、钻井机等），离施工机械 5m 处的声级值在 76~112dB（A）。

②生态环境和景观的影响：建设安全填埋场会在一定程度上存在破坏场区内的植被、占用土地、引起水土流失、弃土的堆放等问题，给场区内的生态环境和景观产生不利的影响。

③施工污水：在施工过程中，施工人员产生的生活污水及开挖地面因降雨而产生的高浓度泥沙地面雨水，会对本项目沿线的环境质量产生一定的影响。

（2）营运期环境影响要素识别

本项目建成后，对场区周围可能带来的环境影响主要有以下几方面。

①水环境影响：主要来源于渗滤液、预处理车间产生的废水以及生活污水，特别是渗滤液，如防渗措施做得不到位，其排放可能会对地表水和地下水水质产生严重不利影响。

②环境空气污染：项目建成后，填埋机械在作业时排出的尾气会对沿线环境空气质量造成一定程度的影响；同时预处理车间产生的一些粉尘如防治措施不当，也可能影响周围的环境空气质量。

③噪声：项目建成运营后，填埋机械在作业时产生的噪声将对周围的声环境质量产生不利影响。

④运输危险废物的车辆：运输危险废物的车辆如发生事故时，则可能导致危险废物进入水体或土壤，对环境产生不利影响，同时运输车辆本身会产生一些噪声和废气，影响沿线的环境质量。

2. 推荐场址的环境功能区划

本项目推荐场址的环境功能区分别为：

①大气环境功能区：2 类功能区；

②水环境功能区：工、农业用水区；

③声环境：1 类区。

3. 评价范围、评价因子和评价标准

（1）评价因子的筛选

根据本项目的性质及排污的特点，筛选一下因子进行评价。环境空气评价因子：NO_2、PM_{10}、F^-、CN^-；地表水评价因子：pH、DO、COD_{Cr}、BOD_5、挥发酚、总汞、总氰化物、Cr^{6+}、Cu、Zn、Cd、As 和石油类；地下水评价因子：pH、总汞、总氰化物、Cr^{6+}、Cu、Zn、Cd、As；声环境现状评价因子：等效声级；生态环境现状评价因子：土壤环境质量、生物多样性、群落多样性、群落类型、结构。

（2）评价范围

① 大气环境：以项目厂址中心，半径为 4km 的区域。

② 水环境：九佛水从沙田村断面至出流溪河的黎家塘断面（全长约 24km），沙田水千家围断面至出流溪河的竹料段（全长约 9km），溪流河黎家塘断面至钟落潭水厂断面（长约 5.5km）、沙田水汇入到溪流河竹料段上下游 2km 的范围，公约 42.5km² 的水域范围。地下水评价范围：以选点为中心，4km² 范围的区域面积。

③声环境：厂边界 1m 范围为评价区域。

④ 陆生生态环境：以场址为中心，3km² 的区域，为本次生态环境评价范围。

（3）评价标准

拟采取的标准有：①《环境空气质量标准》（GB 3095—1996）、填埋场大气污染物排放执行《大气污染物综合排放标准》（GB 16297—1996）和某省地方标准《大气污染物排放限值》（DB 44/27—2001）第二时段中无组织排放监控浓度限值、饮食业油烟执行《饮食业油烟排放标准》（GB 18483—2001）中最高允许排放浓度为 2.0 mg/m³、地表水质量标准、排放标准与地下水质量标准根据《某市水环境功能区区划》和《某市饮用水源保护区、饮用水源保护范围和新饮用水源污染控制区区划》的规定，声环境质量标准及厂界噪声标准、土壤质量标准等。

4. 评价重点

①通过调查分析某市固废产生的数量、种类及特性，分析评价处理危险废弃物工艺可行性，是否达到废物利用、资源回收、清洁生产的要求。

②工程运行后对拟选场址区范围内的地下水、地表水水质影响作为评价重点。

③拟选场址区内工程地质和水文情况，也作为评价重点之一。

④综合分析和判断项目选址合理性，污染预防措施的可行性，为某市固废提供一个在环境保护上可行的场址。

9.5.5　环境影响预测（略）

9.5.6　场址的比选论证和选址的合理性分析

1. 替代场址基本概况及工程条件比较（表9-10）

表9-10　拟选场址基本情况和工程条件比较

条　件	A 场址	B 场址	C 场址
建设地点	良田镇良田村东面山谷	良田镇沙田村北面山谷	太和镇新丰村南面山谷
自然生态环境影响	非水源地，选址下游流溪河最近的水厂位于30km外	非水源地，选址位于流溪河钟落潭水厂吸水点上游（距离超过20km）	非水源地，场址所在区域为金坑水库汇水区
地形条件	地形有利，能尽可能减少工程量，有足够的覆土来源	地形有利，能尽可能减少工程量，有足够的覆土来源	地形较有利，能尽可能减少工程量，有足够的覆土来源
地质水文条件	厂区地表水水量较小，大部分以渗流形式汇集到沟谷山塘中，汇入良田水，再进入溪流河。厂区内无不良地质现象发现	厂区地表水量较小，大部分以河流形式汇集到沟谷山塘中，汇入九佛水，进入流溪。场区内无不良地质现象发现	厂区地表水受金坑水库直流影响，地下水位受金坑水库的影响。场区内无不良地质现象发现，但场外有断裂带通过
水电设施条件	场区内未有水电供应设备。但选址区西面150m外上空有一高压高架输电线穿过	区内未有水电供应设备，距竹料变电站约30km	由于兴丰生活垃圾埋场的建成，可共用水电供应设备及以后的输变电设备

续表

条　件	A 场址	B 场址	C 场址
生产、生活条件	生产条件需全部自建，生活配套设施缺乏	生产条件需全部自建，生活配套设施缺乏	生产条件可与兴丰生活垃圾填埋场互补，生活配套设施缺乏
废物运距合理，交通方便程度	场外交通方便，废弃物经新广从公路进入，运输最近，需新建进场公路约1000m	场外交通方便，废弃物经新广从公路进入，运输较近，需新建进场公路约800m	场外交通方便，市区以东产生的废弃物经东线运输，以西产生的废弃物经西线运输，运输较近，需新建进场公路约400m
水文和工程地质条件是否适宜	较适宜	较适宜	一般
100m 泛洪区外，对河流和水库不造成污染	不受洪水影响，影响水库水体水质	不受洪水影响，影响水库水体水质	泛洪区内，影响金坑水库水体水质
避开居民区和风景区	1km 外有居民点，距离帽峰山森林公园8km	800m 外有居民点，紧挨帽峰山森林公园北边界	1km 外有居民点，西面紧邻帽峰山森林公园东边界，南邻金坑森林公园
处在居民点的下风向，尤其是夏季	是	是	否

2. 替代场址周围环境质量状况比较（表9-11）

表9-11　3个拟选场址环境质量现状比较

项目	A 场址	B 场址	C 场址
环境空气质量现状	达到环境空气2级标准的要求		
声环境质量现状	达到声环境1类标准的要求		
地表水环境质量现状	直接受纳水体——良田水在上游处受到有机污染和 Zn 污染严重；流溪河石油类污染严重，下游有机污染也较严重	直接受纳水体——九佛水上游水质可达到1级标准；流溪河石油类污染严重，下游有机污染也较严重	金坑水库、金坑河、西福河受到了一定程度的粪大肠杆菌污染，水体水质基本达到4类水标准
地下水环境质量现状	达到地下水质量3类标准，地下水水质较好	达到地下水质量3类标准，地下水水质较好	地下水中的氨氮、细菌总数和粪大肠杆菌群超标，水质一般
土壤环境质量现状	达到环境质量2类标准		

3. 替代方案在运营期的环境影响比较（表9-12）

表9-12　3个拟选场址运营期环境影响比较

场址项目	A 场址	B 场址	C 场址
大气环境影响	对周围环境的空气质量基本没有影响		
水环境影响	地表水对良田水，流溪河水质影响很小，对地下水无影响	地表水对九佛水、流溪河水质的影响很小，对地下水无影响	地表水对金坑水库、金坑河、西福河无明显影响，对地下水无影响
声环境影响	运输汽车噪声对道路沿线居民会有影响，但影响很小	除进场汽车噪声对道路沿线居民会有影响外，进场时可能会影响到沙田村少数居民，但影响程度较小	运输汽车噪声对道路沿线居民会有影响，但影响很小

续表

场址项目	A 场址	B 场址	C 场址
自然生态	基本无影响	破坏帽峰山森林公园北部的生态景观	破坏帽峰山森林公园西部景观；破坏金坑森林公园北部景观
风险影响	可能存在垃圾渗滤液渗漏的风险，需要在建设时做好防渗措施		

4. 选址的可行性、合理性分析比较

根据《某省固体废物污染防治规划》的要求，3 个场址在自然环境条件、交通条件、环境质量现状、地表水影响等方面十分类似，没有显著的差别，但在敏感点与项目所处的位置、水温地质条件、与周围环境（特别是森林公园）的协调方面、施工期和运营期等方面的综合影响程度方面，A 场址优于 B 场址和 C 场址，因此，推荐 A 场址为最终的拟选场址。如表 9-13 所示。

表 9-13　废弃物安全处置中心场址比较分析

项　目	场址分析比较	场址比选结论
A 场址	地表径流少，无地表水系通过本场址，不受洪水的影响；地下水水位较高；场内及周围未发现不良地质现象 周围的居民点在 1km 外，不处于主导风向的下风向；施工期间和运行期间的噪声不影响居民； 和周围的环境协调性较好	符合填埋场建设运行条件，对当地生态环境、社会环境影响很小，可作为推荐场址
B 场址	地表径流少，无地表水系通过本场址，不受洪水的影响；地下水水位较高；场内及周围未发现不良地质现象； 选址位于流溪河钟落潭水厂吸水点上游，运行期间对钟落潭水厂吸水点水质可能会有影响； 周围居民点在 800～1000m，冬季处于主导风向的下风向；施工期间和运行期间的噪声不影响居民； 项目会破坏面积的保存较好的马尾松——芒萁群落，对区域的生态环境影响较大； 项目选址距离帽峰山国家森林公园北边界较近，影响该森林公园的生态景观	项目对钟落潭水厂吸水点有一定程度影响，且对当地生态环境和帽峰山森林公园景观影响较大，施工期和营运期对部分居民声环境产生影响，故不作为推荐
C 场址	项目选址所在区域为金坑水库上游，位于泛洪区内；受水库的影响，地下水位较高，增加了施工的难度；场区周围发现不良地质现象； 运行期间对金坑水库水质可能会有影响； 周围的居民点在 1km 外，但处于主导风向的下风向；施工期间和运行期间的噪声会影响居民； 靠近金坑生活垃圾填埋场，生活垃圾的渗滤液含有大量的有机酸，若渗入危险废物填埋场，会与重金属形成络合物，增加其溶小和滤出的可能性； 项目选址距离帽峰山国家森林公园边界、金坑森林公园的北边界较近，影响两个森林公园的生态景观； 项目会破坏面积的保存较好的马尾松——芒萁群落、马占相思阔叶林群落，对区域的生态环境影响较大	项目位于金坑水库上游。处于泛洪区内，地下水位高，增加了施工的难度；临近生活垃圾填埋场，可能会受到生活垃圾填埋场渗滤液的影响；对金坑水库水质有一定影响，且对当地生态环境和帽峰山森林公园、金坑森林公园景观影响较大，故不作为推荐

9.5.7　结论

某市废弃物安全处置中心的建设本身就是一项环保工程，有助于将某市的危险废物量进行有效削减和处置，对某市的城市环境有明显改善作用。拟选在某市白云区良田镇

良田村东部的山谷中建设，从自然环境、周边社会环境、社会效益、环境效益等方面而言，该项目是可行的和相当重要的。该项目的建设符合《某市环境保护"十五"规划》，并与当地的城市发展规划相协调，当地政府认为有积极意义的要求。本项目的环境影响主要是渗滤液对地表水和地下水的影响，但影响较小，通过废弃物安全处置中心员工严格培训和管理，以及对渗滤液采取严格的防渗工程措施和治理措施，其影响是可以减缓的，可以消除或减弱对地表水、地下水的影响。在采取这些缓解影响的措施后，拟建的场址和本项目均是可行的。

第10章　噪声环境影响评价

10.1　噪　声　概　述

10.1.1　噪声的定义及分类

声音是由于物体振动而产生的，它由于各种介质的传播而为人耳所接受。声音的感知必须由三部分构成：一是振动（声源），二是传播体（空气、水……），三是接受者。

噪声是声音的一种。噪声是发声体做无规则运动时发出的声音，通常所说的噪声污染是指人为造成的。它不仅包括杂乱无章不协调的声音，而且也包括影响到别人工作、休息、睡眠、谈话和思考的音乐等声音。因此，对噪声判断不仅仅是根据物理学上的定义，而且往往与人们所处的环境和主观反映有关。我们把噪声定义为人们不需要的频率在 20～20000Hz 范围内的可听声。

环境噪声是感觉公害，噪声对环境的污染与工业"三废"一样，是危害人类环境的公害。环境噪声影响评价有其显著的特点，是取决于受害人的生理和心理因素。因此，环境噪声标准也要根据不同时间、不同地区和人处于不同行为状态来决定。

环境噪声是局限性和分散性的公害，即环境噪声影响范围上的局限性和环境噪声源分布上的分散性，噪声源往往不是单一的。此外，噪声是暂时性的，噪声源停止发声，噪声过程即时消失。

噪声依其来源的不同分为工业噪声、施工噪声、交通噪声、生活噪声和其他噪声五种。

10.1.2　噪声的物理量

1. 声功率、声强、声压

（1）声功率

声源在单位时间内放出的总能量，以瓦（W）计。

（2）声强

声音传播出来后在介质中传输，凡有声音传输的介质，叫声场。在声场中垂直于声波传播方向上，单位时间内通过单位面积的能量叫声强，常用 I 来表示，单位是 W/m^2，点声源和声强的关系与距离有关。

$$I = W/4\pi r^2 （自由声场）\tag{10-1}$$

式中　I——声强（W/m^2）；

　　　W——声功率（W）；

　　　r——距离（m）。

如点声源在一刚性的平面上，声波只向半球面传播，则上式为：

$$I = W/2\pi r^2 （半自由声场）\tag{10-2}$$

（3）声压

由于声在传播中的功率难以测量，所以声强的测量出现困难，但声音的传播引起空气压强的变化，即受力的变化是可以测量的，于是常用声压来测量声音的强弱。

某一瞬间介质中的压强相对于无声时压强的改变量称为瞬时声压，记作 $P(t)$，单位是帕（Pa），$1Pa = 1N/m^2$。声音是一个波动过程，所以声压有高有低，有正有负，但我们听到的只是一个平均值。

瞬时声压的均方根值称为有效声压，记做 P_e，通常所说的声压即为有效声压。

$$P_e = \sqrt{\int_0^T P(t)^2 dt \frac{1}{T}}\tag{10-3}$$

式中　P_e——T 时间内的有效声压；

　$P(t)$——某一时刻的瞬间声压。

声压与声强和介质之间的关系如下式

$$I = \frac{P_r^2}{\rho_0 C_0}\tag{10-4}$$

式中　P_r——介质密度（kg/m^3）；

　C_0——声音传播速度（m/s）；

　$\rho_0 C_0 = 415N \cdot s/m^2$。

正常人耳刚能听到的声音，其声压称为听阈声压，对 1000Hz 的声音来说其声压约为 $2 \times 10^{-5}Pa$。能使人耳产生疼痛的声音，其声音称为痛阈声压，约为 20Pa，相差 10^6，6 个数量级，声强相差 10^{12}，所以用声压或声强的绝对值来计算很不方便，加之人耳对声音大小的感觉呈对数关系，所以我们常用声压、声强的对数值来表示声压和声强等，这就引入了声压级、声强级和声功率级等。

2. 声压级、声强级、声功率级

（1）声压级

单位为分贝，用 dB 表示。

$$L_P = 20\lg \frac{P}{P_0}\tag{10-5}$$

式中　L_P——声压级（dB）；

　P——声压（Pa）；

　P_0——基准声压（$2 \times 10^{-5}Pa$）。

（2）声强级

$$L_I = 10\lg \frac{I}{I_0}\tag{10-6}$$

式中　L_I——声强级（dB）；

　I——声强（W/m^2）；

　I_0——基准声强（$10^{-12} W/m^2$）。

（3）声功率级

$$L_w = 10\lg \frac{W}{W_0}\tag{10-7}$$

式中　L_w——声功率级（dB）；

　　　W——声功率（W）；

　　　W_0——基准声功率（10^{-12}W）。

3. 分贝值的计算

（1）声压级、声强级和声功率级的相加采用下式

$$L_{Pt} = \lg \left[\sum_{i=1}^{n} (10^{0.1L_{Pi}}) \right] \qquad (10\text{-}8)$$

（2）声压级、声强级和声功率级的相乘采用下式

$$L_{Pt} = 10\lg \left(n10 \frac{L_P}{10} \right) \qquad (10\text{-}9)$$

（3）查表计算

例如，$L_1 = 100$dB，$L_2 = 98$dB，求两者之和。

先算出两个声音的分贝差，$L_1 - L_2 = 2$dB，再查表找出 2dB 对应的增值 $\Delta L = 2.1$dB，然后在分贝数大的 L_1 上加上 ΔL，得到的即为所求的值 102.1dB。如表 10-1 所示。

表 10-1　分贝和的增值表

$L_{P1} - L_{P2}$	0	1	2	3	4	5	6	7	8	9	10	11
ΔL	3	2.5	2.1	1.6	1.5	1.2	1.0	0.8	0.6	0.5	0.4	0.3

由于一般噪声出现的频率较宽，如人耳能听到的声音从 20～2000Hz，为方便起见我们以下一频率为上一频率的 1 倍而分成若干 1 倍频程频率带，如表 10-2 所示。

表 10-2　1 倍频程频率范围

中心频率（Hz）	31.5	63	125	250	500	1000	2000	4000	8000	1600
下限（Hz）	22.5	45	90	180	355	710	1400	2800	5600	11200
上限（Hz）	45	90	180	355	710	1400	2800	5600	11200	22400

10.2　噪声评价工作程序与等级划分

10.2.1　噪声环境影响评价工作程序

1. 噪声环境影响评价程序

如图 10-1 所示为噪声环境影响评价程序。

2. 准备工作内容

从图 10-1 中可以看山，环境噪声影响评价工作包括许多环节，以方框及其内文字所示，各环节之间的联系以箭头所示。这些工作的完成，尚需要很多前提性准备工作。其主要内容包括以下几方面：

图 10-1　噪声环境影响评价工作程序

（1）项目概况与环境概况分析

1）项目概况分析

对于扩建、拟建厂矿企业类项目，应包括工程概况、主要声源的分析。其中应着重分析主要噪声源及其特性；厂区布局、车间建筑及外场构筑物的特征；年、月、日的运输量以及采用的交通工具类型、噪声特性、行驶过的道路和区域状况。对于交通运输项目，则需了解运输量，使用的运输工具的种类、噪声特性及流量变化规律等。

2）环境概况分析

对于扩建、拟建工程项目，环境概况主要包括区内声学环境及其特点、噪声敏感点的分析。具体工作内容包括以下内容。

①确定评价工作范围。根据预测和评价之目的、要求，向拟建地区有关部门索取工程所在地区的地图，画出评价区域范围。还可以根据与该工程项目类型、规模相类似的工程进行类比分析，通过估算求得。

②搜集历年来该区域噪声监测资料及居民对本区域噪声的反映、该区域内的主要噪声源及其特征。

③拟建工程附近的地形特征、地面建筑物状况。

④拟建工程附近的气候特征、主导风向、温度、湿度、逆温层出现等情况。

⑤噪声敏感点。

⑥拟建工程附近地区未来的区域经济发展方向及功能分区。

（2）背景噪声调查

1）调查目的

①通过实际测量，获得拟建工程附近地区的背景噪声，用来说明工程建设前，本区域居民所受到的噪声影响。

②为拟建工程建成后对本区域的噪声影响提供叠加值。

③了解本区域主要噪声源的噪声特性、影响范围和程度。

2）调查内容

包括区域噪声普查、主要声源测量、噪声敏感点的噪声测量、该区域内人口密度和分布情况等。

3）调查结果

区域噪声调查完成后，如有需要，可将测试结果以等值线图或方块图表示。调查结果应表示出以下内容。

①该区域的建筑布局、道路情况，主要噪声源及其影响范围，噪声敏感建筑物的位置。

②该区域附近道路上车辆交通频繁程度和交通车辆种类，出入该区域的车辆流量或区域内交通要道上的车辆流量等。

③该区域内在不同噪声级影响下的居民人数。如能做出评价，应表示出该区域分区的噪声影响指数。

④各点应加在拟建工程环境噪声影响评价上的背景值。

10.2.2 评价等级划分

1. 评价等级划分依据

①按投资额划分拟建项目规模（大、中、小型建设项目）。

②噪声源种类及数量。

③项目建设前后噪声级的变化程度。

④受拟建项目噪声影响范围的环境保护目标、环境噪声目标和人口分布。

2. 评价等级划分

（1）一级评价

属于大、中型建设项目，位于规划区的技术工程，以及对噪声有限制的保护区等噪声敏感目标；项目建设前后噪声级有显著增高 [噪声级增高达 50~100dB（A）或以上] 或受影响的人口显著增多的情况，应按一级评价的要求进行评价。

（2）二级评价

凡评价区或边界外附近有 1 类或 2 类区域等较敏感目标，或项目建设前后噪声级有较明显增高 [噪声级增高量达 3~5dB（A）]，或受噪声影响人口增加较多的情况，应按二级评价进行工作。

（3）三级评价

大、中型建设项目建设前后噪声级增高量在 3dB（A）以内，且受影响人口变化不大的情况，应按三级评价工作进行。

3. 不同评价等级的基本工作要求

（1）一级评价要求

现状调查全部实测噪声源强逐点测试和统计，定型设备可利用制造厂测试密度，按车间或工段绘制总体噪声图，评价项目齐全、图表完整、预测计算详细、预测范围覆盖全部敏感目标，并绘制等声级曲线图；编制噪声防治对策方案，内容具体实用，能反馈指导环保工程设计。

（2）二级评价要求

现状调查以实测为主，利用资料为辅；噪声源强可利用现有资料进行类比计算；评价项目较齐全、预测计算较详细；绘制总体等声级曲线图；提出防治对策建议，能反馈指导环保工程设计。

（3）三级评价要求

现状调查以利用资料为主；噪声源强统计以资料为主分析，提出防治对策建议，能付诸实施。

4. 噪声环境影响的评价范围

噪声环境影响的评价范围一般根据评价工作等级确定。

对于建设项目包含多个呈现点声源性质的情况（如工厂、港口、施工工地、铁路的站场等），该项目边界往外200m内评价范围一般能满足一级评价的要求；相应的二级和三级评价的范围可根据实际情况适当缩小。若建设项目周围较为空旷而较远处有敏感区，则评价范围应适当放宽到敏感区附近。

对于建设项目是机场的情况，主要飞行航迹下距离跑道两端各15km，侧向2km内的评价范围一般能满足一级评价的要求；相应的二级和三级评价范围可根据实际情况适当缩小。

10.3　噪声现状调查与预测

10.3.1　环境噪声现状调查

1. 环境噪声现状调查目的

①使评价工作者掌握评价范围内的噪声现状。

②向决策管理部门提供评价范围内的噪声现状，以便与项目建设后的噪声影响程度进行比较。

③调查出噪声敏感目标和保护目标、人口分布。

④为噪声预测和评价提供资料。

2. 环境噪声现状调查内容

①评价范围内现有噪声源种类、数量及相应的噪声级。

②评价范围内现有噪声敏感目标、噪声功能区划分情况。

③评价范围内各噪声功能区的环境噪声现状、各功能区环境噪声超标情况、边界噪声超标以及受噪声影响人口分布。

3. 环境噪声现状调查方法

环境噪声现状调查主要采用收集资料法、现场调查和测量法。在评价过程中，应根据噪声评价工作等级相应的要求确定是采用收集资料法还是现场调查和测量法，或是两种方法相结合。

10.3.2 噪声预测

1. 预测的基础资料

建设项目噪声预测应掌握的基础资料包括建设项目的声源资料和建筑布局、外声波传播条件、气象参数及有关资料等。

（1）建设项目的声源资料

建设项目的声源资料是指声源种类（包括设备型号）与数量、各声源的噪声级与发声持续时间、声源的空间位置、声源的作用时间段。

声源种类与数量、各声源的发声持续时间及空间位置由设计单位提供或从工程设计书中获得。

（2）影响声波传播的各种参量

影响声波传播的各种参量包括当地常年平均气温和平均湿度；预测范围内声波传播的遮挡物（如建筑物、围墙等，若声源位于室内还包括门或窗）的位置（坐标）及长、宽、高数据；树林、灌木等分布情况、地面覆盖情况（如草地等）；风向、风速等。这些参量一般通过现场或同类类比现场调查获得。

2. 预测范围与预测点布置原则

（1）预测范围

噪声预测范围一般与所确定的噪声评价等级所规定的范围相同，也可稍大于评价范围。

（2）预测点布置原则

①所有的环境噪声现状测量点都应作为预测点。

②为了便于绘制等声级线图，可以用网格法确定预测点，网格的大小应根据具体情况确定。

③对于建设项目包含呈线状声源特征的情况，平行于线状声源走向的网格间距可大些（如 100 ~ 300m），垂直于线状声源走向的网格间距应小些（如 20 ~ 60m）；对于建设项目包含呈点声源特征的情况，网格的大小一般在 20m × 20m ~ 100m × 100m 范围。

④评价范围内需要特别考虑的预测。

3. 拟建、扩建项目的环境噪声预测

拟建、扩建项目类型的噪声预测，基本上可以分为两种情况：一是在拟建、扩建企业建设项目进行可行性研究阶段所进行的噪声预测。在此阶段，由于设计部门还无法提出企业建设的具体位置、所选用的设备及其安装情况，所能提出的只是大致的企业建设范围、生产能力等。因此，噪声预测只能是估算结果，噪声评价也只能给出大致的噪声污染范围。二是对拟建扩建工厂总体设计已经完成的情况下进行的噪声预测。在此阶段，拟建、扩建项目的主要噪声源（设备）的型号、类型、安装情况和主要建筑物（厂房、办公楼等）及其建筑位置都已确定下来。这样，所进行的噪声预测及其结果就比较精确。

4. 道路交通噪声预测

在做道路交通噪声预测前，首先应预测新建道路上的交通流量，通过车的种类及其噪声

状况，最后才能做出道路交通噪声的预测。

新建道路的交通流量预测有多种方法，作为噪声预测可按道路设计通行能力和全天交通总量进行预测。

在知道全天交通量后，需确定各不同时段的交通量。各时段的交通量可根据现有街道的调查结果获得。有关研究认为，日交通量因时间、季节、气候、天气状况而变动。除因气候、天气状况变动外，一般在星期一至星期六的日交通量变化图的倾向是基本一致的，星期日的流量则明显减少。如以一日为周期观察交通量的变化，虽然由于地点特征的不同，日变化特征也有所不同，但在一定程度上还是有规律可循的。

交通噪声除和交通量有关外，还与车速有关。车辆噪声随速度的增加而增加。

摩托车噪声随车速的变化可以下式表示

$$L_{\mathrm{p}}(\mathrm{A}) = 77.5 + 20\lg\left(\frac{v}{88}\right)\mathrm{dB}(\mathrm{A}) \tag{10-10}$$

国内在噪声预测方面已做过很多工作。同济大学和清华大学根据车头时距的负指数模型预报单车道双车种或多车道多车种车流路边的统计噪声级。其基本步骤为：

①确定等效车道距测点的距离（DE）

$$DE = \sqrt{DF \cdot DN} \tag{10-11}$$

式中　DN、DF——分别为测点离最近与最远一个车道的距离。

②确定不同车种的声功率，一般国内车辆分为如下四种（表10-3）。

表10-3　车等级的划分和路边测得的各等车典型平均声压级（$DE=10\mathrm{m}$）

车的等级	车　种	平均声压级 dB（A）
一　等	重型卡机、拖拉机	80～82
二　等	卡车、摩托车	76～78
三　等	无轨电车、公共汽车	72～74
四　等	小汽车、面包车、吉普车	66－68

③根据下式求出等效车流密度 λ_{eq}

$$\lambda_{\mathrm{eq}} = \frac{1}{1000v} \frac{\sum_{j=1}^{4} P_j Q \, 10^{(L_{\mathrm{W}j}/10)^2}}{\sum_{j=1}^{4} P_j Q \, 10^{2L_{\mathrm{W}j}/10}} \tag{10-12}$$

式中　P_j——各等车的比率；

　　　Q——总流量；

　　　$L_{\mathrm{W}j}$——j 种车的声功率；

　　　v——车速（km/h）。

④根据下列公式计算 L_0 的概率密度函数 $P(L_0)$。

$$P(L_0) = \frac{\lambda_{\mathrm{eq}} L_n^{10}}{20\pi(1-\alpha)/2} 10^{-\frac{L_0}{20}} \times \exp\left[\pi(2\lambda_{\mathrm{eq}}DE - 4DF^2) 10^{L_0/10} - \frac{\lambda_{\mathrm{eq}}^2}{4} 10^{-L_0/10}\right] \tag{10-13}$$

$$\alpha = (\lambda_{\mathrm{eq}}DE\pi)^2 / [1 + (\lambda_{\mathrm{eq}}DE\pi)^2]$$

式中　L_0——声源声功率为零分贝时测点处的声压级。

⑤由式 $\int_{L_{x(0)}}^{\infty} P(L_0)\alpha L_0 = x\%$ 求出 $L_{x(0)}$

$L_{x(0)}$ 代表当声源声功率级为零分贝时求出的统计声级 $L_{X(0)}$。

⑥由式 $L_{\text{Weq}} = 10\lg\left[\dfrac{\displaystyle\sum_{j=1}^{4} P_j Q^{2L_{\text{W}j}/10}}{\displaystyle\sum_{j=1}^{4} P_j Q\, 10^{L_{\text{W}j}/10}}\right]$ 求出 L_{Weq}。

⑦最后由式 $L_x = L_{\text{Weq}} + L_{x(0)}$ 得到统计声级值 L_x。为便于实用计算起见，还利用上述方式制定了 L_{10} 的预报表。知道车辆类型、行驶速度以及车流量，就可以推知路边等效距离为 10m 的交通噪声级。

5. 噪声传播声级衰减计算

在环境影响评价中，经常是根据靠近声源的某一位置处的已知声级来计算距声源远处敏感点的声级，并和本底值结合后，看其是否超过有关部门规定的功能区划分所应保证的标准限值。

在环境评价中，通常把声源分为两类。当声波波长比声源尺寸大得多或是预测点离开声源的距离比声源本身尺寸大得多时，声源可当作点声源处理，等效点声源位置在声源本身的中心，各种机械设备、单辆汽车、单架飞机等均可简化为点声源。

当许多点声源连续分布在一条直线上时，可认为该声源是线状声源，公路上的汽车流、铁路列车均可作为线状声源处理。

（1）几何发散衰减

几何发散衰减即距离衰减。

1）点声源的几何发散衰减。

①无指向性点声源几何发散衰减的基本公式是：

如果已知 r_0 处的 A 声级，则

$$L_{\text{A}}(r) = L_{\text{A}}(r_0) - 20\lg\frac{r}{r_0} \tag{10-14}$$

如果已知点声源的 A 声功率级 L_{WA}，且声源处于自由空间，则

$$L_{\text{A}}(r) = L_{\text{WA}} - 20\lg r - 11 \tag{10-15}$$

如果声源处于半自由空间，则

$$L_{\text{A}}(r) = L_{\text{WA}} - 20\lg r - 8 \tag{10-16}$$

②具有指向性声源几何发散衰减的计算式

$$L(r) = L(r_0) - 20\lg\frac{r}{r_0} \tag{10-17}$$

$$L_{\text{A}}(r) = L_{\text{A}}(r_0) - 20\lg\frac{r}{r_0} \tag{10-18}$$

上两式中，$L(r)$、$L(r_0)$、$L_{\text{A}}(r)$、$L_{\text{A}}(r_0)$ 必须是在同一方向上的声级。

③反射体引起的修正

如图 10-2 所示，当点声源与预测点处在反射体同侧附近时，到达预测点的声级是直达声与反射声叠加的结果，从而使预测点声级增高（增高量用 ΔL_r 表示）。

当满足下列条件时需考虑反射体引起的声级增高：反射体表面是平整、光滑、坚硬的；反射体尺寸远远大

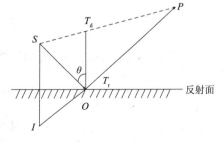

图 10-2　反射体的影响

于所有声波的波长；入射角 $\theta < 85°$。

在图 10-2 中，被 O 点反射到达 P 点的声波相当于从虚声源 I 辐射的声波，记 $SP = T_d$，$IP = T_r$。在实际情况下，声源辐射的声波是宽频带的且满足条件 $T_r - T_d \gg \lambda$，反射引起的声级增高量 ΔL_r 与 T_r/T_d 有关：当 $T_r/T_d \approx 1$ 时，$\Delta L_r = 3 dB$（A）；当 $T_r/T_d \approx 1.4$ 时，$\Delta L_r = 2 dB$（A）；当 $T_r/T_d \approx 2$ 时，$\Delta L_r = 1 dB$（A）；当 $T_r/T_d > 2.5$ 时，$\Delta L_r = 0 dB$（A）。

2）线状声源的几何发散衰减

①无限长线声源几何发散衰减的基本公式

$$L(r) = L(r_0) - 10 \lg \frac{r}{r_0} \tag{10-19}$$

如果已知 r_0 处的 A 声级，则上式等效于

$$L_A(r) = L_A(r_0) - 10 \lg \frac{r}{r_0} \tag{10-20}$$

式中　r、r_0——垂直于线状声源的距离。

$A_{div} = 10 \lg \dfrac{r}{r_0}$ 表示无限长线声源的几何发散衰减。

②有限长线声源。

图 10-3　有限长线源

如图 10-3 所示，设线状声源长为 L_0，单位长度线声源辐射的声功率为 L_W。在线声源垂直平分线上距声源 r 处的声级为

$$L_P(r) = L_W + 10 \lg \left[\frac{1}{r} \arctan \left(\frac{L_0}{2r} \right) \right] - 8 \tag{10-21}$$

或

$$L_P(r) = L_P(r_0) + 10 \lg \frac{\frac{1}{r} \arctan \left(\frac{L_0}{2r} \right)}{\frac{1}{r_0} \arctan \left(\frac{L_0}{2r_0} \right)} \tag{10-22}$$

当 $r > L_0$ 且 $r_0 > L_0$ 时，上式可简化为

$$L_P(r) = L_P(r_0) - 20 \lg \frac{r}{r_0} \tag{10-23}$$

即在有限长线声源的远场，有限长线声源可当作点声源处理。

当 $r < \dfrac{L_0}{3}$ 且 $r_0 < \dfrac{L_0}{3}$ 时，上式可简化为

$$L_P(r) = L_P(r_0) - 10 \lg \frac{r}{r_0} \tag{10-24}$$

即在近场区，有限长线声源可当作无限长线声源处理。

当 $\dfrac{L_0}{3} < r < L_0$，且 $\dfrac{L_0}{3} < r_0 < L_0$ 时，可作近似计算

$$L_P(r) = L_P(r_0) - 15\lg\frac{r}{r_0} \tag{10-25}$$

（2）遮挡物引起的衰减

位于声源和预测点之间的实体障碍物，如围墙、建筑物、土坡或地堑等都起到声屏障作用。声屏障的存在使声波不能直达某些预测点，从而引起声能量的较大衰减。在环境影响评价中，一般可将各种形式的屏障简化为具有一定高度的薄屏障。

如图 10-4 所示，S、O、P 三点在同一平面内且垂直于地面。定义 $\delta = SO + OP - SP$ 为声程差，$N = 2\delta/\lambda$ 为菲涅尔数，其中 λ 为声波波长。

声屏障插入损失的计算方法很多，大多是半理论半经验的，有一定的局限性。因此在噪声预测中，需要根据实际情况简化处理。

1）有限长薄屏障在点声源声场中引起的声衰减计算

如图 10-5 所示，可按以下方法计算：

①首先计算三个传播途径的声程差 δ_1、δ_2、δ_3 和相应的菲涅尔数 N_1、N_2、N_3。

②声屏障引起的衰减量按下式计算

图 10-4　声屏障示意图

$$A_{\text{octbar}} = -10\lg\left[\frac{1}{3 + 20N_1} + \frac{1}{3 + 20N_2} + \frac{1}{3 + 20N_3}\right] \tag{10-26}$$

当屏障很长（作无限处理）时，则

$$A_{\text{octbar}} = -10\lg\left[\frac{1}{3 + 20N_1}\right]$$

图 10-5　有限长薄屏、点源

2）无限长薄屏障在无限长线声源调声场中引起的衰减计算

可按以下方法计算：

①首先计算菲涅尔数 N。

②按图 10-6 所示的曲线，由 N 值查出相应的衰减量。

图 10-6　无限长屏障、无限长线声源的声衰减

注：对铁路列车、公路上汽车流，在近场条件下，可作无限长声源处理；当预测点与声屏障的距离远小于屏障长度时，屏障可当无限长处理；当计算出的衰减量超过25dB，实际所用的衰减量应取其上限衰减量25dB。

（3）绿化林带的影响

绿化林带并不是有效的声屏障，密集的林带对宽带噪声典型的附加衰减量是每10m衰减1~2dB（A），取值的大小与树种、林带结构和密度等因素有关。密集的绿化林带对噪声的最大附加衰减量一般不超过10dB（A）。

（4）噪声从室内向室外传播的声级差计算

如图10-7所示，声源位于室内，设靠近开口处（或窗户）室内、室外的声级分为 L_{P1}、L_{P2}。若声源所在室内声场近似扩散声场，则

$$NR = L_{P1} - L_{P2} = TL + 6 \tag{10-27}$$

式中　TL——隔墙（或窗户）的传输损失。

图10-7中，L_{P1} 可以是测量值或计算值，若为计算值时，有如下计算式

$$L_{P1} = L + 10\lg\left(\frac{Q}{4\pi r_1^2} + \frac{4}{R}\right)$$

图 10-7　噪声从室外向室内传播

（5）空气吸收引起的衰减量按下式计算

$$A_{octban} = \frac{a(r - r_0)}{100} \tag{10-28}$$

式中　r——预测点距声源的距离（m）；

　　　r_0——参考位置距离（m）；

　　　a——每100m空气吸收系数（dB），a 为温度、湿度和声波频率的函数。预测计算中一般根据当地常年平均气温和湿度选择相应的空气吸收系数。

（6）附加衰减

附加衰减包括声波传播过程中，由于云、雾、温度梯度、风引起的声能量衰减以及地面效应（指声波在地面附近传播时由于地面的反射和吸收，以及接近地面的气象条件引起的声衰减效应）引起的声能量衰减。

在噪声环境影响评价中，不考虑风、温度梯度以及雾引起的附加衰减。

如果满足下列条件，需考虑地面效应引起的附加衰减：预测点距声源50m以上；声源（或声源的主要发声部位）距地面高度和预测点距地面高度的平均值小于3m；声源与预测点之间的地面被草地、灌木等覆盖（软地面）。若不满足上述条件则不考虑地面效应。

10.4　噪声环境影响评价及其对策

10.4.1　噪声环境影响评价

1. 噪声环境影响评价基本内容

①项目建设前环境噪声现状。

②根据噪声预测结果和环境噪声评价标准，评述建设项目施工、运行阶段噪声的影响程度、影响范围和超标状况（以敏感区域或敏感点为主）。

③分析受噪声影响的人口分布（包括受超标和不超标噪声影响的人口分布）。

④分析建设项目的噪声源和引起超标的主要噪声源或主要原因。

⑤分析建设项目的选址、设备布置和设备选型的合理性；分析建设项目设计中已有的噪声防治对策的适用性和防治效果。

⑥为了使建设项目的噪声达标，评价必须提出需要增加的、适用于评价工程的噪声防治对策，并分析其经济、技术的可行性。

⑦提出针对该建设项目的有关噪声污染管理、噪声监测和城市规划方面的建议。

2. 受噪声影响的人口预估

①城市规划部门提供的某区域规划人口数。

②若无规划人口数，可以用现有人口数和当地人口增长率计算预测年限的人口数。

3. 环境噪声评价量

（1）A声级

环境噪声的度量，不仅与噪声的物理量有关，还与人对声音的主观听觉有关。

人耳对声音的感觉不仅和声压级大小有关，而且也和频率的高低有关。声压级相同而频率不同的声音，听起来不一样响，高频声音比低频声音响，这是人耳的听觉特性所决定的。因此，根据听觉特性，在声学测量仪器中，设置有"A计权网络"，使接收到的噪声在低频有较大的衰减，而高频不衰减甚至稍有放大。这样，A网络测得的噪声值较接近人的听觉，其测得值单位称为A声级（LA），记作分贝（A）或dB（A）。A声级能较好地反映出人们对噪声吵闹的主观感，它几乎成为一切噪声评价的基本值。

（2）等效连续A声级

在声场内的一定点位上，将某一段时间内连续暴露的不同A声级变化，用能量平均的方法以 A 声级表示该段时间内的噪声大小，这个声级称为等效连续 A 声级，简称等效声级，单位为 dB（A）。在评定非稳态噪声能量的大小时，等效连续 A 声级尤为必要。

等效连续声级的数学表达式

$$L_{eq} = 10\lg\left(\frac{1}{T}\int_0^T 10^{0.1L_A(t)}\mathrm{d}t\right) \tag{10-29}$$

式中　L_{eq}——在 T 段时间内的等效连续 A 声级；

　　$L_A（t）$——t 时刻的瞬时 A 声级［dB（A）］；

　　　　T——连续取样的总时间（min）。

由上式可以看出，某一段时间的稳态不变噪声，其 A 声级就是等效连续 A 声级。

关于噪声的测量方法则应根据噪声的实际情况而定。如果一日之内的声级变化较大，而每天却有相同的规律，则应选择具有代表性的一天测量其等效连续声级即可。若噪声级不但在日内变化，而且日间变化也较大，但按周期却表现有明显的规律，此时可选择具有代表性的一周测量其等效连续声级。

由于噪声测量实际上是采取等间隔取样的，所以等效连续 A 声级又可按下列公式计算

$$L_{eq} = 10\lg\left(\frac{1}{N}\sum_{i=1}^N 10^{0.1L_i}\right) \tag{10-30}$$

式中　L_i——第 i 次读取的 A 声级［dB（A）］；

　　N——取样总数。

（3）昼夜等效声级

昼夜等效声级是考虑了噪声在夜间对人影响更为严重，将夜间噪声另增 10dB 加权处理后，用能量平均的方法得出 24h A 声级的平均值 L_{dn}，单位为 dB（A）。计算公式为

$$L_{dn} = 10\lg\frac{1}{24}\left[T_d\,10^{0.1L_d} + T_n\,10^{0.1（L_n+10）}\right] \tag{10-31}$$

式中　L_d——昼间 T_d 个小时的等效声级［dB（A）］；

　　L_n——夜间 T_n 个小时的等效声级［dB（A）］。

（4）统计噪声级

统计噪声级是指某点噪声级有较大波动时，用于描述该点噪声随时间变化状况的统计物理量，一般用 L_{10}，L_{50}，L_{90} 表示。

L_{10} 表示在取样时间内 10% 的时间超过的噪声级，相当于噪声平均峰值。

L_{50} 表示在取样时间内 50% 的时间超过的噪声级，相当于噪声平均中值。

L_{90} 表示在取样时间内 90% 的时间超过的噪声级，相当于噪声平均底值。

其计算方法是：将测得的 100 个或 200 个数据按大小顺序排列，总数 100 个的第 10 个数据或总数 200 个的第 20 个数据即为 L_{10}，第 50 个数据或第 100 个数据即为 L_{50}，同理，第 90 个数据或第 180 个数据即为 L_{90}。

（5）计权有效连续感觉噪声级

计权有效连续感觉噪声级又是在有效感觉噪声级的基础上发展起来，用于评价航空噪声的方法，其特点在于既考虑了在 24h 的时间内，飞机通过某一固定点所产生的总噪声级，同时也考虑了不同时间内的飞机对周围环境所造成的影响。我国现行的《机场周围飞机噪声环境标准》（GB 9660—1988）即规定采用此法进行评价。

一日计权有效连续感觉噪声级的计算公式如下

$$WECPNL = \overline{EPNL} + 10\lg(N_1 + 3N_2 + 10N_3) - 39.4 \qquad (10\text{-}32)$$

式中　$EPNL$——N 次飞行的有效感觉噪声级的能量平均值（dB）；

　　　N_1——7 ~ 19 时的飞行次数；

　　　N_2——19 ~ 22 时的飞行次数；

　　　N_3——22 ~ 7 时的飞行次数。

计算式中所需参数如飞机噪声的 $EPNL$ 与距离的关系，采用设计数据和飞机制造厂家的实测声学参数或通过类比实测，具体评价计算步骤可依据《机场周围飞机噪声测量方法》（GB 9661—1988）进行。

4. 评价方法

根据不同目的，可有多种方法进行评价。现介绍影响指数法。该方法的基本程序如图 10-8 所示。在该评价中，噪声影响的定量值是按两种噪声潜在的长期影响为基础的：一是由于噪声环境的改变，将在一个长时期内含有高烦恼的人数，二是由于长期暴露在高噪声级下，噪声导致听力损失的危险。

这两种影响可作为噪声对公众健康和幸福的主要指标。

图 10-8　影响指数法评价基本程序

当有两种计划方案时，比较两种噪声环境影响时，可采用如下的噪声影响指数。

$$N\prod = T_{WP} \Big/ \sum_1 P_i \qquad (10-33)$$

式中　$\sum_1 P_i$——在评价区域内的总人口。

$$T_{WP} = \sum_1 W_i P_i \qquad (10-34)$$

式中　P_i——在 i 声级区域内的人口；

W_i——i 声级下的无量纲权重系数。

声级一般可采用昼夜平均声级 L_{dn}，当作用时间较短时，也可采用等效连续声级 L_{eq}，一般采用 A 声级。W_i 值如表 10-4 所示。

表 10-4　各种昼夜平均声级的权重系数 W_i

L_{dn}范围（dB）	W_i	L_{dn}范围（dB）	W_i
35~40	0.01		
40~45	0.02	65~70	0.54
45~50	0.05	70~75	0.83
50~55	0.09	75~80	1.20
55~60	0.18	80~85	1.70
60~65	0.32	85~90	2.31

当评价项目导致人们每天暴露于等效连续声级 75dB 以上 8h 或更长时间时，将引起听力损失，使用上述权重系数是不够的。因此提出用于保护听力的权重系数 H_i，如表 10-5 所示。

表 10-5　各种昼夜平均声级的权重系数 H_i

L_{dn}范围（dB）	H_i	L_{dn}范围（dB）	H_i
75~76	0.01	85~86	2.8
76~77	0.05	86~87	3.3
77~78	0.20	87~88	3.9
78~79	0.30	88~89	4.6
79~80	0.50	89~90	5.3
80~81	0.80	90~91	6.0
81~82	1.1	91~92	6.8
82~83	1.4	92~93	7.7
83~84	1.8	93~94	8.5
84~85	2.3	94~95	9.5

$$PHL = \frac{\sum_i H_i P_i'}{\sum_i P_i} dB \qquad (10-35)$$

式中　P_i——表示昼夜平均声级超过 75dB 时，第 i 个范围内的人数；

H_i——在 i 个范围内表示听力保护的权重系数；

PHL——潜在的平均听力损失指数。

如果采用了 PHL 进行评价，仍需做 NII 评价。

5. 噪声环境影响评价大纲的编写内容

①建设项目概况（主要论述与噪声有关的内容，如主要噪声源种类、数量、噪声特性分析等）。

②噪声评价工作等级和评价范围。

③采用的噪声标准，噪声功能区和其他保护目标执行的标准值。

④噪声现状调查和测量方法，包括测量范围、测点分布、测量仪器、测量时段等。

⑤噪声预测方法，包括预测模型、预测范围、预测时段及有关参数的估值方法等。

⑥不同阶段的噪声评价方法和对策。

6. 噪声环境影响专题报告的编写内容

①总论：包括编制依据、有关噪声标准及保护目标、噪声评价工作等级、评价范围等。

②工程概述：主要论述与噪声有关的内容。

③环境噪声现状调查与评价：包括调查与测量范围、测量方法、测量仪器以及测量结果；受影响人口分布；相邻的各功能区噪声、建设项目边界噪声的超标情况和主要噪声源等。

④噪声环境影响预测和评价：包括预测时段、预测基础资料、预测方法（类比预测法、模式计算法及其参数选择、预测模式验证等）、声源数据、预测结果、受影响人口预测、超标情况和主要噪声源等。

⑤噪声防治措施与控制技术：包括替代方案的噪声影响降低情况、防治噪声超标的措施和控制技术、各种措施的投资估计等。

⑥噪声污染管理、噪声监测计划建议。

⑦噪声环境影响评价结论或小结。

10.4.2　噪声防治对策

噪声环境影响评价中，噪声防治对策应该考虑从声源上降低噪声和从噪声传播途径上降低噪声两个环节。

1. 从声源上降低噪声

从声源上降低噪声是指将发声大的设备改造成发声小的或不发声的设备，其方法包括：

（1）改进机械设计以降低噪声，如在设计和制造过程中选用发声小的材料来制造机件，改进设备结构和形状、改进传动装置以及选用已有的低噪声设备都可以降低声源的噪声；

（2）改革工艺和操作方法以降低噪声，如用压力式打桩机代替柴油打桩机，反铆接改为焊接，液压代替锻压等；

（3）维持设备处于良好的运转状态，因设备运转不正常时噪声往往增高。

2. 从噪声传播途径上降低噪声

在噪声传播途径上降低噪声是一种常用的噪声防治手段，以使噪声敏感区达标为目的，具体做法如下：

（1）采用"闹静分开"和"合理布局"的设计原则，使高噪声敏感设备尽可能远离噪声敏感区；

（2）利用自然地形物（如位于噪声源和噪声敏感区之间的山丘、土坝、地堑、围墙等）降低噪声；

（3）合理布局噪声敏感区中的建筑物功能和合理调整建筑物平面布局，即将非噪声敏感建筑或非噪声敏感房间靠近或朝向噪声源；

（4）采取声学控制措施，例如对声源采用消声、隔振和减振措施，在传播途径上增设吸声、隔声等措施；

（5）通过评价提出的噪声防治对策，必须符合针对性、具体性、经济合理性、技术可行性原则。

10.5 噪声环境影响评价案例

1. 工程概况

广州市轨道交通首期工程浔峰圩至燕塘段线路长 21.0km，其中地下线长约 17.7km，高架线长约 3.1km，过渡段 0.2km。首期工程共设车站 19 座，其中 2 座高架站，17 座地下站；车辆段 1 座，位于沙贝立交西南侧；集中供冷站 2 座，分别位于海珠广场站和区庄站；主变电站 2 座，分别位于大坦沙站和燕塘站附近。该段工程投资估算总额约 111 亿元人民币。

2. 确定噪声源强

（1）直线电机运载系统噪声源强

广州市轨道交通六号线在国内尚属首次采用直线电机运载系统，据调查，日本和加拿大直线电机驱动车辆的噪声源强如表 10-6 所示。

表 10-6 直线电机驱动车辆外噪声测试结果（dB）

距离[1] s（m）	条件	车辆速度 v（km/h）		
		20	40	90
7.5	滑行	69	73	—
	运行	74	76	≤80
	再生制动	73	75	—
10	滑行	66	71	

注：[1]指轨道中心到测试点的距离（测试条件：地面线、碎石道床，60 kg/m 无缝焊接钢轨）。

（2）风亭噪声源强

采取类比监测方式，确定风亭噪声源强，类比点选择已运营的广州轨道交通二号线的中大站风亭和鹭江站风亭。广州轨道交通二号线风亭噪声类比监测结果如表 10-7 所示。

表 10-7 广州轨道交通二号线风亭噪声类比监测结果

噪声源类别	测点位置	L_{eq}（dB）	站名	测点相关参数				
				风机类型	风量 Q（m³·h）	全压（Pa）	电机功率 P（kW）	台数（台）	消声器长度
活塞/机械风亭	百叶窗外 1m	66.0	中大站	TVF	216000	800	90	2	每台风机前后设2m
排风亭	百叶窗外 1m	66.5	鹭江站	TEF	72000	500	18.5	2	风道设3m
				RAF	38160	400	7.5	1	
					21615	550	4	1	

（3）冷却塔噪声源强

该工程在海珠广场和区庄设置集中冷站，选择广州地铁二号线鹭江集中冷站进行了类比监测，并参考设计中噪声源强度。冷却塔主要噪声源类比调查与监测结果如表 10-8 所示。

表 10-8 冷却塔主要噪声源类比调查与监测结果

类比地点	测点位置	L_{eq}（dB）	测点相关条件
广州地铁二号线	距两台冷却塔中间	70.4	2 台工作、置于房顶
鹭江集中冷站	距塔体各 2m、3m 距离心通风机 1m	75.4	

3. 声环境预测评价

（1）高架段预测与评价

该次影响评价分析从最不利条件考虑，按区间最高速度、高架段进行预测，预测中不考虑建筑的屏障作用和环境背景噪声的影响。预测结果综合考虑了轨道交通设计部门给定的初、近、远期昼夜间车流量。按昼间运营 16 h 等效连续 A 声级和夜间列车运营时段内 2 h 的等效连续 A 声级进行预测。高架段敏感点噪声预测，结果如表 10-9 所示。

表 10-9 高架段噪声敏感点预测结果

敏感点	线路与敏感点关系 s（m）		车速 v（km·h）	时 段	现状值 L_{eq}（dB）	标准值 L_{eq}（dB）	噪声预测值 L_{eq}（dB）			增加量 L_{eq}（dB）		
	水平距离	高差					初期	近期	远期	初期	近期	远期
浔峰圩	20	8.5	80	昼间	58.6	60	59.0	59.0	59.3	0.4	0.4	0.7
				夜间	52.5	50	52.8	52.8	53.0	0.3	0.3	0.5
沙坝	50	13.3	78	昼间	56.4	60	56.6	56.6	56.8	0.2	0.2	0.4
				夜间	66.1	50	66.1	66.1	66.1	0	0	0
河沙	0	11	78	昼间	65.2	60	67.0	67.1	68.1	1.8	1.9	2.9
				夜间	60.4	50	61.6	61.6	61.9	1.2	1.2	1.5

由表 10-9 可见，河沙村距离线路较近，但噪声预测值昼间仅增加了 1.8~2.9 dB，夜间增加了 1.2~1.5 dB。六号线采用直线电机运载系统投入运营以后，各敏感点初期、近期和远期由轨道交通工程引起的噪声增加量较小，相对于地面交通噪声而言其贡献率很小，项目建设对周围声环境影响可以接受。

（2）地下段预测与评价

六号线采用集中供冷系统，集中冷站设置在海珠广场和区庄两个站。一般情况下冷却塔安装在风亭建筑物之上，故预测计算中按风亭和冷却塔共同作用于预测点来预测。同时，考虑到目前线路规划中风亭和冷却塔具体位置没有确定，预测中按距敏感点最近距离和空调期来预测。表 10-10 为地下区段各敏感点受风亭和冷却塔噪声影响预测结果。

表 10-10 地下区段敏感点受风亭、冷却塔噪声影响预测结果（dB）

敏感点名称	所在车站	水平距离 s（m）	噪声源	现状值		噪声预测值		叠加本底值		变化量	
				昼间	夜间	昼间	夜间	昼间	夜间	昼间	夜间
一汽公司宿舍	如意坊	40	风亭	76.2	75.8	42.4	38.2	76.2	75.8	0	0
省电信大楼	北京路	40	冷却塔、风亭	71.1	60.3	51.3	47.1	71.1	60.5	0	0.2
广州市第七十九中学	海印	15	冷却塔、风亭	72.1	66.1	57.7	53.5	72.2	66.3	0.1	0.2

续表

敏感点名称	所在车站	水平距离 s（m）	噪声源	现状值		噪声预测值		叠加本底值		变化量	
				昼间	夜间	昼间	夜间	昼间	夜间	昼间	夜间
东山区人民政府	东山口	35	冷却塔、风亭	73.4	60.4	52.2	48.0	73.4	60.6	0	0.2
平安大厦	区庄	6	冷却塔、风亭	71.2	63.7	63.7	59.4	71.9	65.1	0.7	1.4
中国科学院广州分院	黄花岗	35	冷却塔、风亭	74.4	73.8	52.2	48.0	74.4	73.8	0	0
沙河幼儿园	沙河	15	风亭	73.4	74.5	48.8	44.6	73.4	74.5	0	0
燕侨大厦	燕塘	20	风亭	75.5	74.3	47.0	42.7	75.5	74.3	0	0

由表10-10可见，沿线各敏感点受风亭噪声影响较小，而主要受市内公路交通噪声影响。其中平安大厦噪声变化量增幅相对较大，昼、夜分别为0.7dB和1.4 dB，主要是因为按空调期和距风亭、冷却塔最近距离等最不利条件进行预测，在实际运营期间会优于上述工况。

第 11 章　生态环境影响评价

11.1　生态环境影响评价概述

11.1.1　生态环境影响评价的概念

1. 生态环境概念

"生态"这一概念是德国生物学家海克尔在 1886 年提出的，是指有机体与环境之间的关系。目前，有学者认为：生态环境是指除人口种群以外的生态系统中不同层次的生物所组成的生命系统；生态环境是由各种自然要素构成的自然系统，具有环境与资源的双重属性；生态环境即生物的生境。综合起来就是：生态环境是指由生物群落及非生物自然因素组成的各种生态系统所合成的整体，主要或完全由自然因素形成，并间接地、潜在地、长远地对人类的生存和发展产生影响。马乃喜（1998）提出生态环境是自然生态环境和社会生态环境的统一体。自然生态环境是在人类的影响下，不再是原始的、纯粹的自然环境：社会生态环境主要是指人类干预自然环境的性质和水平，并对生态环境组成进行了明确的划分，具体如图 11-1 所示。

图 11-1　生态环境的组成

生态影响可划分为不利影响和有利影响，直接影响、间接影响和累积影响，可逆影响和不可逆影响。

2. 生态环境影响评价

生态环境影响评价是环境影响评价在生态学的延伸，它的发展得益于环境影响评价工作的大量实践和深入开展。生态环境影响评价（也称为生物环境影响评价）的基本对象是生态系统，即评价生态系统在外力作用下的动态变化，通过定量揭示和预测人类活动对生态影响及其对人类健康和经济发展作用，确定一个地区的生态负荷或环境容量。这个定义说明了生态环境影响评价的对象是自然—经济—社会复合生态系统，但由于该系统本身的复杂性，在实际影响评价中存在一定的困难。故在实际工作中，一般认为生态环境影响评价的基本对象还是自然生态系统，即评价人类开发建设活动对生态系统的影响以及生态系统在该影响下的动态变化的结果。生态环境影响评价可以分为两大类，一类是对开发行动或者建设项目排放污染物造成的生态影响做评价，各种工业建设项目属于这一类开发行动；另一类是对水利、水电、矿业、农业、牧业、交通运输、海洋和海岸工程及旅游设施等开发利用自然资源行动造成的生态影响做评价。

生态负荷是指对生活在该地区的人和生物不引起不利的后果，也不会导致自然环境质量的变坏。进行生态环境影响评价，可使环境保护工作从被动治理变为积极预防，也有利于采用对生态影响最小、资源利用率最高的开发技术，借以取得最佳的经济效果。

通过生态环境影响评价可以认识人类活动影响区域的生态环境系统的特点与环境服务功能，识别与预测开发建设项目对生态系统影响的性质、程度、范围以及生态系统对影响的反应和敏感程度，确定应采取的生态环境保护措施。

3. 生态敏感区

生态敏感区是指对区域总体生态环境起决定作用的生态要素和生态实体，这些实体和要素对内外干扰具有较强的恢复功能，其保护、生长、发育等程度决定了区域生态环境的状况。它既是一个区域的概念，表现为生态区（生态斑块）、生态带（生态廊道）、生态点、生态网等；也是一个系统的概念，是两种或两种以上生态系统的结合部，是一个人地关系敏感的复杂生态系统。在生态敏感区形成和发展过程中起关键作用的因子即为生态敏感因子。生态敏感区作为一个区域中生态环境变化最激烈和最易出现生态问题的地区，也是区域生态系统可持续发展及进行生态环境综合整治的关键地区。在城镇群区域中，生态敏感区除了具有普通的生态作用以外，还制约着城市和城镇群的发展规模、发展方向、用地布局和城镇体系结构，对城镇群体系的框架形成有着重要意义。

许多学者从不同尺度、不同区域都做过大量的生态敏感区研究，并且根据实地情况提出了不同的生态敏感区划分方法。如欧阳志云、刘康分别在全国和甘肃生态环境敏感性分区研究中提出中国的生态环境敏感因子，包括沙漠化、盐渍化、水土流失和酸雨等，并根据这些因子的分布情况做出相应分区；李团胜等在沈阳市城市敏感区的研究中认为生态敏感区包括河流水系、滨水地区、山丘土丘、山峰海滩、特殊或稀有植物群落、部分野生动物栖息地等；徐留福等则以青岛市城阳区为例，提出了农田、水源地、海岸带、河岸带、城镇五种主要生态敏感区类型；房庆方等在珠三角城镇群规划中提出生态敏感区包括国家级自然保护区、森林山体、水源地、大型水库、海岸带、自然景观旅游区，以及用来阻隔城市无序蔓延、防止城市居住环境恶化的大片农田、果园、鱼塘、山丘保护区、城市片区之间的长期性控制用地，重要交通干线两侧的控制性长期非建设用地等；达良俊等结合浦东新区生态规划，按照生态敏感区所具有的功能属性及对周边的影响作用，将其划分为河流水系、滨水地区、山地丘陵、海滩、特殊或稀有植物群落、野生动物栖息地以及沼泽、海岸湿地等重要生态系统。

环境敏感区是指依法设立的各级各类自然、文化保护地，以及对建设项目的某类污染因子或者生态影响因子特别敏感的区域，主要包括：①自然保护区、风景名胜区、世界文化和自然遗产地、饮用水水源保护区；②基本农田保护区、基本草原、森林公园、地质公园、重要湿地、天然林、珍稀濒危野生动植物天然集中分布区、重要水生生物的自然产卵场及索饵场、越冬场和洄游通道、天然渔场、资源性缺水地区、水土流失重点防治区、沙化土地封禁保护区、封闭及半封闭海域、富营养化水域；③以居住、医疗卫生、文化教育、科研、行政办公等为主要功能的区域，文物保护单位，具有特殊历史、文化、科学、民族意义的保护地。

特殊生态敏感区，指具有极重要的生态服务功能，生态系统极为脆弱或已有较为严重的生态问题，如遭到占用、损失或破坏后所造成的生态影响后果严重且难以预防、生态功能难以恢复和替代的区域，包括自然保护区、世界文化和自然遗产地等。

重要生态敏感区是具有相对重要的生态服务功能或生态系统较为脆弱，如遭到占用、损失或破坏后所造成的生态影响后果较严重，但可以通过一定措施加以预防、恢复和替代的区域，包括风景名胜区、森林公园、地质公园、重要湿地、原始天然林、珍稀濒危野生动植物天然集中分布区、重要水生生物的自然产卵场及索饵场、越冬场和洄游通道、天然渔场等。

一般区域是除特殊生态敏感区和重要生态敏感区以外的其他区域。

4. 其他概念

①直接生态影响，经济社会活动导致的不可避免的，与该活动同时同地发生的生态影响。

②简洁生态影响，经济社会活动及其直接生态影响所诱发的，与该活动不在同一地点或不在同一时间发生的生态影响。

③累积生态影响，经济社会活动各个组成部分之间或者该活动与其他活动（包括过去、现在、未来）之间造成生态影响的相互叠加。

④生态监测，运用物理、化学或生物等方法对生态系统或生态系统中的生物因子、非生物因子状况及其变化趋势进行的测定、观察。

⑤自然资源，在一定的技术经济条件下，自然界中对人类有用的一切物质和能量都称为自然资源，如土壤、水、草场、森林、野生动植物、矿物，阳光、空气等。

⑥自然环境，环绕着人群的空间中可以直接、间接影响到人类生活、生产的一切自然形成的物质、能量的总体。

⑦植被覆盖率，指某一地域植物垂直投影面积与该地域面积之比，用百分数表示。

⑧频率，指景观体系中某一类型拼块在某一地域出现的样方数与总样方数的百分比。

⑨密度，指景观体系中某一类型拼块在某一地域中的数目与拼块总数的百分比。

⑩生态制图，将生态学的研究结果用图的方式表达。

11.1.2　生态环境影响评价与一般环境影响评价的区别

开发建设项目的生态环境影响评价应遵循建设项目环境影响评价的一般程序。但从目前工作开展的情况而言，生态环境影响评价与现行的一般环境影响评价仍有一定的差别，从表11-1 可以看出主要表现在对可持续发展以及资源战略等方面的差异。

与一般的建设项目环境影响评价以最终达到环境质量目标为目的实施的目标管理不同，建设项目的生态环境影响评价应当是以过程评价为主，完成一种"不断评价，不断进行科学决策"的过程。如公路建设项目，其生态环境影响在勘探、选线阶段即已发生，并且以施工期为重点，而在竣工验收时许多生态影响早已过去而无法追寻，某些影响如珍稀濒危动植物的消失、栖息地的破坏等连补救措施都不再可能实施。

表11-1　一般环境影响评价与生态环境影响评价的区别

对比项目	一般环境影响评价	生态环评
主要目的	控制污染，解决清洁、安静问题，主要为工程设计和建设单位服务	保护生态环境和自然资源，解决优美和持续性问题，为区域长远发展利益服务
主要对象	污染型工业项目，工业开发区	所有开发建设项目，区域开发建设
评价因子	水、大气、噪声、土壤污染，根据工程排污性质和环境要求筛选	生物及其生境，污染的生态效应，根据开发活动影响，强度和环境特点筛选
评价方法	重工程分析和治理措施、定量监测与预测、指数法	重生态分析和保护措施，定量与定性方法相结合，综合分析评价
工作深度	阐明污染影响的范围、程度，治理措施达到排放标准和环境标准要求	阐明生态环境影响的性质、程度和后果（功能变化），保护措施达到生态环境功能保持和可持续发展方面的要求
措施	清洁生产、工程治理措施、追求技术经济合理化	合理利用资源，背景与本底、类比及其他，具有研究性质
评价标准	国家及地方法定标准，具有法规性质	国家及地方法定标准，背景与本底、类比及其他，具有研究性质

11.1.3　生态环境影响评价的理论基础

生态环境问题具有综合性、复杂性和动态性，涉及广泛的多学科内容，而且生态环境影响评价的诞生和发展是借鉴其他学科理论的基础上创立和发展起来的，因此生态环境影响评价必然要融合其他学科的理论，借鉴相关学科的方法论来丰富自己的内容。水利工程生态环境影响评价过程所依据的理论主要包括生态学、生态经济学、可持续发展理论以及区域科学理论。

1. 生态学理论

生态学是研究生物与环境相互关系的科学。随着人口的增加和工业技术的进步，人类正以前所未有的规模和强度影响环境。环境问题频繁出现，诸如世界上出现的能源耗费、资源枯竭、人口膨胀、粮食短缺、环境退化、生态平衡失调等六大基本问题的解决，都有赖于生态学理论的指导。

2. 生态经济学理论

生态经济学是从经济学角度来研究由经济系统和生态系统复合而成的生态经济系统的结构及其运行规律的科学，同新古典经济学的主要区别，在于它的伦理观点和多学科性，在于它把代际公正和可持续性当作最高理念。所谓可持续的经济方式，是指持久地即为后代保持自然生存基础的经济方式。为了实现这个目标，生态经济学不仅依赖经济理论，而且依赖自然科学（尤其是热力学和生态学）认识。

3. 可持续发展理论

可持续发展是人们对社会发展进程进行反省后提出的一种全新的发展思想和发展战略。概括起来，可持续发展主要包括以下内容：可持续发展是一个协调发展的过程，包括资源、人口、经济、环境等各方面的综合发展。资源的利用方面强调要从粗放型转到密集型、强调资源的合理利用和可持续利用；经济的发展应注重数量和质量的统一，要求彻底改变传统的高投入、高消耗的生产模式和消费方式，通过发展生态经济型产业和推行绿色消费来取代传统的生产和生活方式；环境的发展要求环境保护部门制定适合经济发展的环境保护政策与环境保护规划、生态建设规划，使生态环境的质量能够保持在一个较高的水平上，使环境的发展适合经济的发展，从而使可持续发展的四个方面综合协调的发展。

4. 区域科学理论

人类的一切活动都离不开一定的地域空间，任何工程都是在一定的区域内完成和实现的。区域科学是新发展起来的科学门类，它以区域为研究对象，综合处理区域的社会、人口、资源环境和生态等问题，与上述理论是一脉相承的。它更可取之处在于从区域角度，对区域的内部结构、区域分工、区域层次、区域系统的规划与系统分析、区域战略的制定与实施、区域开发与保护等，有自己特殊的方法论，许多可以作为生态环境评价的方法基础。

5. 系统控制论

控制理论最初形成于工程系统和自然系统领域中，随着研究的深入，控制理论开始被广泛运用到社会和经济等人文系统中。现代控制理论的思想方法成功地移植到区域发展动态过程这一独特的研究对象中，形成了一系列的新见解：区域发展系统是一个由人口、资源、环境和社会经济发展要素通过相互作用、相互制约形成的一个统一整体。作为一个相对独立又开放的系统，它的平衡与发展需要与其外部环境不断进行物质、能量、信息的交换。信息在区域的发展过程中是最活跃的、最基本的因素，区域发展的调控必须借助信息，即借助于不同形式、不同载体的区域发展信息运动去指挥各种区域发展活动的过程。但在具体操作时还要通过区域发展信息反馈来实现对区域发展过程进行有目的的调控。区域的发展过程是一个动态的发展过程，每一个区域系统的发展并非永远静止，而是不停的通过四大子系统相互作用，来推进系统的演替。

11.2　生态环境影响评价工作程序与等级划分

11.2.1　生态环境影响评价原则

生态环境影响评价是全面调查和综合分析生态环境和开发建设活动特点以及二者相互作用的过程，并依据国家相关的政策法规提出有效的保护途径和措施。因此，在进行生态环境影响评价时，应从区域着眼认识生态环境的特点与规律，依据生态学和生态环境保护基本原理进行生态系统恢复和重建的设计，遵循下述基本原则。

①坚持自然保护和区域可持续发展的原则。

②坚持重点与全面相结合的原则。

③坚持预防与恢复相结合的原则。

④坚持定量与定性相结合的原则。

⑤坚持遵循生态学和生态环境保护的原则。

⑥坚持国家环境政策和法律的原则。

⑦坚持环境和社会经济的协调发展原则。

⑧坚持开发建设活动特点和环境条件相对应原则。

11.2.2 生态环境影响评价的工作程序

生态环境影响评价的基本程序与环境影响评价是一致的，大致可分为影响识别、现状调查与评价、影响预测与评价、减缓措施和替代方案的提出等四个基本步骤，其评价工作程序图如图11-2所示。

图 11-2　生态环境影响评价工作程序图

11.2.3 生态环境影响评价工作分级

1. 评价工作等级

评价等级的划分是为了确定评价工作的深度和广度，体现对开发建设项目的生态环境影响的关切程度和保护生态环境的要求程度。《环境影响评价技术导则　生态影响》（HJ 19—2011）根据评价项目影响区域的生态敏感性和评价项目的工程占地（含水域）范围，包括永久占地和临时占地，将生态影响评价工作等级划分为一级、二级和三级，如表 11-2 所示。位于原厂界（或永久用地）范围内的工业类改扩建项目，可作生态影响分析。

表 11-2　生态影响评价工作等级划分表

影响区域生态敏感性	工程占地（水域）范围		
	面积≥20km^2 或长度≥100km	面积 2～20km^2 或长度 50～100km	面积≤2km^2 或长度≤50km
特殊生态敏感区	一级	一级	一级
重要生态敏感区	一级	二级	三级
一般区域	二级	三级	三级

当工程占地（含水域）范围的面积或长度分别属于两个不同评价工作等级时，原则上应按其中较高的评价工作等级进行评价。改扩建工程的工程占地范围以新增占地（含水域）面积或长度计算。

在矿山开采可能导致矿区土地利用类型明显改变，或拦河闸坝建设可能明显改变水文情势等情况下，评价工作等级应上调一级。

2. 评价等级划分的判据

（1）影响区域界定

生态影响评价工作等级划分表中的"影响区域"包含了直接影响区（工程直接占地区）和间接影响区（大于工程占地区域）的范围。对"受影响区"范围的确定，需根据生态学专业知识进行初步判断，并通过生态影响评价过程予以明确，主要原因是：特殊生态敏感区和重要生态敏感区的类型复杂，保护目标的生态学特征差异巨大，难以给出一个通用、明确的界定。例如，水利水电工程中，低温水的影响范围可达坝下几十公里至上百公里处，引水工程可能对下游数百公里外的河口地区的特殊生态敏感区和重要生态敏感区产生影响，影响区域范围差异极大。

（2）工程占地（水域）范围确定

工程占地（水域）范围分别按照占地面积和长度（表 11-2）给出了一些数据供参考。由于生态系统的复杂性和不确定性，很难找到具有严密科学根据的数据标准，本标准提供数据是在参考大量实际项目的基础上提出的经验数据。

由于工程占地（水域）范围分线状和面状两种类型，因此可能出现同一工程从面积上或长度上分属不同评价工作等级的情况，根据本次标准修订"适当提高、从严要求"的策略，原则上按其中较高的评价工作等级进行评价。在矿山井工开采可能导致矿区土地利用类型明显改变（指矿山井工开采虽然工程占地面积小，但往往造成地表塌陷，导致土地利用类型明显改变的情况），或拦河闸坝建设可能明显改变水文情势等情况下，评价工作等级应上调一级。

（3）影响的敏感程度确定

根据项目区域的生态敏感性程度，结合《建设项目环境影响评价分类管理名录》（环境保护部令第 2 号）中的环境敏感区，定义了特殊生态敏感区、重要生态敏感区和一般区域等三类区域，并列举了所包含的区域。

11.2.4　生态影响评价工作范围

1. 评价范围

生态系统在自然和人类影响下发生的变化十分复杂，为生态环境影响评价划定一个确切的评价范围是很困难的。生态影响评价的范围应能够充分体现生态完整性，涵盖评价项目全部活动的直接影响区域和间接影响区域。前者主要指生态系统可能受到建设项目各种活动直接影响的地区；后者主要是指与物质运输、食物链转移、动物迁移与洄游或迁徙等有关的影响范围。评价工作范围应依据评价项目对生态因子的影响方式、影响程度和生态因子之间的相互影响和相互依存关系确定。评价范围主要是根据评价区域与周边环境生态完整性的要求来确定，一般宜大不宜小。

道路、管线工程对生态系统影响的评价范围一般取沿线两侧 200～400m。

自然资源开发的一、二、三级评价项目，要以重要评价因子受影响的方向为扩展距离，一般不能小于 8～30km、2～8km 和 1～2 km。

在实际工作中，可综合考虑评价项目与项目区的气候过程、水文过程、生物过程等生物地球化学循环过程的相互作用关系，以评价项目影响区域所涉及的完整气候单元、水文单元、生态单元、地理单元界限为参照边界。确定生态环境评价范围主要考虑如下因素。

（1）地表水系特征：要能说明地表水系特征、地表水功能及使用情况、水生生态系统特征、建设项目的影响范围和主要因素、流域内敏感的生态目标等。

（2）地形地貌特征：特征较为简单的如平原或微丘陵地区，生态系统的相似性一般较高，调查范围可选择直接影响区域；特征较为复杂的如山地丘陵区，可以山体构成的相对独立或封闭的地理单元为评价范围，但沿着河道或沟谷等廊道应适当延伸。在陆海交接区，调查范围应沿岸带延伸至相邻的其他功能区。

（3）生态特征：要能说明受影响生态系统的结构完整性，确定评价范围时应特别考虑动物的活动范围。特殊生境如湿地、红树林、保护区等应视为独立的生态系统而进行全面调查。此外，建设项目所在或所影响的生态系统物流的源与汇，生态环境功能的作用所及范围和污染波及范围亦应列为调查与评价的范围。

（4）开发建设项目的特征：特别是空间布局（点状如工厂、线型如铁路、斑点式如矿山、蛛网状如水利工程、面状如各类开发区），一般以项目（主工程和全部辅助工程）发生地和直接影响所及范围为主，适当包括间接影响所及的范围。某些情况下，技术的可达性与资料的获得性以及行政区界等也是需要考虑的限定因子。

2. 评价等级的评价要求

（1）一级评价

凡造成生态环境不可逆变化或影响程度大的开发建设项目，需进行一级影响评价。评价要求深入全面的调查与评价，生态环境保护要求严格，必须进行技术经济分析和编制生态环境保护实施方案或行动计划，评价要满足生态完整性的需要，对生态负荷及环境容量要进行分析确定。需要进行一级评价的一些常见建设项目如表 11-3 所示。

表 11-3　生态环境影响一级评价示例

项　目	影响性质	工程规模	持续时间	影响范围
水坝和水库	不可逆	大、中	长	大、中
灌溉和排水	可逆或不可逆	大	长	大
新土地开发	不可逆	大、中、小	长	大、中、小
矿产开发	可逆或不可逆	大、中	长	大、中
管线和输水	不可逆或可逆	大、中	长	大
公路和铁路	不可逆	大、中	长	大
流域开发	不可逆或可逆	大、中	长	大、中
工厂或工业区	不可逆	大、中	长	大、中
港口和海湾开发	不可逆	大、中	长	大
水（海）产养殖	不可逆或可逆	大	长或短	大
新定居区	不可逆	大、中	长	大、中
旅游区	可逆或不可逆	大	长或短	大
林业工程	可逆或不可逆	大	长	大
农业区域开发	可逆或不可逆	大	长	大
开发区	不可逆	大、中、小	长	大、中、小
风险性项目	可逆或不可逆	大、中、小	长或短	大、中、小

（2）二级评价

为一般评价与重点因子评价相结合，生态环境保护要求较严格，针对重点问题编制生态环境保护计划和进行相应的技术经济分析，二级评价同样要满足生态完整性的需要，对生态负荷及环境容量要进行分析确定。

需作二级评价的开发建设项目主要是指：①基本不会造成不可逆变化的生态环境影响，或者通过人为努力可以使生态环境功能得到恢复或补偿；②虽有不可逆变化的生态环境影响，但由于规模小、范围有限，不会对区域生态环境功能有影响。如建设项目所在区域的生态环境脆弱，对人为干预特别敏感，或影响到有特殊保护要求的目标，则应考虑提高评价级别或做详细的专题性评价。

（3）三级评价

为重点因子评价或一般性分析，生态环境保护要求一般，必须按规定完成绿化指标和其他保护与恢复措施。

三级评价的开发建设项目是指本身无害于生态环境功能或影响很小的项目。这类项目只需登记在册，说明其生态环境现状与问题和工程建设中采取的保护生态环境措施，或者只对某个专门问题进行深入分析与评价。

11.2.5　工程分析

生态环境影响评价的工程分析重点是识别各种对生物，特别是珍稀、濒危和受威胁的物种及其生态环境有重大不良影响的因素。

1. 资料收集

除了与其他专题相同内容外，重点是工程的平面图，在该图上应标明地表状况（主要包括地形地貌、主要水体、植被类型及分布、主要动物群落）以及周边村镇、厂矿及大型建（构）筑物分布、交通规划，并标明评价区及界外区范围，区域规划资料和图件等也包含在内。

2. 工程分析内容

工程分析内容应包括：项目所处的地理位置、工程的规划依据和规划环评依据、工程类型、项目组成、占地规模、总平面及现场布置、施工方式、施工时序、运行方式、替代方案、工程总投资与环保投资、设计方案中的生态保护措施等。

工程分析时段应涵盖勘察期、施工期、运营期和退役期，以施工期和运营期为调查分析的重点。

3. 工程分析重点

根据评价项目自身特点、区域的生态特点以及评价项目与影响区域生态系统的相互关系，确定工程分析的重点，分析生态影响的源及其强度。主要内容应包括：

①可能产生重大生态影响的工程行为；

②与特殊生态敏感区和重要生态敏感区有关的工程行为；

③可能产生间接、累积生态影响的工程行为；

④可能造成重大资源占用和配置的工程行为。

11.3 生态环境影响评价现状调查与预测

11.3.1 生态环境现状调查与评价

1. 生态现状调查

（1）生态现状调查要求

生态现状调查是生态现状评价、影响预测的基础和依据，调查的内容和指标应能反映评价工作范围内的生态背景特征和现存的主要生态问题。在有敏感生态保护目标（包括特殊生态敏感区和重要生态敏感区）或其他特殊保护要求对象时，应做专题调查。

生态现状调查应在收集资料的基础上开展现场工作，生态现状调查的范围应不小于评价工作的范围。

一级评价应给出采样地样方实测、遥感等方法测定的生物量、物种多样性等数据，给出主要生物物种名录、受保护的野生动植物物种等调查资料；

二级评价的生物量和物种多样性调查可依据已有资料推断，或实测一定数量的、具有代表性的样方予以验证；

三级评价可充分借鉴已有资料进行说明。

（2）生态现状调查方法

①资料收集法。即收集现有的能反映生态现状或生态背景的资料，从表现形式上分为文字资料和图形资料，从时间上可分为历史资料和现状资料，从收集行业类别上可分为农、林、牧、渔和环境保护部门，从资料性质上可分为环境影响报告书、有关污染源调查、生态保护规划、规定、生态功能区划、生态敏感目标的基本情况以及其他生态调查材料等。使用资料收集法时，应保证资料的现时性，引用资料必须建立在现场校验的基础上。

②现场勘查法。现场勘查应遵循整体与重点相结合的原则，在综合考虑主导生态因子结构与功能完整性的同时，突出重点区域和关键时段的调查，并通过对影响区域的实际踏勘，核实收集资料的准确性，以获取实际资料和数据。

③专家和公众咨询法。专家和公众咨询法是对现场勘查的有益补充。通过咨询有关专家，收集评价工作范围内的公众、社会团体和相关管理部门对项目影响的意见，发现现场踏

勘中遗漏的生态问题。专家和公众咨询应与资料收集和现场勘查同步开展。

④生态监测法。当资料收集、现场勘查、专家和公众咨询提供的数据无法满足评价的定量需要，或项目可能产生潜在的或长期累积的效应时，可考虑选用生态监测法。生态监测应根据监测因子的生态学特点和干扰活动的特点确定监测位置和频次，有代表性地布点。生态监测方法与技术要求须符合国家现行的有关生态监测规范和监测标准分析方法；对于生态系统生产力的调查，必要时需现场采样、实验室测定。

⑤遥感调查法。当涉及区域范围较大或主导生态因子的空间等级尺度较大，通过人力踏勘较为困难或难以完成评价时，可采用遥感调查法。遥感调查过程中必须辅助必要的现场勘查工作。

（3）调查内容

①生态背景调查。根据生态影响的空间和时间尺度特点，调查影响区域内涉及的生态系统类型、结构、功能和过程，以及相关的非生物因子特征（如气候、土壤、地形地貌、水文及水文地质等），重点调查受保护的珍稀濒危物种、关键种、土著种、建群种和特有种，天然的重要经济物种等。如涉及国家级和省级保护物种、珍稀濒危物种和地方特有物种时，应逐个或逐类说明其类型、分布、保护级别、保护状况等；如涉及特殊生态敏感区和重要生态敏感区时，应逐个说明其类型、等级、分布、保护对象、功能区划、保护要求等。

②主要生态问题调查。调查影响区域内已经存在的制约本区域可持续发展的主要生态问题，如水土流失、沙漠化、石漠化、盐渍化、自然灾害、生物入侵和污染危害等，指出其类型、成因、空间分布、发生特点等。

2. 生态现状评价

（1）评价要求

在区域生态基本特征现状调查的基础上，对评价区的生态现状进行定量或定性的分析评价，评价应采用文字和图像相结合的表现形式。

（2）评价内容

①在阐明生态系统现状的基础上，分析影响区域内生态系统状况的主要原因。评价生态系统的结构与功能状况（如水源涵养、防风固沙、生物多样性保护等主导生态功能）、生态系统面临的压力和存在的问题、生态系统的总体变化趋势等。

②分析和评价受影响区域内动、植物等生态因子的现状组成、分布；当评价区域涉及受保护的敏感物种时，应重点分析该敏感物种的生态学特征；当评价区域涉及特殊生态敏感区或重要生态敏感区时，应分析其生态现状、保护现状和存在的问题等。

（3）评价标准

由于生态环境评价对象的区域性、层次性、生态系统的复杂性，要求生态环境影响评价的标准值能满足如下基本要求：①能反映生态环境质量的优劣，特别是能衡量生态环境功能的变化；②能反映生态环境受影响的范围和程度，并尽可能定量化；③能用于规划开发建设活动的行为方式，具有可操作性。

生态环境影响评价的标准大多数处于探索阶段，对于开发建设项目，其生态环境影响评价的标准可从如下几个方面选取：①国家、行业或地方规定的标准；②背景或本底值；③科学研究已判定的生态效应，如污染物在生物体内的最高允许量等。

在生态环境影响评价中，所有能反映生态环境功能和表征生态因子状态的参数或指标值可以直接用作判别标准；大量反映生态系统结构和运行状态的指标可以按照功能与结构对应性原理，根据生态环境的具体状况，运用某些相关关系，经适当计算而转化为反映环境功能的指标，也能用作功能判别标准。

（4）评价方法

①列表清单法，是将拟实施的开发建设活动的影响因素与可能受影响的环境因子分别列在同一张表格的行与列内。逐点进行分析，并逐条阐明影响的性质、强度等。由此分析开发建设活动的生态影响。

②图形叠置法是把两个以上的生态信息叠合到一张图上，构成复合图，用以表示生态变化的方向和程度。本方法的特点是直观、形象，简单明了。

③生态机理分析法是根据建设项目特点和受其影响的动、植物的生物学特征，依照生态学原理分析、预测工程生态影响的方法。

④景观生态学法是通过研究某一区域、一定时段内的生态系统类群的格局、特点、综合资源状况等自然规律，以及人为干预下的演替趋势，揭示人类活动在改变生物与环境方面的作用的方法。景观生态学对生态质量状况的评判是通过两个方面进行的，一是空间结构分析，二是功能与稳定性分析。景观生态学认为，景观的结构与功能是相当匹配的，且增加景观异质性和共生性也是生态学和社会学整体论的基本原则。

⑤指数法与综合指数法是利用同度量因素的相对值来表明因素变化状况的方法，是建设项目环境影响评价中规定的评价方法，指数法同样可拓展用于生态影响评价中。指数法简明扼要，且符合人们所熟悉的环境污染影响评价思路，但难点在于需明确建立表征生态质量的标准体系，且难以赋权和准确定量。综合指数法是从确定同度量因素出发，把不能直接对比的事物变成能够同度量的方法。

⑥类比分析法是一种比较常用的定性和半定量评价方法，一般有生态整体类比、生态因子类比和生态问题类比等。

⑦系统分析法是将要解决的问题作为一个系统，对系统要素进行综合分析，找出解决问题的可行方案的咨询方法。具体步骤包括：限定问题，确定目标，调查研究，收集数据，提出备选方案和评价标准，备选方案评估和提出最可行方案。

⑧生物多样性评价方法是指通过实地调查，分析生态系统和生物种的历史变迁、现状和存在主要问题的方法，评价目的是有效保护生物多样性。

11.3.2 生态环境影响预测与评价

1. 生态环境影响预测的基本步骤

生态环境影响预测是在生态环境现状调查、生态分析和影响分析的基础上，对主要生态因子和生态系统的结构与功能因开发建设活动而导致的变化作定量或半定量预测计算，分析其变化程度以及相关环境后果，明确开发建设者应负的环境责任，指出为保护生态环境和维持区域生态环境功能不被削弱而应采取的措施及要求。其基本程序是：

①进行影响预测因素的分析。

②选定影响预测的主要对象和主要预测因子。

③根据预测的影响对象和因子选择预测方法、模式、参数，并进行计算。

④研究确定评价标准和进行主要生态系统和主要环境功能的预测评价。

⑤进行社会、经济和生态环境相关影响的综合评价与分析。

2. 生态环境影响识别与评价因子筛选

（1）影响识别

影响识别或称影响分析是一种定性与定量相结合的生态影响分析，其目的是明确主要的影响因素、主要受影响的生态系统和生态因子，从而筛选出评价工作的重点内容，包括影响因素、影响对象和影响效应的识别。其要求是：对影响因素（影响主体，即工程项目）的分析要全面；对影响受体（生态环境）的分析要有针对性；对影响效应（即一般所谓的影响）的分析要科学。此外，影响分析中还需将影响的区域性特征与工程性特征结合起来考虑。

（2）影响因素识别

影响因素识别是指对作用主体（开发建设项目）的识别，包括如下几个方面的内容。

①作用主体：包括主要工程（或主设施、主装置）和全部辅助工程在内，如施工道路、作业场地、重要原材料生产、贮运设施建设及拆迁居民安置地等。

②项目实施的时间序列：项目实施的全时间序列包括设计期（如选址和决定施工布局）、施工建设期、运营期和死亡期（如矿山闭矿、渣场封闭与复垦），至少应识别其施工建设期和运营期。

③项目实施地点：集中开发建设地和分散影响点，永久占地与临时占地等。

④其他影响因素：影响发生方式，作用时间长短，直接还是间接作用等。

人类活动对生态环境的影响可分为物理性作用、化学性作用和生物性作用三类。物理性作用是指因土地用途改变、清除植被、收获生物资源、引入外来物种、分割生境、改变河流水系、以人工生态系统代替自然生态系统，使组成生态系统的成分、结构形态或支持生态系统的外部条件发生变化，从而导致其结构和功能发生变化。化学性作用是指环境污染的生态效应。生物性作用是指人为引入外来物种或严重破坏生态平衡导致的生态影响，这种作用在开发建设项目中发生的概率不高。很多情况下，生态系统都是同时处在人类作用和自然营力的双重作用之下，两种作用常常相互叠加，加剧危害。

（3）影响对象识别

影响对象识别是指对影响受体（生态环境）的识别，识别包括以下几个方面的内容。

①识别受影响的生态系统的类型及构成要素。如生态系统的类型、组成生态系统的生物因子（动物与植物）、组成生态系统的非生物因子（如水分和土壤）、生态系统的区域性特点及其区域性作用与主要环境功能。

②受影响的重要生境的识别。生物多样性受到的影响往往是由于其所在的重要生境受到占据、破坏或威胁等造成的，故在识别影响对象时对此类生境应予以足够重视并采取有效措施加以保护。重要生境的识别方法如表 11-4 所示。

表 11-4　生境重要性的识别方法

生境指标	重要性比较
天然性	原始生境 > 次生生境 > 人工生境（如农田）
面积大小	同样条件一，面积大 > 面积小
多样性	群落或生境类型多、复杂区域 > 类型少、简单区域
稀有性	拥有稀有物种的生境 > 没有稀有物种者的生境
可恢复性	不易天然恢复的生境 > 易于天然恢复者的生境
完整性	完整性生境 > 破碎性生境
生态联系	功能上相互联系的生境 > 功能上独立的生境
潜在价值	可发展为更具保存价值者 > 无发展潜力者
功能价值	有物种或群落繁殖、生长者 > 无此功能者
存在期限	存在历史久远者 > 新近形成者
生物丰度	生物多样性丰富者 > 生物多样性贫乏者

③识别区域自然资源及主要生态问题。区域自然资源对开发建设项目及区域生态系统均有较大的影响或限制作用。在我国，诸如耕地资源和水资源等都是在影响识别及保护时首先要加以考虑的。同时，由于自然资源的不合理利用以及生境的破坏等原因，一些区域性的生态环境问题如水土流失、沙漠化、各种自然灾害等也需要在影响识别中予以注意。

④识别敏感生态保护目标或地方要求的特别生态保护目标，这些目标往往是人们的关注点，在影响评价中应予以足够重视。一般包括如下目标：具有生态学意义的保护目标，如珍稀濒危野生生物、自然保护区、重要生境等；具有美学意义的保护目标，如风景名胜区、文物古迹等；具有科学文化意义的保护目标，如著名溶洞、自然遗迹等；具有经济价值的保护目标，如水源林、基本农田保护区等；具有社会安全意义的保护目标，如排洪泄洪通道等；生态脆弱区和生态环境严重恶化区，如脆弱生态系统、生态过渡带、沙尘暴源区等；人类社会特别关注的保护对象，如学校、医院、科研文教区和集中居民区等；其他一些有特别纪念意义或科学价值的地方，如特产地、特殊保护地、繁育基地等，均应予以考虑。

⑤受影响的途径与方式，指直接影响、间接影响或通过相关性分析明确的潜在影响。

⑥识别受影响的景观。具有美学意义的景观，包括自然景观和人文景观，对于缓解人与自然的矛盾，满足人类对自然的需求和人类精神生活需求具有越来越重要的意义。由于我国自然景观和人文景观特别丰富，许多有保护价值的景观尚未纳入法规保护范围，需要在环境影响评价中给予特别关注，进行认真调查，识别此类保护目标。

（4）影响效应识别

影响效应的识别主要包括如下三个方面的内容。

①影响的性质：应考虑是正影响还是负影响、可逆影响还是不可逆影响、可恢复还是不可恢复影响、短期影响还是长期影响、累积性影响还是非累积性影响。如果是渐进的、累积性的或具有临界值的影响可以从量变引起质变。凡不可逆变化应给予更多关注，在确定影响可否接受时应给予更大权重。

②影响的程度：范围大小、持续时间的长短、剧烈程度、受影响的生态因子多少、生态环境功能的损失程度、是否影响到生态系统的主要组成因素等。在判别生态受影响的程度时，受到影响的空间范围越大、强度越高、时间越长，受影响因子越多或影响到主导性生态因子，则影响越大。

③影响发生的可能性分析：即发生影响的可能性和概率。影响可能性可按极小、可能、很可能来识别。

影响分析根据内容不同，可采取不同的方法。常可通过识别生态系统的敏感性来宏观地判别影响性质和影响导致的变化程度；通过对区域生态环境变迁历史的分析，可明了区域生态环境的问题和原因；运用类比方法，可判明某些影响的性质和程度；针对具体的生态系统，运用列清单法可以逐条分析所有可能的影响及其性质和程度。影响识别的结果也可用矩阵法表达。

3. 影响预测的内容与指标

在影响识别的基础上筛选评价因子，确定影响预测的内容与指标。筛选评价因子时应针对不同的评价对象与生态系统类型，考虑如下几个因素：

①应能代表和反映受影响的生态环境的性质和特点；

②相关的信息应易于测量或易于获得；

③法规要求或评价中要求的因子。

影响预测的内容与指标应从保护环境功能出发，结合工程项目特点以及区域生态环境的具体情况界定，不同的评价项目，其内容与采用的指标不完全相同，但一般应考虑从如下几个方面来选取可用的指标。

①是否对种群、群落或生态系统带来新的变化，如有变化，其变化的性质与程度如何。

②是否对环境资源带来新的变化，如有变化，其变化的性质与程度如何。

③是否对生态系统支持条件带来新的变化，如有变化，其变化的性质与程度如何。

④是否对生态环境问题带来新的变化，如有变化，其变化的性质与程度如何。

⑤是否改变了现有的景观格局，如有改变，其改变的性质与程度如何。

⑥在生态学各个层次上是否有不利的影响，如有影响，其影响的程度与范围如何。

⑦在生态学各个层次上是否有有利的影响，如有影响，其影响的程度与范围如何。

由于生态环境的区域性特点，在进行具体评价时，类似的问题可以列出许多。

4. 生态影响预测与评价方法

生态影响预测与评价方法应根据评价对象的生态学特性，在调查、判定该区主要的、辅助的生态功能以及完成功能必需的生态过程的基础上，分别采用定量分析与定性分析相结合的方法进行预测与评价。常用的方法包括列表清单法、图形叠置法、生态机理分析法、景观生态学法、指数法与综合指数法、类比分析法、系统分析法和生物多样性评价等。部分方法在前面已介绍，在此不一一说明。

11.3.3　生态环境影响评估的内容

生态环境影响评估就是生态环境影响的评价，是对生态环境影响预测的结果进行评估或评价，以确定所发生的生态环境影响可否为生态或社会所接受。

工程建设项目的性质不同，生态环境影响评价关注的重点也不同，不同开发活动的影响评价要求可参见《环境影响评价技术导则　生态影响》（HJ 19—2011）。对于建设项目的生态环境影响预测与评价，一般应阐明如下问题和内容：

（1）生态环境所受的主要影响

阐明建设项目主要影响的生态系统及其环境功能，影响的性质和程度。

（2）生态环境变化对区域或流域生态环境功能和生态环境稳定性的影响

阐明影响的补偿可能性和生态环境功能的可恢复性。

（3）对主要敏感目标的影响程度及保护的可行途径

（4）主要生态问题和生态风险

阐明区域生态环境的主要问题、发展趋势；阐明主要生态风险（生态灾害与污染风险）的源、出现概率、可能损失、影响风险的因素及防范措施。

（5）生态环境宏观影响评述

评述区域生态环境状况及可持续发展对生态环境的需求，阐明建设项目生态环境影响与区域社会经济的基本关系。

自然资源开发项目对区域生态环境（主要包括对土地、植被、水文和珍稀濒危动植物物种等生态因子）影响预测与评价的内容包括：①是否带来某些新的生态变化；②是否使某些生态影响严重化；③是否使生态问题发生时间与空间上的变更；④是否使某些原来存在的生态问题向有利的方向发展。

11.3.4 工程建设生态环境影响评估要点

1. 与规划关系的论证与评估

根据规划开展影响评价，论证项目与规划的协调关系。其评估的要点有：①分辨规划类别，明确应遵守的与应阐明的原则；②考察规划调查是否全面，特别应包括所有有关生态保护的规划；③判别项目与规划的协调性，是否符合城市或区域总体发展目标，是否符合规划区环境功能性，是否影响重要的规划保护目标，是否有利于可持续发展；④项目自身目标的可达性及是否可持续发展。

2. 项目选址选线的环境合理性

从以下几方面进行选址选线的环境合理性论证：①与规划是否协调，是否符合规划目标及功能区划；②对景观的影响如何；③对资源的影响如何；④选址选线的安全性；⑤对敏感目标的影响；⑥对生态系统及其物种的影响；⑦对生态环境功能的影响；⑧战略性影响如何。

3. "三场"设置的环境合理性

在进行"三场"（取土场、弃渣场、采石场）设置的环境合理性论证时，其评估的要点是：①是否影响到重要资源，尤其是基本保护农田、特产地等；②是否置于敏感的景观点上；③是否置于环境风险地段；④是否影响到环境敏感目标；⑤是否易于恢复利用；⑥运输通道是否穿越不宜穿越的地区。

4. 敏感目标的影响评估

要求评价要有效保护敏感目标，减少或消除对敏感目标的影响，其要点是：①敏感目标的性质、级别、规划目标与保护要求如何；②建设项目与敏感目标的相对关系如何，其影响的性质与程度如何；③需要采取何种措施及措施的有效性如何；④生态监测与持续管理策略如何制定。

11.4 生态环境影响防治对策

建设项目生态环境影响减缓措施和生态环境保护措施是整个生态环境影响评价工作成果的集中体现，根据工程建设特征、区域的资源和生态特征，按照影响识别、预测与评价的结果，结合区域资源的可承载能力，对开发建设方案提出切实可行的生态影响的防护与恢复措施，使生态环境得到可持续发展。

11.4.1 生态影响的防护、恢复与补偿原则

①应按照避让、减缓、补偿和重建的次序提出生态影响防护与恢复的措施；所采取措施的效果应有利修复和增强区域生态功能。

②凡涉及不可替代、极具价值、极敏感、被破坏后很难恢复的敏感生态保护目标（如特殊生态敏感区、珍稀濒危物种）时，必须提出可靠的避让措施或生境替代方案。

③涉及采取措施后可恢复或修复的生态目标时，也应尽可能提出避让措施；否则，应制定恢复、修复和补偿措施。各项生态保护措施应按项目实施阶段分别提出，并提出实施时限

和估算经费。

同时，在制定生态环境减缓措施时，应遵循生态环境保护的科学原理，具体措施应符合环保政策导向和生态保护战略，并且具有针对性和工程性。在减缓措施的建议方案中，最好能包含数个可供选择的方案，以便开发者考虑决定采取具体的方案；所有方案应针对工程和环境的特点，充分体现特殊性问题。

11.4.2　主要的生态环境防护与恢复措施

开发建设项目的生态环境保护措施必须从生态环境特点及其保护要求和开发建设工程项目的特点两个方面考虑。从生态环境的特点和环境保护的要求考虑，实施防护与减缓措施的主要途径按考虑的优先程度有保护、恢复、补偿和建设。从工程建设特点来考虑，主要能采取的保护生态环境的措施是替代方案、生产技术改革、生态保护工程措施和加强管理几个方面。其中，在设计期、项目建设期、生产运营期和工程结束期（死亡期）又都有不同的考虑。

1. 保护

贯彻"预防为主"的思想和政策的预防性保护是应予优先考虑的生态环保措施。在开发建设活动前和活动中注意保护区域生态环境的本来面貌与特征，尽量减少干扰与破坏。有些类型的生态环境一经破坏就不能再恢复，即发生不可逆影响，此时实行预防性保护几乎是唯一的措施。

保护的思想在工程的设计期就应得到贯彻，如在建设项目选址选线时，注意避开重要的野生动植物栖息地；在施工期注意保护施工区域及其周围的植被与生物物种等。保护的措施可在不同的层次上进行，如种群、群落、生态系统以及景观层次，在报告书编制时，应针对工程和环境的特点提出具体的措施。

在提出预防性保护措施时应主要考虑：①更合理的构思和设计方案；②影响最小的选址和选线；③选址、选线和工程活动避开敏感保护目标或地区；④避免在关键时期进行有影响的活动，如鸟类孵化期间施行爆破作业等；⑤不进行或否决有影响的活动。

2. 恢复

开发建设活动不可避免地对生态环境产生一定影响，但有些影响通过一定措施可使生态系统的结构或环境功能得到恢复。一般的生态恢复是指恢复其生态环境功能，例如：公路建设中取土地区的复耕，矿山开发后的覆盖与绿化，施工过程中植被破坏后的恢复等。凡被破坏后能再恢复的均应提出相应的恢复措施。

3. 补偿

补偿有就地补偿和异地补偿两种形式，是一种重建生态系统以补偿因开发建设活动损失的环境功能的措施。就地补偿类似于恢复，异地补偿是指在项目发生地之外实施补偿，但补偿的均是生态系统的功能而不是其结构，故在外貌及结构上不要求一致。补偿措施的一个最重要的方面就是植被补偿，可按照生物量或生产力相等的原理确定具体的补偿量。

4. 建设

在生态环境已经相当恶劣的地区，为保证建设项目的可持续发展和促进区域的可持续发展，开发建设项目不仅应保护、恢复、补偿直接受其影响的生态系统及其环境功能，而且需要采取改善区域生态环境、建设具有更高环境功能的生态系统的措施。例如：沙漠或绿洲边缘的开发建设项目，水土流失或地质灾害严重的山区、受台风影响严重的滨海地带及其他生态环境脆弱带的开发建设项目，都需为解决当地最大的生态环境问题而进行有关的生态建设。

5. 替代方案

①主要指项目中的选线、选址替代方案，项目的组成和内容替代方案，工艺和生产技术的替代方案，施工和运营方案的替代方案、生态保护措施的替代方案。②评价应对替代方案进行生态可行性论证，优先选择生态影响最小的替代方案，最终选定的方案至少应该是生态保护可行的方案。

6. 生产技术选择

采用清洁和高效的生产技术是从工程本身来减少污染和减少生态环境影响或破坏的根本性措施。可持续发展理论认为，数量增长型发展受资源能源有限性限制的过程是有限度的，只有依靠科技进步的质量型发展才是可持续的。环境影响评价中的技术先进性论证特别要注意对生态资源的使用效率和使用方式的论证。例如：造纸工业不仅仅是造纸废水污染江河湖海导致水生生态系统恶化的问题，还有原料采集所造成的生态环境影响问题。

7. 工程措施

工程措施可分为一般工程措施和生态工程措施两类。前者主要是防治污染和解决污染导致的生态效应问题；后者则是专为防止和解决生态环境问题或进行生态环境建设而采取的措施，包括生物性的和工程性的措施。例如：为防止泥石流和滑坡而建造的人工构筑物，为防止地面下沉实行的人工回灌，为防止盐渍化和水涝而采取的排涝工程，这些是工程性的措施；为防风或保持水土、防止水土流失或沙漠化而实施的植树造林、种草，退耕还牧、退田还湖等，都属于生物性工程。所有为保护生态环境而实施的工程，都必须在综合考虑建设项目的特点、工程的可行性和效益、环境特点与需求等情况的基础上提出，进行必要的科学论证。

8. 管理措施

管理措施的设计也同样必须考虑工程建设的特点和生态环境的特点与保护要求。主要管理措施如下：

①在强调执行国家和地方有关自然资源保护法规和条例的前提下，制定并落实生态影响防护与恢复的监督管理措施。

②生态影响管理人员编制建议纳入项目环境管理机构，并落实生态管理人员的职能。

③制定并实施对项目进行的生态监测（监视）计划，发现问题特别是重大问题时要呈报上级主管部门和环境保护部门及时处理。

④对自然资源产生破坏作用的项目要依据破坏的范围和程度制定生态补偿措施，补偿措施的效应要进行评估论证，择优确定，并落实经费和时限。

总之，在编制生态环保措施时，从上述4项体现生态环境特点的措施和4项体现工程特点的措施出发，可纵横列表得出16个措施编制方向，再综合考虑工程建设的几个时段（设计期、施工期、营运期、关闭废弃期），措施编制方向可达几十个。从这几十个可能的措施中，经过科学的筛选和技术经济论证，可以得出一组比较适用、可行的生态环境保护措施。

11.4.3 生态环境保护措施的有效性评估

对拟采取或建议的（或规定的）环境保护措施进行有效性评估是必要的，可以避免所提出的措施本身带来的某些不利影响，其主要内容包括以下几个方面。

1. 科学性评估

主要是针对生态系统保护措施是否符合生态学基本原理。

2. 经济技术的可行性评估

主要是考察环保措施经济投资的可承受能力和投资的效益，即效益费用比。其技术可行性评估主要考察其技术的先进性、可靠性或成熟性，以及技术的有效性。

3. 采取环保措施后的"残余影响评估"

此类评估的内容与指标与前述的影响评估基本一致，但其内容是提出的环保措施是从另一个角度考察拟采用环保措施的有效性，常用的有效方法是类比调查和分析，在缺乏类比对象时可能需要通过较长期的生态监测来认定。

4. 环保措施的影响评估

在提出生态环境保护与恢复措施时，有时可能引起一些继发性影响，主要有：建议的生物措施可能造成外来物种入侵，或提出的生态移民可能引起移入地区的环境问题；建议为减缓某种生态环境影响而采取的措施可能带来另一类环境问题，如实施公路边坡对景观的影响等。

11.5　生态环境影响评价案例

——琅琊山抽水蓄能电站的生态环境影响评价

11.5.1　工程概况

1. 项目背景及工程地理位置

琅琊山抽水蓄能电站位于滁州西南郊，东经 118°15′ ~ 118°15′57″，北纬 32°17′30″ ~ 32°19′30″，距滁州市市区仅 3km，距安徽省省会合肥市 105km。

2. 工程组成与工程规模

电站总装机容量 600MW，安装 4 台 150MW 单级立轴混流可逆式水泵水轮机和电动发电机组，以 2 回 220kV 出线接入安徽电网。

工程枢纽由下水库、输水系统、电站厂房、上水库等组成，电站下水库是利用已建成的城西水库，输水系统、电站厂房、上水库等需要新建。工程等级为二级工程，主要建筑物按 2 级建筑物标准进行设计。电站工程总投资约 224918 万元；施工总工期为 5 年，第一台机组发电投产工期 4 年。

3. 施工总布置

根据施工布置条件及工程情况，本工程施工总布置采用分区布置方案，整个施工区分上水库区、厂洞区、黄草洼区、黄草洼东区共四个区，其中上水库区及厂洞区为主体工程施工区、仓库区及部分施工工厂区，黄草洼区为施工管理中心及主要生活区，黄草洼东区为设备库及部分施工工厂区。各区通过进厂及上坝公路相互连接。

4. 工程分析

琅琊山抽水蓄电能电站的运行生产属清洁生产，运行期基本不排放污染物质，但上水库蓄水、抽水发电、电站管理以及电站的非正常排放，可能带来一些环境问题。施工期产生的

"三废一噪"等对环境有一定的影响，应采取相应的措施使不利影响得到减缓。

11.5.2 生态环境背景

1. 陆生植物

生态评价范围内主要植被类型包括：①狼尾草、白毛萌生从，面积为 21.4227km²，占评价区域的 27.9%；②云实、酸枣、黄背草、野古草群落，面积为 8.9850km²，占评价区域的 11.7%；③含油桐、杜林的疏林草地，面积为 5.2381km²，占评价区域的 6.8%，④山合欢、柘树群落，面积为 3.4406km²，占评价区域的 4.5%；⑤农用地，主要作物种类为水稻、小麦、玉米、薯类等，面积为 17.7246km²，占评价区域的 23.1%。

经调查，工程永久占地及临时占地范围未发现国家及地方重点保护植物。

2. 水库陆生动物

库区原生动物种类少，数量也不多，主要有泽蛙、黑斑蛙、蝮蛇、赤链蛇、大山雀、山麻雀、褐家鼠、北草兔等。经调查，库区无国家及地方重点保护动物。

3. 下水库水生生物

根据对浮游生物、底栖动物的调查，城西水库富有植物共有 5 门 23 种。其中，蓝藻门 5 种、绿藻门 6 种、裸藻门 4 种、硅藻门 7 种、甲藻门 1 种，水库藻类平均密度为 87.3×10^4 个/L。水库蓝藻、绿藻数量占藻类总数量的比重比较大，分别为 70%、20%，为优势群种。

富有动物种类主要出现支角和原生动物，以支角类居多，占浮游动物的 90% 以上，浮游动物的平均密度为 103.1 个/L。

4. 下水库渔业

城西水库鱼类主要来源为人工放养鱼类，其次是定居性鱼类。定居性鱼类有鲤鱼、鲫鱼、鲶鱼等，人工放养鱼有鲢鱼、鳙鱼等。多年平均成鱼捕获量为 13.4×10^4 kg。从鱼类捕获群体来看，鲢鱼、鳙鱼占总捕获量的 80% 左右，定居性的鲤鱼、鲫鱼占捕获量的 10% 左右。

11.5.3 环境影响识别

根据琅琊山抽水蓄能电站的建设和运行特点，结合工程地区各环境影响因子的重要性和可能受到影响的程度，对环境影响评价的环境影响因子进行识别，工程环境影响识别方法采用环境影响因子识别表，如表 11-5 所示。

表 11-5 琅琊山抽水蓄能电站环境影响因子识别矩阵

环境因子		工 程 开 发 活 动									重要性
		工程建设						工程运行			
		主题工程施工	施工弃渣	对外交通	施工企业生产	施工人员生活	初次蓄水	上水库蓄水	电站运行	下水库运行	
局地气候	①气温							+1P			Ⅲ
	②降水							+1P			Ⅲ
	③雾							−1P			Ⅲ
	④湿度							+1C			Ⅲ
	⑤风							−1P			Ⅲ

续表

环境因子		工程开发活动									重要性
		工程建设						工程运行			
		主题工程施工	施工弃渣	对外交通	施工企业生产	施工人员生活	初次蓄水	上水库蓄水	电站运行	下水库运行	
环境空气	⑥总悬浮物	-3C		-2C	-2C						Ⅱ
	⑦铅	-1P		-1P	-1P						Ⅲ
	⑧二氧化硫	-1P		-1P	-1P						Ⅲ
	⑨其他	-1P		-1P	-1P						Ⅲ
水文泥沙	⑩流量	-1C					-1C	-1P			Ⅲ
	⑪水位	-1C					-2C	-1P			Ⅲ
	⑫洪水	-2C					+2C	+1P			Ⅱ
	⑬泥沙		-3C				-2C	+1P			Ⅱ
环境地质	⑭库岸稳定	-2C						-1C	-1C		Ⅱ
	⑮渗漏	-1C						-1C	-1C		Ⅱ
	⑯地下水	-1C						-2P	-1C		Ⅱ
	⑰泥石流	-1C									Ⅲ
水温	⑱水温							-1P			Ⅲ
水质	⑲地表水水质	-1C	-3C	-1P	-3P	-2C	-3C	-1P			Ⅰ
	⑳地下水水质	-1P	-1P					-1P			Ⅲ
生态环境	㉑陆生植物资源	-3C	-3C		-3C	-2C	-2C				Ⅰ
	㉒陆生动物资源	-2C			-2C	-2C	-2C				Ⅰ
	㉓鱼类资源								-2P		Ⅰ
	㉔水生植物								-2P		Ⅰ
	㉕浮游动物								-2P		Ⅰ
	㉖底栖动物								-3P		Ⅰ
	㉗土壤理化性状	-2C			-2C	-1C					Ⅱ
	㉘土壤肥力	-2C			-2C	-1C					Ⅱ
	㉙土地利用								-3C		Ⅰ
	㉚土壤侵蚀	-3C									Ⅰ
	㉛水土保持	-3C	-3C	-2C	-2C	-2C					Ⅰ
人群健康	㉜介水传染病					-2P					Ⅱ
	㉝自然疫源性疾病					-2P					Ⅱ
	㉞虫媒传染病					-2P					Ⅱ
	㉟地方性疾病					-1P					Ⅱ
社会经济环境	㊱能源资源利益效率								+3C		Ⅱ
	㊲地方经济								+3C		Ⅱ
	㊳资源开发								+3C		Ⅱ
	㊴工农业用水	-2C			-2C		-3C	-2P			Ⅱ
	㊵公共设施								+3C		Ⅱ
	㊶景观	-1C	-2C		-1C		-1P	+2C			Ⅱ
	㊷文物	-1C			-1C		-1C	-1C			

注：C 表示影响结果肯定，P 表示影响结果可能；1、2、3 分别表示影响程度小、中、大；+ 表示有利影响，- 表示不利影响；Ⅰ、Ⅱ、Ⅲ 分别表示各环境因子在本工程环评中的重要性分别为重要、次要、可忽略。

根据对环境影响因子的识别分析，进行评价的因子的筛选，结果如表 11-6 所示。

表 11-6　评价因子的筛选结果

环境要素	评价因子的筛选结果
地表水	pH 值、硝酸盐氮、高锰酸盐指数、氟化物、总砷、总汞、总镉、六价镉、总铅、挥发酚、总氰化物、总硬度、总大肠菌群、石油类、悬浮物、浊度、水量 底质：总磷、总氮、铜、砷
生态环境	陆生植物、陆生动物、水生植物、浮游动物、底栖动物、鱼类、水土保持、土壤侵蚀、土地利用、土壤理化性状、生态系统的完整性和持续性 壤：总磷、总氮、铜、砷
水土保持	土壤侵蚀、土地利用、水土保持设施
社会经济	能源利用、资源利用、地方经济、公共设施、景观文物
环境地质	库岸稳定、渗漏、地下水
人群健康	介水传染病、自然疫源性疾病、虫媒传染病、地方性疾病
声环境	施工噪声、交通噪声
大气环境	总悬浮颗粒物、燃油废气
环境风险	施工布置、物资运输、溃坝、逸油

11.5.4　生态环境影响预测

预测方法主要采用图形叠置法、生态机理分析法、景观生态学方法、生产力评价法。

采用景观生态学的方法，阐明评价区域内生态系统的空间结构和运行情况，模地判断是其中的重要内容。判断模地有三个标准，即相对面积大、连同程度高、有动态控制功能，具体采用优势度（D_0）来度量，优势度由密度（R_d）、频率（R_f）和景观比例（L_p）三个参数计算得出。其数学表达式如下

$$R_d =（拼块 I 的数目／拼块总数）\times 100\%$$

$$R_f =（拼块 I 出现的样方树／总样方数）\times 100\%$$

$$L_p =（拼块 I 的面积／样地总面积）\times 100\%$$

$$D_0 =0.5 \times \left[0.5 \times (R_d + R_f) + L_p \right] \times 100\%$$

电站建设运行对评价区域景观生态体系的完整性将产生影响，经计算，自然生产力将由现状的 8.67 t／（hm² · a）降至 8.42 t／（hm² · a），但仍处于较高水平，因此区域景观体系对电站建设运行产生的影响是可以接受的。另外，由于电站建成运行后仅改变了 3.79% 的植被类型，因此对模地异质化程度影响不大。所以说，电站建设对评价区域景观生态体系完整性的影响是可以接受的。

电站建成将会增大评价区域局部地段的土壤侵蚀强度，使其过渡到轻度以上强度，但由于面积较小（仅占评级区域总面积的 2.1%），因此对评价区域总体土壤侵蚀分布影响不大。

电站建设还会对土壤理化性质带来一定的影响，但由于施工结束后需进行植被恢复和土地复垦，因此这种影响可以被区域景观体系接受。

电站运行后对城西水库水生生态系统的影响主要表现在：水库水体流速增加、水位日变幅增大，导致湖泊生境特征减弱，进而导致电站低水位运行时，对浮游生物和底栖动物的区系组成产生较为明显的影响，水库初级生产力将有所下降。另外，由于水位日变幅增大、浮游生物数量减少，渔业生产，特别是定居性鱼类的捕获量将下降，人工放养鱼类的产量也将

出现不同程度的降低。

11.5.5　环境保护措施

针对电站工程对环境的不利影响，应采取环境保护措施，使不利影响得到减免和改善。

1. 筹建期环境保护措施

①筹建环境管理机构。

②进行环境管理人员培训。

③审核琅琊山抽水蓄能电站环境影响评价成果，并保证把环境评价报告书中有关环保措施列入工程最终设计文件。

④招标文件及合同文件中必须包括环境保护条款。

⑤生产及生活污水处理工程招标及措施。

2. 施工期环境保护措施

①对施工期生产废水、生活污水的治理及生活垃圾的处理、噪声及粉尘的防护。施工期的沙石料加工系统生产废水经处理后循环利用，地下系统生产废水经絮凝沉淀、过滤、活性炭吸附处理达标后由封闭的排水管道排入城西水库坝下的滁州市市政管道，上水库区生产废水经沉淀和过滤后流入红花桥水库，生活污水经生化处理达标后由管道排至城西水库下游；将生活垃圾集中收集后，进行卫生填埋处理；对施工噪声主要采取隔声间、个人防护等措施；对粉尘采取除尘、洒水及个人防护等措施。经过实施污染治理措施后，使污染物排放达到相应的排放标准，从而达到环境保护、减少不利环境影响的目的。

②为保证运行期城西水库水质，在电站出水明渠与库边衔接段铺填或抛填碎石垫层，并对电站厂房污水和生产管理区生活污水进行处理，处理后的出水排放至城西水库下游。

③对生态环境的保护和新增水土流失治理工作。电站水土保持方案的目的是实现新增水土流失的有效防治和改善项目区生态环境。新增水土流失防治，采取工程措施与植物措施相结合，根据施工区域的特点，建立分区防治体系。在弃渣场等"点"状位置，以工程措施（拦渣工程和护坡工程）为主，辅以土地整治措施和绿化工程措施；在施工公路等"线"状位置，以工程措施（拦渣工程和护坡工程）为主，绿化工程措施为辅；在整个施工区"面"上，以工程措施和绿化工程措施相结合，合理利用水土资料，使防治责任范围内的水土流失得到有效控制，改善项目区生态环境。

④采用"灌""堵"结合，"灌"为主的处理方法，对上水库库区进行防渗处理。

⑤针对电站施工期的运输风险，制定相应的风险管理措施和减缓措施，降低风险发生概率。

⑥对人群健康的保护。购置药品、医疗设备等，进行灭鼠杀虫、疫情抽检及职工健康检查，进行库周卫生清理，完善各项公共设施，保证施工工人及居民生活饮用水的水质，并加强施工区的环境卫生管理，保护施工人员和库区居民的身体健康。

⑦加强施工期环境管理、环境监测和环境监理。电站建设环境保护管理机构负责监督落实电站施工期的各项环境保护措施。对施工区地表水、大气、噪声环境、水土流失及人群健康等进行监测和调查，及时掌握环境质量现状、污染物排放情况及人群健康状况。实施环境监理，使工程环境保护措施能够得到有效实施。

3. 运行期

电站运行期环境保护的主要任务是保护地表水水质和生态环境，加强管理，预防水污染和生态环境破坏事故的发生。电站运行期工程环境保护管理的主要内容包括制定环境管理目标、设置环境保护机构、制定环境管理任务、确定并执行环境管理计划等。

开展运行期水质及生态监测工作，应密切注意水质及生态环境的变化动态，防治水污染和生态环境破坏事故的发生。

11.5.6 结论

琅琊山抽水蓄能电站项目区自然环境现状质量较好、社会经济较为发达、景观生态体系属良好等级；电站的运行生产属清洁生产，对环境产生不利影响主要发生在施工建设期，如施工期产生的"三废一噪"和对生态环境、水土保持的影响，以及运行期对城西水库水质的影响等，但这些不利的环境影响经采取综合治理措施后均可得到减免或消除；电站的建设对自然生态环境和社会环境的有利影响是主要的，不利影响只是次要的、暂时的，该工程是一项总体上对环境有利的水电工程。因此，从环境保护角度出发，兴建本工程是可行的。

第12章 区域环境影响评价

12.1 区域环境影响评价概论

12.1.1 区域环境影响评价的概念

随着我国经济建设的迅猛发展，出现了众多区域性开发建设项目，如经济技术开发区、高新技术产业开发区、旅游度假区、仓储保税区及边贸开发区等，即在一个相同的地区和相近的时间内相继开展多个建设项目。这时，如果分别对各建设项目进行环境影响评价，则不能准确预测最终的环境变化，也不能说明区域开发的总体环境影响，也就不可能采取合理的环境保护对策，难以保证环境质量目标的实现。因此，应把此类开发建设项目看做一个整体，考虑所有的区域开发建设行为，开展区域开发环境影响评价，简称区域环境影响评价。简而言之，区域环境评价就是在一定区域内以可持续发展的观点，从整体上综合考虑区域内拟开展的各种社会经济活动对环境产生的影响，并据此制定和选择维护区域良性循环、实现可持续发展的最佳行动规划或方案，同时也为区域开发规划和管理提供决策依据。

1998年11月18日经国务院第10次常务会议通过《建设项目环境保护管理条例》，第五章第三十一条规定"流域开发、开发区建设、城市新区建设和旧区改建等区域性开发，编制建设规划时，应当进行环境影响评价。"由此进一步明确了区域环境影响评价的对象和时段，并为开展区域环境影响评价提供了法律依据。

12.1.2 区域环境影响评价的特点

区域环境影响评价相对于单个建设项目的环境影响评价，具有以下的特点：

（1）广泛性和复杂性

区域环境影响评价是系统工程。它包含生态环境、资源资产、经济产业、社会生活、公众福利与健康等诸多内涵，相当广泛且复杂，因此环境影响评价中应注意：经济社会与生态环境协调发展原则，景观生态与环境资源合理配置原则，坚持可持续发展原则等。区域环境及其发展是时空广延、因素众多、结构复杂、层次交错、功能综合的大系统。环境影响评价要遵循这个特征与规律。

区域环境影响评价的对象包括区域内所有的开发行为和开发项目，其影响范围在地域上、空间上和实践上都远远超过单个建设项目，一般小至几十平方公里，大至一个地区或一个流域；其影响包括区域内所有建设行为对自然、社会经济和生态的全面影响。此时，相对于单个建设项目评价，区域环境影响评价具有范围广、内容复杂的特点。

（2）战略性

区域环境影响评价实质是区域性战略环境影响评价，要考虑将宏观战略、中观战略、微观战略融为一体，统一评估，其目的在于确保环境保护纳入区域战略发展的总体规划和计划之中，能在规划、计划、决策、实施中使开发活动与生态环境同步规划、设计和实施，并尽可能降低由于决策失误带来的消极影响。在评价标准中强调价值判断，明确评价必须具有明显的目的性、层次性、策略性、可操作性、充分性、有效性，特别是要强调环境与社会经济的总体性、全局性。并要建立包括环境指标、经济指标、社会指标、资源指标、生态指标5个层次的评价指标体系。并在产业发展上考虑产业生态，实现循环经济。

区域环境影响评价是从区域发展规模、性质、产业布局、产业结构及功能布局、土地利用规划、污染物总量控制、污染综合治理等方面论述区域环境保护和经济发展的战略性对策。

（3）不确定性

区域开发一般是逐步、滚动发展的，在开发初期只能确定开发活动的基本规模、性质，而具体入区项目、污染源种类、污染物排放量等不确定因素较多。区域发展规划随着时间的推移都会有适当的调整，甚至发生较大的改变，所以区域环境影响评价具有不确定性。

（4）评价时间的超前性

区域开发在空间上是广泛的、多方位的，在时间上具有长远性和历史性，这是区域发展的本质特征。由此，在环境规划与环境影响评价中必须要有超前意识，根据发展目标，在区域建设中要有战略眼光的发展规划，要有高起点和前瞻性，要重视区域发展中的生态环境建设，抓好产业生态、景观生态、人居生态的规划设计，力求人文生态与自然生态相协调，从总体上实现人与自然和谐。

区域环境影响评价应在制定区域环境规划、区域开发活动详细规划之前进行，以作为区域开发活动决策不可缺少的参考依据。只有在超前的区域环境影响评价的基础上才能提出对区域环境影响最小的整体优化方案和综合防治对策，以最小的环境损失获得最大的社会、经济和生态效益。

（5）评价的方法多样性（定量与定性相结合）

区域环境影响评价具有广泛性和复杂性，评价内容较多，预测的内容也较多，可能涉及社会经济影响评价、生态环境影响评价和景观影响评价等。同一预测项目又常采用几种预测方法，且某些评价指标是难量化的，必须是定性分析与定量预测相结合。因此，评价方法也需随区域开发的性质和评价内容的不同而有所区别，呈现出多样性。

（6）更强调社会、生态环境影响评价

区域开发活动涉及的地域范围较广，人口较多，对区域社会、经济发展影响较大，同时区域开发活动是破坏一个旧的生态系统，建立一个新的生态系统的过程。因此，社会和生态环境影响评价应是区域影响评价的重点。

区域环境影响评价中重视生态建设，通常以景观生态、产业生态、人居生态、人文生态为重点。其中景观生态是基础，是区域生态环境的总纲，景观生态的景观特征要评估，景观的布局，包括形状、线条、颜色、组成、结构等基本要素与景观特性的多样性、美学性、强度、协调等，这些因素表明了该区域和周围地区的区别与相同。景观生态是由自然生态与人文生态的客观物质组成，它既要有自然与人文、生命与非生命的协调和谐，又要有鲜明的光、线、形、形态和性质等总体综合呈现的特定形式或格局的景观，既具有满足人类审美要求的客观意义，又具有生机盎然、朝气蓬勃的发展态势，使区域呈现"天人合一"和自然人文和谐的持续发展态势。

区域环境影响评价与项目环境影响评价的区别和联系如表 12-1 所示。

表 12-1　区域与项目环境影响评价对比表

比较内容	区域环境影响评价	建设项目环境影响评价
评价对象	包括区域社会经济发展规划中所有拟开发行为和开发项目	单一建设项目或几个建设项目联合，呈单一性
评价范围	地域广，空间大，属区域型	地域小，空间小，属局地性
评价方法	多样性，全方位性，长远总体战略性	专一性
评价人员知识结构	注重具有较强识别环境问题、解决环境问题能力的评价单位牵头，涉及学术领域广，需多学科结合，跨学科综合	除一般评价专业人员外，强调与建设项目有关的工程技术人员参与
评价精度	采用系统分析方法对整体进行宏观分析，反映全局合理性，宜粗不宜细，粗中有细，关键是区域长远总体战略	精度要求高，强调计算结果的准确性和代表性
评价所处时段	在区域规划期间进行，对于开发活动来讲，具有超前性、时空广泛性	一般在项目可行性研究阶段完成，与开发项目同步
评价任务	不仅分析区域经济发展规划中拟开发活动对环境影响程度，而且重点论证区域内未来建设项目的布局、结构、资源的合理配置，提出对区域环境影响最小的整体优化方案和综合防治对策，为制定环境规划提供依据（微观与宏观相结合管理）	根据建设项目的性质、规模和所在地区的自然环境、社会环境状况，通过调查分析和影响预测，找出对环境的影响程度，在此基础上作出项目是否可行的结论，提出环保对策建议（微观管理）
评价指标	反映区域环境与经济协调发展的各项环境、经济、生活质量等指标（体现核心：可持续发展）	注意环境质量指标（水、气、噪声等）

12.1.3　区域环境影响评价的主要类型

区域环境影响评价的类型与环境规划的类型是相互对应的。一般来讲，制定某种类型的环境规划，就应开展相同类型的区域环境评价。为了达到特定的目的和要求，根据评价的性质、行政区划、区域类型、环境要素等，可以把区域环境影响评价划分成若干类型，但与开发建设项目紧密相连的主要有以下两种。

1. 开发区建设环境影响评价

我国沿海省市开辟了一系列新经济开发区、高科技园区、保税区等，这些区域一般都有各自的经济发展规划，有的制定了区域环境规划。因此，应该在此基础上开展相应的区域环境影响评价。

2. 城市建设与开发环境影响评价

城市建设与开发包括城市新区建设与老区改造，前者主要是具有相当规模的居住、金融、商贸和娱乐区域的开发，以及城市化过程中的城镇建设；后者的显著特点是依托现有工业基地，以老骨干企业为主，利用它们的经济基础和技术优势进行新建、扩建和改造，以扩大再生产，从而形成了许多以大型企业为主的老工业开发区。

此外，根据《建设项目环境保护管理条例》的规定，流域开发也属于区域开发。

12.1.4　区域环境影响评价的原则

区域环境影响评价是区域规划的重要组成部分，着重研究环境质量现状、确定区域环境要素的容量以及预测开发活动的影响。因此，它是一项科学性、综合性、预测性、规划性和实用性很强的工作，应遵循如下原则。

1. 同一性原则

要把区域环境影响评价纳入环境规划之中，应在制定环境规划的同时开展区域环境影响评价工作。

2. 整体性原则

区域环境影响评价涉及协调和解决开发建设活动中产生的各种环境问题，包括所有产生污染和生态破坏的各个部门、地区和建设单位。应全面评价各建设项目的开发行为以及各开发项目之间的相互影响，因此必须从整体观点认识和解决环境影响问题。不但要提出各建设项目的环境保护措施，还要提出区域开发集中控制的方案对策。

3. 综合性原则

在区域内广大地区和空间范围内，评价工作不仅要考虑社会环境，还要考虑自然环境以及生活质量影响。因此在评价分析中必须强调采用综合的方法，以期得到正确的评价结论。

4. 战略性原则

区域环境影响评价不仅要评价区域开发活动对周围环境的污染影响，还应从战略层次，评价区域开发活动与其所在区域的发展规划的一致性，区域开发活动内部功能布局的合理性，并从总量控制的思想提出开发区入区项目和限制项目的划分原则，污染物排放控制总量和削减方案。

5. 实用性原则

区域环境影响评价的实用性集中在制定优化方案和污染防治对策方面，应该是技术上可行、经济上合理、效果上可靠，能为建设部门所采纳。

6. 可持续性原则

区域开发活动往往是一个长期滚动的发展过程，因此，在区域环境影响评价中，不仅要从可持续发展角度评价区域开发活动对环境的影响，而且更重要的是应该通过对区域开发活动及其环境影响的分析与评价，帮助建立一种具有可持续改进功能的环境管理体制，以确保区域开发的可持续性。

12.1.5 区域环境影响评价的目的及意义

区域开发活动是在一定地域范围内有计划地进行一系列开发建设活动，因此区域环境影响评价的对象是区域内所有的拟开发建设行为。其目的是通过区域开发活动环境影响评价以完善区域开发活动规划，保证区域开发的可持续发展。通常情况下，区域环境影响评价发生在区域开发规划纲要编制之后和区域开发规划方案确定之前。在实际工作中，区域开发规划设计方案编制和环境影响报告书编制是一个交互过程，环境影响评价在区域开发规划的一开始就介入，从区域环境特征等因素出发，考虑区域开发性质、规划和布局，帮助制定区域开发规划方案，并对形成的每一个方案进行评价，提出修改意见，对修改后的方案进行环境影响分析，直至帮助最终形成区域经济发展与区域环境保护协调的区域开发规划和区域环境管理规划，促进整个区域开发的可持续性。

区域环境影响评价从宏观角度对区域开发活动的选址、规模、性质的可行性进行论证，避免重大决策失误，最大限度地减少对区域自然生态环境和资源的破坏。通过区域环境影响评价，可为区域开发各功能的合理布局、入区项目的筛选提供决策依据。

通过区域环境影响评价，有助于了解区域的环境状况和区域开发带来的环境问题，从而有助于区域环境污染总量控制规划和建立区域环境保护管理体系，促进区域真正的可持续发展。

区域环境影响评价可以作为单项入区项目的审批依据和区域内单项工程评价的基础和依据，减少各单项工程环境影响评价的工作内容，也使单项工程的环境影响评价兼顾区域宏观特征，使其更具科学性、指导性，同时缩短其工作用期。

12.2　区域环境影响评价程序与内容

12.2.1　区域环境影响评价工作程序

区域环境影响评价与建设项目环境影响评价工作程序基本相同，大体分为三个阶段，即准备阶段、评价工作阶段和报告书编写阶段。

应该说明的是，区域开发建设项目涉及多项目、多单位，不仅需要评价现状，而且需要预测和规划未来，协调项目间的相互关系，合理确定污染分担率。因此，为使区域环境评价工作成果更有针对性和符合实际，应在评价中间阶段提交阶段性中间报告，向建设单位、环保主管部门通报情况和预审，以便完善充实，修订最终报告。

区域环境影响评价技术路线如图 12-1 所示。

12.2.2　区域环境影响评价的基本内容

1. 区域环境现状调查与评价

区域环境现状调查主要包括区域环境背景资料的收集和区域环境现场监测两种方式。调查的内容包括开发区域及周围地区的社会经济状况、自然环境、生态环境和生活质量等。区域环境监测包括对大气、水体、土壤、生态和噪声的现状监测及其背景值的研究。区域环境现状评价就是在现状调查的基础上，根据环境监测数据，以国家和地方环境质量标准为依据，运用一定的评价方法给出区域环境现状的结论。

2. 区域总体发展规划

区域总体发展规划是为确定区域性质、规模、发展方向，通过合理利用区域土地，协调空间布局和各项建设，实现区域经济和社会发展目标而进行的综合部署。区域总体规划侧重于从区域形态设计上落实经济、社会发展目标，环境的保护与建设是其中的重要内容，它同环境现状调查与评价一样，作为区域开发中环境问题识别与筛选的依据和基础，同时，区域环境影响评价也需要对其发展规划的合理性、可行性给出评价和建议。

3. 环境问题的识别和筛选

依据区域环境现状质量评价结论、区域资源特点及区域社会经济发展目标，识别筛选出该区域开发建设的主要环境问题及环境影响因子。

4. 区域环境影响分析

区域环境影响分析是在区域环境问题识别和筛选的基础上，分析区域开发活动对区域环境的影响，为作出最终的环境影响评价做准备，主要包括区域环境污染物总量控制分析和区

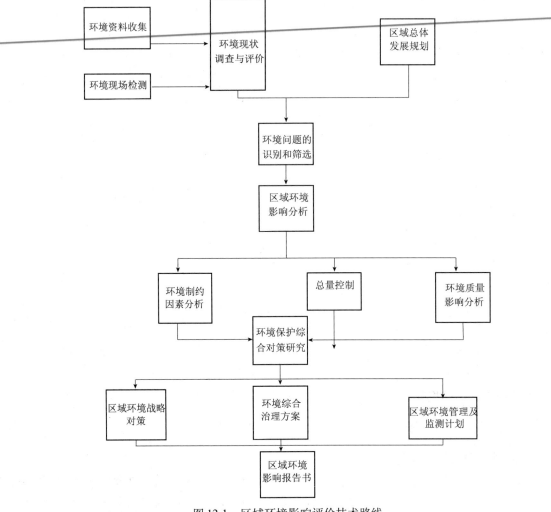

图 12-1　区域环境影响评价技术路线

域环境制约因素分析两方面。

5. 环境保护综合对策研究

（1）区域环境战略对策

主要任务是保证区域环境系统与区域社会、经济发展相协调。通过以资源合理开发利用为主要内容的宏观环境分析提出相应的协调因子和宏观总量控制目标，并指导各环境要素的详细评价。

（2）环境综合治理方案

首先要从经济和环境两个方面进行全面规划，尽量减少污染物排放量；其次是合理布局，充分利用各地区的环境容量，对必须进行治理的污染物，采取集中处理和分散治理相结合的原则，用最小的环境投资取得最大的环境效益等整套污染综合防治办法，经济的、有效的解决经济建设中的环境污染问题。

（3）区域环境管理计划

区域环境管理计划是为保证环境功能的实施而制定的必要的环境管理措施和规定。

12.2.3 区域环境影响评价报告书

由于区域环境开发涉及因素较多，层次复杂，具有战略性、复杂性、广泛性和不确定性等特点，每个区域都有藏身的特点，所以很难给出个固定不变的评价报告书格式。我们应根据开发区域自身的规模、类型、地理和开发特点等因素确定区域环境影响报告书的具体格式。区域环境影响报告书的编写，应按批复的环境影响评价大纲的要求进行，符合工作大纲规定的内容和深度。

12.3 区域开发的环境制约因素分析

区域环境影响评价的对象是区域开发规划方案，它的总目标是区域可持续发展。区域环境影响评价通过区域环境承载力分析、土地利用和生态适宜度分析，可以从宏观角度对区域开发活动的选址、规模、性质进行可行性论证，从而为区域开发各功能的合理布局和入区项目的筛选提供决策的依据。

12.3.1 区域环境承载力分析

1. 区域环境承载力的概念

人类赖以生存和发展的环境是一个具有强大的维持其稳态效应的巨系统，它既为人类活动提供空间和载体，又为人类活动提供资源并容纳废弃物。对于人类社会活动来说，环境系统的价值体现在能对人类社会生存发展活动的需求提供支持。由于环境系统的组成物质在数量上存在一定的比例关系，在空间上有一定的分布规律，所以它对人类活动的支持能力有一定的限度，或者说存在一定的阈值，我们把这一阈值定义为环境承载力。环境承载力是在某一时期、某种状态或条件下，某地区的环境所能承受的人类活动作用的阈值。

区域开发和可持续发展是当前区域经济发展中所面临的两个重要问题，表现为如何协调区域社会经济活动与区域环境系统结构的相互关系，这就是区域环境承载力所要解决的问题。区域环境承载力是指在一定时期和一定区域范围内，在维持区域环境系统结构不发生质的改变，区域环境功能不朝恶性方向转变的条件下，区域环境系统所能承受的人类各种社会经济活动的能力，即区域环境系统结构与区域社会经济活动的适宜程度。

2. 区域环境承载力分析的对象和内容

环境科学是以人类—环境系统为研究对象，区域环境承载力是在人们对人类—环境系统有了较深刻认识的基础上提出来的。人类与环境的协调，仅从污染物的预防治理方面来考虑已经不能解决问题，必须从区域环境系统结构和区域社会经济活动两个方面来分析。因此区域环境承载力的研究对象就是区域社会经济、区域环境结构系统，包括两个方面的内容：一是区域环境系统的微观结构、特征和功能；一是区域社会经济活动的方向、规模。把两个方面结合起来，以量化手段表征出两个方面的协调程度，是区域环境承载力研究的目的。

区域环境承载力研究包括：区域环境承载力的指标体系；表征区域环境承载力大小的模型及求解；区域环境承载力综合评估，与区域环境承载力相协调的区域社会经济活动的方向、规模和区域环境保护规划的对策措施。

3. 区域环境承载力的指标体系

要准确客观地反映区域环境承载力，必须有一套完整的指标体系，它是分析研究区域环境承载力的根本条件和理论基础。

建立环境承载力指标体系必须遵循以下原则：

①科学性原则，即环境承载力的指标体系，应从为区域社会经济活动提供发展的物质基础条件以及对区域社会经济活动起限制作用的环境条件两方面来构造，并且各指标应有明确的界定；

②完备性原则，即尽量全面地反映环境承载力的内涵；

③可量性原则，即所选指标必须是可度量的；

④区域性原则，环境承载力具有明显的区域性特征，选取指标时应重点考虑能代表明显区域特征的指标；

⑤规范性原则，即必须对各项指标进行规范化处理以便于计算，并对最终结果进行比较等。

环境承载力的指标体系应该从环境系统与社会经济系统的物质、能量和信息的交换上入手。即使在同一个地区，人类的社会经济行为在层次和内容上也完全可能会有较大差异，因此不应该也不可能对环境承载力指标体系中的具体指标作硬性的统一规定，只能从环境系统、社会经济系统之间物质、能量和信息的联系角度将其分类。一般可分为三类：

第一类，自然资源供给类指标，如水资源、土地资源、生物资源、矿产资源等。

第二类，社会条件支持类指标，如经济实力、公用设施、交通条件等。

第三类，污染承受能力类指标，如污染物的迁移、扩散和转化能力、绿化状况等。

4. 区域环境承载力的量化研究

区域环境承载力的指标体系建立之后，对环境承载力的研究就是对环境承载力值进行计算、分析，并提出相应的保持或提高当前环境承载力值的方法措施。一般来说，这些指标与经济开发活动之间的数量关系是很难确定的，一方面是因为这种关系本身是非常复杂的，如大气中 SO_2 的浓度值不仅与区域的能源消耗总量有关，而且还与当地的能源结构、环保设施投资状况等有关；另一方面，所选取的指标除与人类的经济活动有关外，还可能受到许多偶然因素的影响，如降雨可将大气中的许多污染物（如 SO_2）转移到水环境中，使环境承载力的结构发生变化，这些都给环境承载力的量化研究造成了一定的困难。目前有许多学者正致力于如何使环境承载力的量化具有科学性和普适性的研究。现在人们一般是针对某一具体的区域来进行环境承载力的量化研究，如在湄州湾的环境规划中，就是用公式表示第 j 个地区环境承载力的相对大小的：

$$I_j = \sqrt{\frac{1}{n} \sum_{i=1}^{n} \overline{E_{ij}^2}} \tag{12-1}$$

在式中，$\overline{E_{ij}}$ 是进行归一化后的第 i 个环境因素地 j 个地区的环境承载力，其中

$$\overline{E_{ij}} = \frac{E_{ij}}{\sum_{i=1}^{n} E_{ij}} \tag{12-2}$$

E_{ij} 是第 i 个环境第 j 个地区的环境承载力，表示 E_{ij} 所选用的指标简单而实用，如选取风俗指标来表示各区域的大气环境承载力，风速越大，则表示该区域的大气环境承载力越大等。湄

州湾环境规划时环境承载力理论的应用是一个成功的实例。研究者还讨论了其他的量化方法，如专家打分、灰色系统分析法、专家系统方法等，所有这些方法的关键都集中在指标的筛选、各指标权重的确定及指标值的预测等方面。

总值环境承载力的量化研究是环境承载力理论的一个重要研究内容。环境承载力既然是某一区域环境的一个客观存在的量，那么即使不存在一个普遍适用的计算环境承载力的公式，也应能找到合理分析环境承载力的科学方法，或者找出近似表达某些类型的区域环境承载力的公式。这都会促进环境承载力理论的发展及其实践应用。

12.3.2 土地使用和生态适宜度分析

各项开发活动的迅速发展，促使对土地的需求日益增加，现在已有的可开发土地已不能满足长期发展的需要。因此，土地的开发不得不考虑过去被视为不宜开发的土地。但如果对此类地区与整个自然环境认识不清，忽略其自然环境的承受能力及土地使用适宜性，过度或不当的开发行为将导致自然灾害的发生、生态体系的破坏等环境负效应。故为了更好地开发使用土地，合理使用土地资源，应当对土地使用进行适宜性分析。

土地是有限资源，是人类可利用的最宝贵的资源，是人类生产和生活所依赖的物质条件，其服务功能是综合性的，其价值具有可变性与增值性，要求对土地科学合理规划利用。土地使用适宜性分析是区域环境影响评价的重要内容，它提供了区域环境的发展潜力和承载能力。社会经济发展总体规划能否实现，取决于在特定环境条件下土地能否合理、科学地利用，因而对土地利用的适宜性评价可为区域开发行业结构在空间的布局调整提供依据，对区域开发的可持续发展具有十分重要的意义。但总的来讲，环境资源的使用及其对人类影响，是随着空间和时间的迁移而变化不定的。

因此，要求系统而全面地对土地使用适宜性及环境影响进行精细的分析评价，目前还存在着一定的困难。不可能完全定量地把所有环境变量都结合在决策模型中，而只能按优劣序列排队，采取非参数的溶剂学方法或多目标半定性分析技术，求得准优解，作为决策依据。具体的方法有矩阵法、图解分析法、叠图法以及环境质量评价法，这些方法往往结合在一起使用。下面介绍一种土地使用适宜性分析的综合方法。该方法曾被成功地应用于"京津塘高速公路沿线两侧（天津段）土地使用适宜性分析"等实际工作之中。

土地使用适宜性分析的过程如图 12-2 所示。

图 12-2 土地使用适应性分析过程图

12.3.3 区域开发方案合理性分析

在土地及生态适宜度分析的基础上，充分综合考虑地理区位、气候水文、资源资产、历史文化、人文生态等条件，对区域发展方案进行合理性分析，它主要包括以下几个方面的内容。

1. 区域开发与城市总体规划的一致性分析

区域开发是更大范围内的地域或城市总体规划的一部分，开发区的性质是否符合地域或城市总体规划的要求，或者与周围各功能区是否一致，将直接影响整个地域或城市的环境质量。开发区是否符合地域或城市总体规划的要求，是否与周围环境功能区协调，实际上取决于开发区的性质和选址是否合理。因此，在区域开发环境影响评价中，应从开发区的性质和整个区域的环境特征出发，分析开发区的性质与选址的合理性是区域开发环境影响评价的重要内容。

2. 开发区总体布局与功能分区合理性分析

开发区规划合理性分析，不仅要看开发区与整个地域或城市总体规划布局的一致性，还要重视开发区内部布局或功能分区的合理性。在区域开发总体规划布局时，如能对各功能进行合理的组织，将性质和要求相近的部分组合在一起，就能各得其所，互不干扰，有利于开发区的环境质量。在开发区总体布局的合理性分析方面，如何从各种功能对环境的影响及对环境的要求出发，综合分析开发区总体布局的合理性，具有十分重要的意义。开发区总体布局的合理性分析，应从下面几个方面考虑。

（1）工业区用地布局的合理性分析

工业用地是工业开发区的重要组成部分，其布局合理与否，对开发区环境具有重要的影响。因此，在开发区布局规划时，首先需要解决工业用地。一般来说，工业用地合理性分析包括以下两个方面。

1）工业用地与其他用地关系分析

工业用地与其他用地关系合理性分析应考虑：①是否与居住等用地混杂，如果工业用地与开发区内的居住、商业、农田混杂，将导致居住区被工厂包围，居住环境受到严重影响；由于各项用地犬牙交错，限制今后各项用地发展；相互干扰，不利生产，也不便生活。②污染重的工业是否布置在开发区小风风频出现最多的风向，从污染气象条件讲，位于静风和小风上风向则对周围环境污染较严重。因此，工业用地布置应避免在小风风频出现最多的上风向。

2）工业用地内部合理性分析

工业用地内部的合理布置既有利于生产协作，同时也可减少不良影响，有利于保护环境。工业用地内部合理性分析可从以下几方面考虑：①企业间的组合是否有利于综合利用；②相互干扰或易产生二次污染的企业是否分开；③是否将污染较重工业布置在远离居住区一端。

（2）交通布局的合理性分析

开发区的交通运输担负着开发区与外界及开发区内部的联系和交往功能。交通工具在运行中均产生不同程度的噪声、振动和尾气污染。因此，分析开发区交通布局的合理性，是开发区规划方案评价的重要内容之一。

布置开发区的内部交通，应考虑以下内容：①根据不同交通运输及其特点，明确分工，使人车分离，减少人流、货流的交叉；②防止干线交通直接穿越居民区，防止迂回往返，造成能源消耗的增加、运输效率的降低和污染的重复与扩大；③开发区对外交通设施，如车站等，尽可能布置在开发区边缘，对外交通路线应避开穿越开发区等。因此，在评价中应尽可能从上述方面论证交通组织的合理性。

（3）绿地系统合理性分析

绿地对改善开发区的环境具有极其重要的作用，研究证明绿地具有放氧、吸毒、除尘、杀菌、减噪和美化环境的作用。

开发区绿地合理性分析可以从下列两个方面加以考虑：①绿化面积或覆盖率。足够的绿地面积或绿地覆盖率是发挥绿地改善环境作用的重要因素。②绿化防护带的设置。绿化防护带的合理设置，可使开发区内污染源与生活区隔离，从而减轻对生活区的污染影响。开发区防护带的设置是否合理，取决于防护带位置是否合理，以及防护带有效宽度或距离是否能防止污染源对周围环境的影响，或是否符合国家关于防护距离的规定。

总之，环境通过环境承载力分析、土地及生态适宜度等分析，可找出区域可持续发展的影响因子，并对土地利用进行合理规划，使区域开发及布局更合理，符合可持续发展的需求。

12.4　环境战略对策分析

区域环境影响评价应与区域开发的土地利用规划以及社会、经济发展规划相协调。在区域环境中为保证建立一个有效的协调机制，在总体对策中可以划分为环境战略对策和专项环境对策两个层次。

环境战略对策应以经济和社会发展的需求为基础，针对现状分析和趋势预测中的主要环境问题，通过对相关资源的输入、转换、分配和使用的全过程分析，弄清主要污染物的宏观总量及其发展趋势以及与经济、社会发展的关系。从经济和社会发展的结构、规模、发展速度的角度协调与区域环境的关系。研究宏观环境总体战略，提出解决问题的基本途径。

在这一分析过程中，区域发展规划是基础，资源分析是核心，总量控制是手段，协调发展是目的。其中，区域宏观总量控制既是区域环境战略分析的重要组成部分，同时也是区域环境综合整治的主要内容。

12.4.1　技术路线

区域环境战略重点分析区域社会与经济发展过程中主要资源消耗与环境污染的相互关系，从资源利用的宏观全过程分析中探讨通过提高科技水平与减少资源流失量，减轻环境压力。同时，针对各类资源消耗过程中产生和伴生的主要污染物质实行宏观总量控制，从而达到从总体上把握污染控制水平，促进区域协调发展的目的。其主要内容及结构关系如图12-3所示。

12.4.2　区域发展总体趋势及资源需求分析

1. 区域发展趋势分析

首先应从区域总体规划出发，分析区域发展定位的合理性。同时分析区域的主要功能即生产功能、生活功能、生态还原功能等。主要内容包括以下几个方面。

①国民生产总值及其第一、第二、第三产业比例关系的现状及变化趋势。

②工农业总产值及农、轻、重比例现状及发展趋势分析。

图 12-3　区域环境战略对策分析技术路线

③工业总产值、按行业分类的统计及其变化趋势，主要支柱产业的发展与变化。

④主要工业产品的产量，主要原料消耗指标的横向对比分析和变化趋势分析。

⑤区域人口规模现状及发展变化趋势。

⑥区域建设总体规模现状与变化趋势，其中包括：区域占地或建成区面积及发展；区域建筑总面积及发展；区域道路建设与发展；区域给排水建设与发展，区域煤气化、热网化的建设与发展；区域绿化总规模变化与发展；区域垃圾处理方式等。

2. 资源预测方法

常规的资源需求预测方法有人均资源消费法、分部门资源预测法以及时间序列法、投入产出法和弹性系数法等可以根据实际情况选用合适的预测方法。这里介绍常用的弹性系数法。

3. 能源供需平衡与能流分析

能流分析是宏观环境规划基本方法之一，能流分析针对能源的输入、转换、分配、使用的全过程进行系统分析，以剖析大气污染物的产生、治理、排放规律，找出主要环境问题，找出解决问题的最佳方案。能流分析的基本内容包括以下三个方面。

①能流过程分析。其中能流输入过程重点分析总量、结构和污染物含量。能流集中转换过程重点分析转换总量、比例、效率、投资及其环境效益。能流分配过程重点分析能流分配的合理性。终端用能过程重点分析总量、结构和对大气环境的危害。

在各个能流过程中，重点能源种类是煤，应紧密结合我国大气污染以煤烟型污染为主的特点，特别注意分析煤的集中转换过程，其中包括煤电、煤热、煤焦、煤气、型煤等过程，其转换的总量、效率、比例关系反映了城市能源供需技术的总体水平，其发展潜力也是环境宏观规划的基础。

②能流平衡分析。重点分析能流各阶段输入、输出和流失量之间的平衡关系，包括能量和污染量两个方面。污染物流失量又包括排放量和治理量，其比例的大小反映了城市能源系统先进程度和对污染的控制能力。

③能流过程优化分析。在能流转换效率、排污系数、投资费用系数、经济技术约束等参数的分析基础上，采用数学规划方法建立优化分析模型，主要目的在于合理优化能源分配途径，合理安排能源改造项目，以控制大气污染。

优化分析仍以能流图为基础，但要充分考虑规划期内可能增加的新能源形式和转换过程。其中各能流的效率系数和排污系数应充分考虑各规划期内科技进步的因素并与费用系数相对应，还应与详细规划参数相协调，在能流优化分析中常用的数学规划方法有多目标线性规划和目标规划等方法。利用这些方法除可直接得到城市优化的能流规划方案外，更重要的是可以建立起目标间的相互关系，为决策提供重要依据。

4. 水资源平衡与水流分析

水流分析是区域宏观水环境分析的重要方法。水流分析主要针对水资源的开发、调入、使用、排放、处理与回用、排放对环境影响等过程进行综合性与系统性分析，针对各环节提出的主要问题，找出解决的措施与方案。

水流分析的基本内容包括：建立水流图、水资源开发与输入分析、用水分析、污水排放与处理措施的分析以及协调分析。其中协调分析包括：水资源结构、总量与用水量的协调，污水量、污染物总量与处理设施的协调，区域污水综合治理能力与水环境目标之间的协调等，考虑的主要因素是经济发展的规模与结构，经济承受能力。

水资源短缺，水环境质量恶化是许多区域在发展过程中突出的环境问题。在区域发展过程中，用水对资源的需求、排放对环境的压力都将不断增加，因此要从发展的角度来分析问题。

水流系统从资源开发到向受纳水体排放的全过程主要分为四个阶段。

①在开采水资源阶段，应重点分析在规划年度内水资源的开发极限。水资源开发带来的主要生态环境问题，如地面沉降，地下水位下降，地面水域减少，生活、工业与农业争水，土壤沙化面积扩大等。同时要分析水资源结构与分配的合理性问题，包括水质、水量分配的合理性。

②在水的使用阶段，重点分析规划期内用水量的变化情况。特别是工业用水，不同部门和行业用水系数变化很大，应按部门和行业进行分析和预测，要充分考虑节水措施、改进工艺、技术进步等因素。工业用水总量与城市中工业结构和发展规模有关，这是调整城市经济发展规划的关键因素之一。特别是对缺水城市，应将高耗水的工业部门的发展速度和规模适当下调，以使水资源、经济发展与水环境之间达到相互协调。

③在污水的产生与排放阶段，分析的重点也应放在工业废水方面。要按行业或部门分析其排污总量，包括污水量和所含污染物质的总量。污水和污染物质的排放量与各部门的行业治理水平紧密相关。各行业的分散治理一般应以有毒、有害和难降解的污染物为重点，同时要抓住排污大户，在分析中应对各行业制定的污水治理规划给出一个合理的论证与评价，并进行相应的协调。

在水流系统的平衡分析中，用水量与各类废水产生量之间存在着一个转换系数，该系数的确定应在多年观测统计的基础上，按部门分门别类加以统计分析，以确定出恰当的综合转换系数，这是使水流系统达到平衡并能真实反映现实状况的重要参数。

对于各类污水的集中处理，应注意因地制宜，量力而行，所选择的处理方式要充分考虑本地区的优势。在相应的约束条件下进行投资、费用和处理效果的对比分析，择优选用。总的处理水平应能满足区域总量控制与回用水质的要求，同时在该阶段分析中所确定的宏观规划方案应指导分区规划和详细规划方案，并与之相协调。

④在最终排放阶段，最重要的工作是计算出区域排污的控制总量。可以根据受纳水体的性质选取适当的水质模型进行计算分析，从水质标准出发确定相应的排污总量，但同时也应考虑到区域污水综合治理能力的技术水平，两者之间要进行协调，以确定出适宜的水质目标和控制总量。

在以上分析的基础上，还可以通过建立相应的规划模型采用线性规划、目标规划等方法进行水流系统全过程的优化分析。分析的重点是投资、费用、满足用水需求和排污总量控制之间的相互关系的协调，这些关系可以通过改变环境目标、经济结构、规模和环境投资水平进行调整。

12.5　区域环境总量控制

区域开发一般是逐步、滚动发展，污染源种类和污染物排放量等不确定因素较多，只有区域实行污染物总量控制，才能保证区域开发过程中始终与环境质量达标要求紧密联系起来。另外，对一些老工业基地再开发，通过区域污染物总量控制分析，提出"增产不增污""以新带老""集中治理"等合理的污染物削减方案。

区域开发中需要落实主要区域性污染物的排污总量指标，以便于环境管理，使区域开发过程中社会、经济和环境相协调，实现区域的可持续发展。

12.5.1　区域环境总量控制分类

1. 容量总量控制

有关环境容量的研究，由于确定环境容量的环境自净规律复杂，研究的周期长、工作量大，而且某些自净能力的因子难以确定，因此通过环境容量来确定排放总量目前面临着很大的困难。

2. 目标总量控制

由于容量总量控制实施的困难性，目前在区域评价中通常使用的方法是将环境目标或相应的标准看作确定环境容量的基础，即一个区域的排污总量应以其保证环境质量达标条件下的最大排污量为限，一般采用现场监测和相应的模拟模型计算的方法，分析原有总量对环境的贡献以及新增总量对环境的影响，特别是要论证采取综合整治和总量控制措施后，排污总量是否满足环境质量要求。这种以环境目标值推算的总量就称为目标总量控制。

3. 指令性总量控制

国家和地方按照一定原则在一定时期内所下达的主要污染物排放总量控制指标，所作的分析工作主要是如何在总指标范围内确定各小区域的合理分担率，一般要根据区域社会、经济、资源和面积等代表性指标比例关系，采用对比分析和比例分配法进行综合分析来确定。

4. 最佳技术经济条件下的总量控制

这主要是分析主要排污单位是否在其经济承受能力的范围内或是合理的经济负担下，采用最先进的工艺技术和最佳污染控制措施所能达到的最小排污总量，但要以其上限达到相应污染物排放标准为原则。它可把污染物排放最少量化的原则应用于生产工艺过程中，体现出全过程控制原则。总量控制的类型如图 12-4 所示。

图 12-4　总量控制的类型

12.5.2　区域环境总量控制的分析方法和要点

1. 污染物是否达标排放

我国在环境管理中执行污染物排放浓度控制和总量控制的双轨制。浓度控制法，就是通过控制污染源排放口排出污染物的浓度，来控制环境质量的方法。这就是人们常说的国家排放标准，具体说就是国家制订全国统一执行的污染物浓度排放标准。

污染物达标排放是实施总量控制的前提和基础。因此，在进行总量控制分析时，首先应当分析区域开发项目中的主要污染物是否实现达标排放。

2. 环境质量是否达标

从总量控制的概念上来说，其目标就是通过确定区域范围内各污染源允许的污染物排放量，达到预定的环境目标。既然环境质量达标是总量控制的目标，那么就应当分析区域开发对大气和水环境的影响，预测其排放是否能够满足环境质量的要求。

以环境质量达标为前提，通过模式计算，可推算出区域污染物允许排放的目标总量。例如，对水环境而言，单点源排放情况下，排污口与控制断面间水域允许纳污量可按下式计算

$$W_C = S \cdot (Q_P + Q_C) - Q_P \cdot C_P \qquad (12-3)$$

式中　W_C——水域允许纳污量（g/s）；

$\quad Q_P，C_P$——上游来水设计水量与设计水质浓度（m³，mg/L）；

$\quad Q_C$——污水设计排放流量（m³/s）；

$\quad S$——控制断面水质标准（mg/L）。

对大气污染物而言，区域排放总量限值可依据《制定地方大气污染物排放标准的技术方法》GB/T 3840—1991 来计算

$$Q_{ak} = \sum_{i=1}^{n} \left[\frac{A \cdot C_{ki} \cdot S_i}{\left(\sum_{i=1}^{n} S_i \right)^{0.5}} \right] \qquad (12-4)$$

式中　Q_{ak}——总量控制区某种污染物年允许排放总量限值（10⁴t）；

$\quad S_i$——第 i 功能区面积（km²）；

$\quad n$——总量控制区中功能区总数；

$\quad C_{ki}$——国家和地方有关大气环境质量标准所规定的与第 i 功能区类别相应的年日平均浓度限值（mg/m³）；

$\quad A$——地理区域性总量控制系数（km² × 10⁴）。

3. 是否符合指令性总量控制要求

在分析区域污染物排放总量时，如果当地环保部门已经给建设项目分配了污染物允许排放的总量，则执行所分配的指令总量。这时，如果该区域有污染物总量控制限值，则可按一定的分担率来确定建设项目的总量限值。

4. 贯彻"增产不增污、以新带老、集中治理"的原则

国家环保部"十二五"期间总量控制的目标：2015 年化学需氧量排放总量为 2347.6 万 t，二氧化硫排放总量为 2086.4 万 t，比 2010 年削减 8%；在环境质量已超过国家标准的区域，总量控制不仅要求作双达标的分析，另外要严格贯彻"增产不增污""以新带老"的原则。具体分析区域开发后，其污染物的排放量，占地区污染物排放总量的份额为多少，通过该区域能否把老污染源治理一并考虑，集中治理，削减原来污染物排放总量，达到增产不增污的效果。

排污总量控制指标可以在地区或行业内综合平衡，调剂余缺，有偿转让。总指标的取得，是通过一定的法律程序，经环保部门审定的。一旦企业取得了总量指标后，多余指标可以留作企业发展生产用，也可以作为商品交易，或调剂余缺，或有偿转让。反之，若企业总量超标，则需购买排污权，这也是达到区域增产不增污的一种途径。

5. 经济技术可行

在环境影响报告书中，为了说明对拟建项目污染物排放总量控制的可行性，应对该项目的环保措施和生产工艺流程进行经济技术可行性分析。经济技术可行性分析时可按以下两个步骤进行。

（1）估算产污排污情况

在国内，产污排污的情况可用产污排污系数来说明。产污系数是指在正常技术经济和管理等条件下，生产单位产品所产生的原始污染物量；排污系数是指在上述条件下经过污染控

制措施削减后或未经削减直接排放到环境中的污染物量，它们又有过程和终端之分。过程产污系数是指在生产线上独立生产工序（或工段）生产单位中间产品或终产品产生的污染物量，不包括其前工序产生的污染物量。过程排污系数是指上述条件下有污染治理设施时生产单位产品所排放的污染物量，它与相应的过程产污系数之差即为该治理设施的单位产品污染物削减量。终端产污系数是指包括整个工艺生产线上生产单位最终产品产生的污染物量，终端排污系数是指整个生产工艺线相应过程排污系数之和。

（2）评估排污水平

评估的标准可参照本行业的历史最高水平，国内外同行业、类似规模、工艺或技术装备的厂家的水平。

12.6　区域环境管理计划

环境管理是指运用经济、法律、技术、行政、教育等手段使经济和环境保护得到协调发展。环境监督是环境管理员基本职能和最大权力。环境监督包括环境立法、制定环境标准、环境监测，以及环境保护工作的监督，环境监测在环境监督管理中占有主要地位。为保证区域环境功能的实施，必须加强对区域的环境管理工作，制定必要的环境管理措施。

12.6.1　机构设置与监控系统的建立

1. 环境管理机构的主要职责

①区域环保管理机构除执行主管领导有关环保工作的指令外，还应接受上级环境管理部门下达的各项环境管理工作。如统计报表，检查监督，定期与不定期上报各项管理工作执行情况以及各项有关环境参数，为区域整体环境污染控制服务。

②贯彻执行环境保护法规和标准。

③编制并组织实施区域环境保护规划，协助（区）领导努力实现区域环境综合整治定量考核目标。

④领导和组织区域的环境监测工作。

⑤根据有关法规，负责区内建设项目"三同时"的审批和验收，决定新建项目是否应进行环境影响评价工作。

⑥检查区域环保设施运行情况，做好考核和统计工作。

⑦及时推广、应用环境保护的先进技术和经验。

⑧组织开展环保专业的法规、技术培训，提高各级环保人员的素质和水平。

⑨开展其他有关的环保工作。

2. 环境监测站的主要职费

①制定区域环境监测的年度计划与发展规划，建立健全本站各项规章制度。

②根据国家和地区环境标准，对区域重点污染源和区域环境质量开展日常监测工作。按规定编制表格或报告，上报各有关主管部门，建立监测档案。

③参加区内新建、扩建和改建项目的验收和测定工作，提供监测数据。

④配合区内企业，参加污染治理工作，为污染治理服务。

⑤技术上接受市环境监测、中心和县（区）环境监测站的监督与指导，参加例行的技术考核。

⑥开展环境监测科学研究，不断提高监测水平。

⑦承担上级主管部门下达的以及有关部门委托的监测任务。

3. 环境管理机构与监测站的人员与仪器配备

市级规划区域应在区内设环境保护办公室和监测站，根据实际需要确定人员编制，以负责区内环境管理以及环境和污染源监测工作。监测站人员必须经过技术培训合格后方可上岗，并定期参加国家和地方监测部门的考核。其余区（县）级规划区域如所在区（县）环境监测站环境要素测定比较齐全，有能力承担开发区内的监测工作，这些区域可不设单独的环境监测机构，而由区（县）监测站统一安排，实施监测计划。但区内应安排专门人员负责环境管理工作，并协调组织区内监测工作。

各区域监测站可根据本区域的特点配备相应的必要的环境监测设备，有条件的监测站可考虑配置 SO_2、TSP 连续自动监测装置、环境噪声连续自动监测及微机等设备。

4. 环境监测计划

在编制区域环境影响报告书中，要制定出环境监测计划，写清楚监测计划的技术、管理要求，以便环境管理部门能够贯彻执行，确实保护环境资源，保障经济社会的可持续发展。

环境监测计划的内容要根据区域对环境产生的主要环境影响和经济条件而定，一般包括以下几个方面：选择合适的监测对象和环境因子，确定监测范围；选择监测方法，估算、筹集、分担监测经费；建立定期审核制度；明确监测实施机构。

12.6.2 区域环境管理指标体系的建立

1. 区域环境管理指标选取的原则

（1）科学性原则

指标或指标体系能全面、准确地表征管理对象的特征和内涵，能反映管理对象的动态变化，具有完整性特点，并且可分解，可操作，方向性明确。

（2）规范化原则

指标的涵义、范围、量纲、计算方法具有统一性或通用性，而且在较长时间内不会有大的改变，或者可以通过规范化处理，可与其他类型的指标表达法进行比较。

（3）适应性原则

体现环境管理的运行机制，与环境统计指标，环境监测项目和数据相适应，以便于规划和管理。此外，所选指标还应与经济社会发展规划的指标相联系或相呼应。

（4）针对性原则

指标能够反映环境保护的战略目标、战略重点、战略方针和政策，能反映区域经济社会和环境保护的发展特点和发展需求。

2. 区域环境管理指标的类型

区域环境管理指标在结构上首先可分为直接指标和间接指标两大类。直接指标主要包括环境质量指标和污染物总量控制指标，间接指标重点是与环境相关的经济、社会发展指标。区域环境管理指标如图 12-5 所示。

区域环境管理指标按其表征对象、作用以及在环境规划管理中的重要性或相关性可分为环境质量指标、污染物总量控制指标、环境规划措施与管理指标及相关指标。

图 12-5　区域环境管理指标

（1）环境质量指标

环境质量指标主要表征自然环境要素（大气、水）和生活环境（如安静）的质量状况，一般以环境质量标准为基本衡量尺度。环境质量指标是环境规划管理的出发点和归宿，所有其他指标的确定都是围绕完成质量指标进行的。

（2）污染物总量控制指标

污染物总量控制指标是根据一定地域的环境特点和容量来确定，其中又有容量总量控制和目标总量控制两种。前者体现环境的容量要求，是自然约束的反映，后者体现规划的目标要求，是人为约束的反映。

污染物总量控制指标将污染源与环境质量联系起来考虑，其技术关键是寻求源与汇（受纳环境）的输入响应关系，浓度标准指标虽对污染源的污染物排放浓度和环境介质中的污染物浓度作出规定，易于监测和管理，但此类指标体系对排入环境中的污染物量无直接约束，未将源与汇结合起来考虑。

（3）环境规划措施与管理指标

环境规划措施与管理指标是达到污染物总量控制指标进而达到环境质量指标的支持和保证性指标。这类指标有的由环保部门规划与管理，有的则用于城市总体规划，但这类指标的完成与否与环境质量的优劣密切相关。

（4）相关性指标

相关指标主要包括经济指标、社会指标和生态指标三类。相关指标大都包含在国民经济和社会发展规划中，都与环境指标有密切的联系，对环境质量有深刻影响，但又是环境规划所包容不了的。因此，环境规划将其作为相关指标列入，以便更全面地衡量环境规划指标的科学性和可行性。对于区域来说，生态类指标也为环境规划所特别关注，它们在环境规划中将占有越来越重要的位置。

12.6.3 区域环境目标可达性分析

所谓环境目标是在一定的条件下，决策者对环境质量所要达到（或希望达到）的结果或标准。在"一定条件下"是指规划区内的自然条件、物质条件、技术条件和管理水平等。"决策者"是指各级政府、城市建设部门、环保部门或依法行使行政职权的单位。有了环境目标就可以确定环境规划内的环境保护和生态建设的控制水平。

确定环境目标时应考虑如下几个问题：选择恰当的环境保护目标要考虑规划区环境特征、性质和功能；考虑经济、社会和环境效益的统一，有利于环境质量的改善；考虑人们生存发展的基本要求，环境目标和经济发展目标要同步协调。

初步确定环境目标之后，就要论述环境目标是否可达。只有从整体上认为目标可达后，才能进行目标的分解，落实到具体污染源、具体区域、具体环境工程项目和措施。因此，从整体上定性或半定量论述目标可达性是非常重要的。

1. 从投资的角度分析环境目标的可达性

环境目标确定以后，污染物的总量削减指标以及环境污染控制和环境建设等指标也就确定了。根据完成这些指标的总投资，可以计算出总的环境投资，然后与同时期的国民生产总值进行比较。尽可能地利用经济发展产生的效益来实现环境目标。根据环保投资占同期国民生产总值的比例论述目标可达性时，一定要结合具体的经济结构（特别是工业结构），因为不同的工业结构，环保投资比例相同时，环境效益会出现明显的差异。

2. 从提高环境管理技术和污染防治技术的角度论述目标的可达性

我国环境管理五项新制度的实施，标志着我国环境管理发展到了一个新的水平，也标志着我国环境管理发展到了由定性转向定量、由点源治理转向区域综合防治的新阶段。环境管理技术的提高必将进一步促进强化环境管理，为环境目标的实施提供保证。

3. 从污染负荷削减可行性的角度论述环境目标的可达性

在分析总量削减的可行性时，要分析目前削减的潜力及挖掘潜力的可能性，然后粗略地分析今后的一定时期内可能增加的污染负荷的削减能力，也就是比较污染物总量负荷削减能力和目标要求的削减能力，如总量削减能力大于目标削减量，一方面说明目标可能定得太低，另一方面说明目标可达；如果总量削减能力小于目标削减量，一方面说明目标可能定得太高，另一方面说明在不重新增加污染负荷削减能力的条件下，目标难以实现。

第 13 章　战略环境影响评价

13.1　战略环境评价概述

13.1.1　战略环境评价的定义、实施意义与基本类型

1. 定义

战略环境评价可以追溯到 1970 年实施的美国《国家环境政策法》，但战略环境评价概念的最初提出却是在 20 世纪 80 年代末期。

从具体形式看，战略范畴包括法律、政策、计划和规划等 4 种不同的层次类型。因此，相对于项目，战略通常具有全局性、长期性、规律性和决策性等特点。战略环境评价（Strategic Environment Assessment，SEA）是环境影响评价（Environment Impact Assessment，EIA）的原则和方法在战略层次上的应用，即在法律、政策、计划和规划上的应用，是对一项具体战略及其替代方案的环境影响进行的正式的、系统的、综合的评价过程，完成 SEA 研究报告，并将评价结论应用于决策中，目的在于通过 SEA 消除或降低因战略缺陷、失误或失效而对环境造成的不良影响，从源头上控制环境污染、生态破坏等环境问题的产生。欧美一些国家还称之为计划 EIA（Programmatic EIA）或政策、计划和规划 EIA（Policy，Plan，Program EIA 或 PPPs EIA）。

2. 意义

开展 SEA 研究的意义主要表现在两个方面：一是 SEA 有利于克服传统项目 EIA 的不足，二是有利于实现可持续发展，为社会、经济、环境发展综合决策提供技术支持。

（1）克服项目 EIA 的不足

在最初几十年，EIA 主要应用于建设项目和工程层次。但是，随着环境问题的日益复杂化和社会经济的发展，项目 EIA 逐渐暴露出以下不足之处。

①由于建设项目的决策常常处于整个决策链的末端，建设项目 EIA 也只能在这一层次上做减污努力，而不能从根源上解决环境问题。而 SEA 要求在战略决策中就考虑战略方案可能的环境影响，并将评价结论反馈于战略方案，因而保证了从战略源头上控制环境问题的产生。

②单个项目 EIA 难以对多个项目累积影响进行充分考虑，没有注重几个建设项目的综合效应。根据现行的规章制度，规模小的建设项目可以不进行 EIA，但这些小的建设项目的环境影响积聚到一起，可能引发大的环境问题，也可能通过系统放大作用逐渐显著，并最终导致整个系统功能受损甚至崩溃。比如，"十五小"企业对淮河流域的污染就是典型的例子。一般来说，根据系统学理论，同一区域污染源的综合环境影响要大于单个污染源环境影响之和。而项目 EIA 只是针对具体项目，很少或没有考虑这一项目及与该项目相关的其他

项目的环境影响的综合效应。

③项目 EIA 只关注一定范围内由于该项目建设、运营直接导致的环境影响，忽视了建设项目的间接环境影响和项目废弃后的环境影响。如公路建设项目完成后可以带动公路两旁的工业、商业、饮食业和服务业发展，但这些项目的环境影响，即公路项目下游的间接环境影响却没有体现在该项目 EIA 中。同样，核电站建设之初的 EIA 也很难体现核电站废弃后对环境的持续影响。

④项目 EIA 没有将项目的环境影响与当地环境承载力相结合考虑，也没有体现项目的全球影响。项目 EIA 一般仅仅结合区域环境质量现状和环境质量标准来进行，而没有考虑区域环境承载力。一旦环境影响超过了环境承载力，环境质量将会下降。而且，项目 EIA 仅仅关注项目所在区域的环境影响因子，但对产生温室气体等该项目可能造成的该项目区域以外的其他区域直至全球的环境影响却很难体现。

此外，项目 EIA 中的替代方案很多情况下所起的作用有限，并且局限于这一项目。制定的减缓措施也往往是在项目的主要决策（如选址、规模、工艺等）完成后才进行的，仅停留在减少污染上，难以预防污染产生。SEA 是在决策初期介入的，贯穿战略决策的全过程，可以考虑更广时间和更大空间范围的一系列项目环境影响情况。SEA 可以从决策、建设、运营、生产制造和污染物排放等全过程制定环境影响减缓措施，包括预防、控制、降低、补救和补偿措施等，实施全过程的污染控制。

（2）实施可持续发展战略，为社会、经济、环境发展综合决策提供技术支持

一方面，建设项目的生命周期一般在十几年，长的也不过几十年，而可持续发展强调代际公平。SEA 就是从环境角度衡量战略的可持续性，并提出符合可持续发展要求的替代方案、减缓措施和补救措施，为战略的决策和实施提供环境依据。因此，SEA 被看成是联系可持续发展和具体项目的桥梁，把可持续发展原则从抽象的、宏观的战略落实到可操作的具体项目，是实现可持续发展的重要工具之一。

另一方面，要实现可持续发展，必须改变目前单独地、分割地制定和实施社会、经济、环境政策的做法。政府决策时应全面考虑，根据社会、经济、环境发展的要求，科学、合理地制定各项战略，即进行社会、经济、环境发展的综合决策。实施 SEA 的目的就在于将对环境更为系统的考虑纳入战略决策中，通过分析、预测、评价战略环境影响，将评价结论体现在决策上，以提高决策的质量，从源头上控制环境问题的产生。因此，SEA 是保证综合决策顺利实施的重要手段。

3. 类型

根据在战略过程中的介入时机将 SEA 分为预测性 SEA、监控性 SEA 和回顾性 SEA 三类。

（1）预测性 SEA

预测性 SEA 在战略制定阶段开始介入，重在对战略及其替代方案环境影响进行的预测、评价，目的是尽可能消除或降低由于战略内容、战略目标、战略方案、战略措施制定方面的缺陷造成的环境影响，并对于战略内容引发不可避免的环境影响提出相应的减缓、补救措施。

（2）监控性 SEA

监控性 SEA 主要针对战略实施阶段，重在对战略组织、战略执行的环境影响进行监测、评价，并将评价结论通过决策者反馈到战略调整上。

（3）回顾性 SEA

回顾性 SEA，是对实施即将结束、正处于调整中的战略或即将被新一轮战略所替代的战略，其主要任务是评价战略执行后已经产生的环境影响。

三种类型的 SEA 虽然介入时间不同、研究目的不同、研究方法不同、研究重点不同，但都是同一 SEA 方案对于同一战略在不同阶段的实施。三者的评价体系相同或相似，也没有严格的时间界限，评价结论都应体现在战略目标制定和战略方案设计上，最终为战略决策提供环境依据。

13.1.2　政策评价与 SEA

政策评价是指依据一定的标准和程序，运用一定的政策方法，对各种政策进行衡量、分析、比较和评估。目前，政策评价主要体现在两个方面：一是在政策制定过程中，对拟定或将要采取的政策方案进行分析，包括价值分析、可行性分析和后果预测分析等；二是对政策作用结果，即政策效率、政策效果、政策效益、政策效应进行规范、测度、分析、建议等活动。

政策影响通常具有长期性、复杂性、综合性和不可逆性等特征。因此，政策评价一般应是全面、客观和系统的。政策评价包括政策效果评价、政策效益评价和政策影响评价，政策影响评价包括政策社会影响评价、政策经济影响评价和政策环境影响评价。由此可见，政策环境影响评价是政策评价的主要内容之一，属 SEA 的政策层次。因此，SEA 可以看作是政策评价和环境影响评价的结合。

13.1.3　区域环境评价与 SEA

区域环境评价（Regional Environment Assessment，REA）是相对于建设项目环境评价而言的，是指对特殊区域的经济发展环境影响进行预测，筛选其主要的环境问题，提出相应的环境保护对策，研究区域的环境承载力和环境容量，从污染物总量控制和环境生态变化等方面提出区域经济发展的合理规模和结构的建议。

区域环境评价一般围绕区域开发，这一区域可以是行政区域、资源分布区域、流域或其他区域，也包括各类开发区、城市旧城区、工业基地、资源或农业开发区等。与单个建设项目相比，区域开发具有占地面积大、管理层次多、不确定因素多、性质复杂、环境影响范围大等特征。因此，REA 比建设项目 EIA 复杂得多。

REA 可以看作是 SEA 是特殊的区域层次（战略类型的一个层次）上的 SEA。因此，REA 是 SEA 的一种类型，同时也是 SEA 目前在中国实施的一种形式。建立健全和完善中国的 SEA 理论方法体系，除了继续开展 REA 的研究和实践以外，还应加强法律、政策、计划等更高战略层次上的 SEA 研究和实践。

13.2　战略环境评价系统

SEA 系统包括评价者、评价对象、评价目的、评价标准和评价方法。这五个要素相互作用、相互依存，构成了一个完整的 SEA 系统。

13.2.1　战略环境评价系统的特点

1. 独立性

SEA 的独立性指 SEA 的评价主体最好是战略决策部门和执行部门以外的第三者，独立性是保证 SEA 公正性和客观性的前提。

2. 可信性

SEA 的可信性取决于评价者的知识和经验、信息的可靠性和评价方法的适用性。SEA 通常是一个由多名相关学科、跨专业、经验阅历丰富的专家组成的工作小组承担，不仅要借助 GIS、遥感技术和计算机技术，还要深入实际调查研究，通过公众参与等形式尽量获取全面、客观的信息。

3. 实用性

SEA 的实用性是内容全面性和可操作性的统一，要求在满足真实、全面、客观地反映战略环境影响情况的前提下，尽可能精简，使其同时具有可操作性。

4. 透明性

SEA 的透明性指公众与决策部门、评价者便于对 SEA 的实施过程和评价结论进行交流。这就要求 SEA 报告书针对性强，文字简练明确，避免使用过多的专业术语。

5. 反馈性

SEA 的最终目标是将评价结果反馈到战略决策部门，以作为战略调整或征订新战略的环境依据。因此，反馈性首先是 SEA 结论能否及时、准确的反馈到决策部门，其次是决策部门能否对 SEA 反馈信息充分重视并体现在战略调整或新战略制定上。这需要一个有效的 SEA 信息反馈交流系统作为技术保证。另外，SEA 的评价结果应全面、客观、简明地提供给公众，尤其是受其影响的公众，以及对这一战略感兴趣和关心这一战略的其他公众。这也是公众参与战略决策以及决策民主化、科学化的重要体现。

13.2.2　评价主体与评价客体

1. 评价主体

评价主体指的是对 SEA 负主要责任的组织或个人。评价者的综合素质，即评价者的政治立场、价值取向、知识水平、环境意识、责任心以及评价者对 SEA 的态度等直接关系到 SEA 的工作质量、SEA 的有效性甚至是整个 SEA 活动的成败。

评价者多种多样，由于不同层次类型的战略执行的时空范围不同，相应产生的生态环境影响因子的时空范围、性质、程度等也各不一样。因此，战略环境影响的复杂性和多样性也就决定了 SEA 系统评价主体的多样性。

（1）行政机构

行政机构指的是狭义的政府，即依法掌管国家公共行政权力的机构。根据所属机构在战略活动中的位置，SEA 系统的评价者又可以进一步划分为战略制定部门评价者、战略执行部门评价者和战略监督部门评价者。行政机构作为 SEA 系统的评价主体，由于其处于战略活动的关键位置，能较全面地掌握战略过程全貌，获取关于战略的第一手资料，所提建议也容易为有关部门采纳，而且便于在战略活动初期（即在战略拟定阶段）介入，通过 SEA 提出可行的修正方案或建议采用替代方案，从而把消极的战略环境影响控制在萌芽状态。但同时，由于此类评价者身处行政机构内部，易受行政机构内部固有价值观念、思维方式、上下级的压力及其自身"寻租"行为的影响，进而影响 SEA 质量。

（2）司法机构

作为 SEA 系统的评价主体，司法机构具有广泛的综合性，顺应了民主化潮流。但它也有其自身难以克服的弱点，比如不易达成统一的结论，需要较多的人力、财力，评价周期也比较长等。另外，SEA 一般专业性较强，作为司法机构，其专业限制有时难以满足 SEA 的要求。

（3）研究机构

研究机构集中了大批高级专家和专业技术人员，能够提供 SEA 工作所需的专业化知识和专门技术。作为 SEA 系统的评价主体研究机构，评价者常常能够不带偏见、较为客观地进行 SEA 工作，再加上其所拥有的专业技术知识，与其他类型的评价者相比，在 SEA 工作中优势明显。但是他们要取得 SEA 所需的各种资料却往往十分困难，所提出的建议也不易被重视，如果没有决策部门的大力支持，更不可能在战略活动初期介入并开展 SEA。

（4）公众

SEA 系统中，公众评价者的最大特点是自发性和无组织性。具体表现为其所关注对象的随意性（随时间、地点不同而改变）、评价形式的多样性（街头议论或报刊等媒体发表自己的观点）和评价标准的主观性（多以个人好恶为价值取向）。由于这类评价者大都是战略环境影响的直接承受者或对此感兴趣者，因此其感受比较真实；再加上他们的评价几乎不受其他人或权威的影响，也敢于说真话。其最大不足之处是系统性差。

由于 SEA 本身的综合性、复杂性及不确定性等特征，该系统的评价主体一般都应该由一个专家小组来承担。评价小组一定要由多学科、多层次的专家组成。

2. 评价客体

评价对象是 SEA 系统的评价客体。但是，作为 SEA 系统评价对象的战略并非所有战略，而是那些可能或已经对生态环境产生重大影响的战略。比如，美国环境质量委员会（CEQ）制定了相关导则，通过"影响发生的背景（context）"和"影响强度（intensity）"来鉴定"何为重要影响"，界定 SEA 的评价对象。通过这一方法，把禁止使用杀虫剂的立法议案、国家能源政策的修订案、农产品的补贴及关税的调节方案等作为评价对象进行了 SEA 工作。在欧洲，需要实施 SEA 的战略，不仅包括那些具有显著环境影响的公共部门战略或由政府机构制订的战略，而且鼓励私人企业、公司在制订发展计划或规划时实施 SEA。

13.2.3 评价目的与标准

1. 评价目的

评价目的是 SEA 工作的出发点。在某种程度上讲，评价目的决定了 SEA 工作的基本方向、内容以及评价标准的选择。具体地说，一项 SEA 工作应当达到下述目的：

①阐述并分析战略内容及其替代方案。

②准确、客观、及时预测战略环境效应性质及大小。

③识别人们关注的有关环境效应。

④列出采用的环境影响因子并确定各自权值。

⑤确定每一个单项环境影响及总环境影响。

⑥按下列形式之一提出 SEA 结论：

a. 可以接受这一战略方案或该战略方案继续执行；b. 制定补救战略；c. 接受一个或几

个替代方案；d. 否定。

⑦提出战略调整、修改与完善的建议。

2. 评价标准

SEA 实际上是一种价值判断，而要进行价值判断，就必须建立价值准则，即评价标准。对于同一项 SEA 工作，如果评价标准不同，可能会导致截然不同的评价结论。

建立 SEA 系统的评价标准是一项十分复杂而细致的工作，在确定 SEA 系统的评价标准时，应充分考虑下述效果或影响：①环境质量现状；②现有污染物排放水平；③战略费用、效益水平；④其他战略的运行情况；⑤管理水平；⑥公众环境意识；⑦自然背景情况；⑧经济系统运行情况。

按照性质，SEA 系统所确定的评价标准有定量标准、定性标准两类；从内容上看，评价标准包括评价指标体系和评价基准两部分。

（1）指标体系

在 SEA 中，指标是用来揭示和反映环境变化趋势的工具，具体包括标示和描述环境背景状况、可预测的战略环境效应、替代方案对比以及监测战略执行情况与战略目标的偏差等。由于涉及领域广、因子多，也就决定了指标评价的复杂性，这也是全面、科学、客观地描述、测度和评价战略环境影响所必需的。

评价指标体系是 SEA 的评价因子，即具体评价内容。建立 SEA 评价指标体系应遵循目的性、系统性、层次性、多样性、可操作性、独立性、同趋势性、充分性和动态性与相对稳定性的原则。SEA 的评价指标体系在内容上应包括：环境指标、经济指标、社会指标、资源指标和人口指标五个层次，每个子层次的指标又可进一步划分为更小的指标，依此类推，这样就形成了 SEA 的评价指标体系。

（2）评价基准

对应于不同层次、不同类型、不同特点的指标，应采用不同类型的评价基准。SEA 的基准值有定性和定量两种形式。定量基准值可以通过现行的环境标准值、背景或本底值、类比情况等来确定；定性基准值可以用人们可接受水平、合法性、同战略标准的一致性与兼容性等来描述。在层次上划分的越细，即某一指标在 SEA 的评价指标体系中层次越低，越容易被定量化；相反，层次越高的指标越不易被定量化，可用定性基准来表示。

13.2.4 评价方法

SEA 系统中的评价方法可以根据其来源分为以下三类。

1. 传统 EIA 方法

由于 SEA 上 EIA 在战略层次上的应用，因此传统 EIA 方法通过适当修正后可用于 SEA。传统 EIA 方法有：

①定性分析方法，包括特尔斐法和头脑风暴法等；

②数学模型方法，这类方法是传统 EIA 方法中目前应用最为广泛的定量分析方法；

③系统模型方法，这类方法主要是根据系统学原理并结合 GIS 技术发展起来的最为先进、最有发展前景的定量方法；

④综合评价方法，这类方法是定性方法和定量方法的最佳结合，尤其适用于 SEA 领域，包括矩阵法、清单法和流程图法等；

⑤环境经济学方法，如资源核算法、费用效益分析法、投入产出分析法等。

应用于 SEA 的传统 EIA 方法，多数是定性方法和综合性方法。传统 EIA 方法在应用上比较成熟，但与项目 EIA 相比，SEA 的研究对象宏观性更强、影响范围更广、时间跨度更长、涉及环境因子更多、各评价因子之间的关系也更复杂。因此，项目 EIA 的方法能否应用于更高层次的 SEA，应慎重对待。

2. 政策评价方法

SEA 既是 EIA 在战层次上的应用，同时还是政策评价向环境领域的延伸，政策评价的一些方法也可用于 SEA。政策评价方法包括政策分析方法（包括政策价值分析、政策可行性分析、政策三维分析等）、政策预测方法（多是以定性为主的主观预测方法）、政策效果评估方法（包括政策对比评估、政策价值评估、政策效益评估和政策效率评估等）。具体方法包括：

①对比分析法，包括类比分析、前后对比分析、有无对比分析法等。

②成本效益分析法。效益相等时，成本越小越好；成本相等时，效益越大越好；效益成本比率越大越好。

③统计抽样分析法，包括任意抽样法（包括单纯随机抽样法、机械随机抽样法、分层随机抽样法、整群随机抽样法等）和非任意抽样法（包括随机抽样、判断抽样、定额抽样等）。

④情景分析法。对于某一战略实施前后或有关战略实施的不同情况下社会经济环境系统状况进行定性地描述、预测，以确定战略环境效应和环境影响。

传统的政策评价方法主要集中于政策的经济影响评价，尤其是政策的社会、经济效益和效果评价上，很少涉及政策环境影响评价，因此政策评价方法应用于 SEA 也有其固有的局限性。

3. 新发展的评估方法

有学者提出了综合集成 SEA 评价方法的基本构想，即以系统、综合和集成为基础的三大方法：定性与定量相结合的系统研究方法，"要素论"与"整体论"相结合的综合研究方法，以及"环境、社会、经济"三效益相结合的集成研究方法。

SEA 的研究对象——社会经济环境是一个复杂、开放、动态的巨系统。信息不完全、关系不明确是这一系统的突出特点。灰色系统理论为 SEA 提供了可行、可靠的研究方法：

①灰色关联分析，用于 SEA 中界定战略与环境影响的关联程度。

②灰色预测，用于预测战略对未来环境的影响。

③灰色决策，用来进行战略方案的优化。

④多维灰分析，基于灰关联分析，用于评定环境系统在战略影响下所处的状态。

新发展的 SEA 方法，在应用上还需作进一步的检验。

以上三类评价方法在现实 SEA 实施中各有特点，对于涉及不同领域、不同层次的战略应该采取不同的 SEA 方法。

综上所述，在 SEA 系统中评价者是评价主体，评价对象是评价客体，评价目的是 SEA 工作的出发点，评价标准是 SEA 得以完成的手段。它们相辅相成，构成一个完整的 SEA 系统。一项具体的 SEA 工作，就是由这些要素的有机组合所构成的活动。

13.3 战略环境评价的工作程序

SEA 的工作程序不仅为 SEA 工作展开的科学依据，同时还是 SEA 从理论向实际应用转化的中间环节。SEA 工作程序包括工作方案制定、工作实施和工作总结三个阶段。

13.3.1 SEA 工作方案的制定

1. 确定评价对象

在 SEA 工作中，要根据 SEA 理论研究情况以及实际需要，遵循有效性与可行性相结合的原则，确定评价对象。一方面，选择的评价对象必须确实对生态环境有重大影响，确实值得去评价且能通过评价达到一定目的；另一方面，所选择的评价对象又必须是可以进行评价的，即从时机、人力、物力、财力、所掌握资料以及战略本身特点（是否国家机密）上看均能满足评价所需的基本条件。

从动态上 SEA 应贯穿于战略全过程，因此评价对象在时间上有三种形式，即制定中的战略（预测型 SEA）、执行中的战略（监控型 SEA）和即将调整的战略（回顾型 SEA）。在形式上包括战略的环境效应和环境影响。其中环境效应指的是战略引发环境因子的改变及程度，环境影响指的是受环境效应的作用，人类健康、福利、生态系统稳定性和景观等的改变大小及程度。

2. 明确评价范围和评价力度

SEA 的评价范围在空间上不仅包括战略实施区域，还包括实施区域以外的受影响区域。战略对于其实施区域以外的区域产生环境影响的途径有两个：①通过经济系统传递，如西欧国家农业政策的实施，通过贸易造成东南亚国家热带雨林的大面积砍伐；②通过环境介质传播，如酸雨问题。因此，受战略影响的区域范围是比较难确定的，一般需要通过专家评判法和实际调查法予以确定。

SEA 的评价范围在时间上不仅包括战略实施阶段的环境影响，还包括战略中止后原有战略的"惯性"的环境影响。具体作用时间应综合考虑该战略的层次性、有效期、实施区域的社会文化背景及人们的认可程度来确定。

不同战略的生态影响方式、性质、程度各不相同，因此，有必要在 SEA 的评价方案制定阶段根据战略特点、内容、对象、实施及评价区域的环境特征以及有关法律法规等来确定评价工作的力度或等级。

3. 选择评价标准

SEA 的标准体系是在战略环境影响识别的基础上建立起来的，是对战略环境影响具体的、系统化的反映，同时，标准体系还是对 SEA 评价内容、评价重点、评价力度等具体工作方向的规定。从某种意义上讲，SEA 标准体系的合理与否将直接影响 SEA 工作质量。因此，建立一个科学、合理、实用的评价标准体系是 SEA 工作实施的一个重点内容和关键环节。

一般情况下，SEA 的标准体系应由指标体系和评价标准两部分组成。

（1）建立 SEA 指标体系

SEA 指标体系是由不同性质、不同内涵、不同属性、不同内容、不同来源、不同定量化程度的众多指标构成的一个具有多层次、多领域的系统。在选择 SEA 指标时，应在战略环境影响识别的基础上，结合合理分析和环境背景调查情况，同时借鉴国外 SEA 研究和实际工作中的指标设置及项目 EIA 的评价指标，首先从原始数据中筛选出评价信息，然后通过理论分析、专家咨询、公众参与初步建立 SEA 指标，并在 SEA 工作中根据实际情况补充、调整，最后完善成正式的 SEA 指标体系。

指标体系筛选过程如图 13-1 所示。

图 13-1　SEA 指标筛选过程图

SEA 的指标体系中各指标的权重可以通过层次分析法、主观评分法、灰色关联分析法等来确定。

（2）确定 SEA 评价基准

任何评价都是通过和"评价基准"的比较实现标示、测度、反映评价对象的变化特征。因此，在 SEA 的指标体系建立以后，接下来的工作就是确定评价基准。评价基准包括定量评价基准和定性评价基准。

1）定量评价基准

①现行环境标准。包括环境质量标准、污染物排放标准及已实施污染物排放总量控制的地区或单位遵守的总量控制目标。环境标准在层次上又分为国际环境保护条约、国家、地区及行业标准。有关自然资源保护规定也属此类。

②背景或本底标准。以战略实施或影响范围内的生态环境背景值或本底值作为评价标准。如植被覆盖率、水土流失本底、自然资源现有存量等。

③类比标准。将与评价区域的社会经济环境条件相似且未实施该战略地区的生态环境质量和功能作为 SEA 系统的评价标准，或是战略目标所要求的情况，或最为理想的状况指标等。

2）定性评价基准

所采用的定性指标包括可接受性、合法性、同战略标准的一致性与兼容性等。

4. 规定评价手段

规定评价手段包括确定评价主体、提出评价方法和建立具体工作步骤三部分内容。

（1）确定评价主体

确定评价主体即确定 SEA 的工作组织者和执行者。SEA 的工作组织者一般由战略制定者或受其委托的机构来承担。SEA 的执行者可以由行政机关、司法机关或科研机构等承担。

（2）提出评价方法

SEA 工作中主要使用定性与定量相结合的评价方法，一般从规划、计划、政策到法规，随着战略层次的增强，更多地使用定性评价方法。SEA 的评价方法主要用来预测战略环境效应，确定环境效应与环境影响的函数关系以及战略环境影响的费用效益（或效果）分析，并进行综合评价。

常用的预测方法有：特尔斐法、趋势预测法、回归分析法、指数平滑法、系统动力学法、马尔可夫链及灰色预测模型法等。战略环境影响的经济评价主要是通过费用效益（或效果）分析和投入产出分析等方法来进行的。

（3）建立具体工作步骤

SEA 的具体工作步骤如图 13-2 所示。

图 13-2　SEA 工作流程图

13.3.2　SEA 的工作实施

SEA 的工作实施主要是收集评价信息、分析评价信息和作出评价结论。

1. 评价信息收集

评价信息收集是 SEA 的基础性工作。其主要任务是利用多种调查手段和先进技术设备，全面收集有关战略内容、实施过程的第一手资料及当时社会、经济、环境中与战略相关的资料。收集资料的方法包括查阅文献法、实地调查测试法、类比调查法、问卷调查法、实验室模拟法和利用遥感或 GIS 技术收集法等。使用时常常是多种技术相互配合与补充的集成方法，保证所收集的信息具有广泛性、系统性、准确性和及时性。

2. 评价信息处理分析

所收集到的信息，都是原始数据，需要进行系统的整理、分类、统计和处理分析。通常采用多变量统计分析方法对各类数据进行系统研究。

3. 评价结论

在数据处理分析的基础上，利用 SEA 相应的预测模式、损害函数和评价模式进行整体综合评价后，得出评价结论。

13.3.3　SEA 的工作总结

这是 SEA 工作的最后一个阶段，也是整个 SEA 工作的成果体现。这一阶段主要工作内容有两个：编制 SEA 报告和总结本次 SEA。

1. 编制 SEA 报告书

编制 SEA 报告书是为了形成一份有关战略环境效益或效果、费用的材料，以便能够清楚地权衡不同的战略方案。SEA 报告书及对 SEA 工作全过程的总结及成果体现，又是决策者进行战略决策的环境依据，同时还为公众与其他决策者提供关于该战略方案以及战略替代方案对于现实或未来环境造成影响的资料。因此，SEA 报告书应全面、客观、概括地反映 SEA 的全部工作。

对 SEA 报告书的具体要求是：

①内容详略得当、重点突出，文字简洁、准确；

②结论明确；

③表述通俗，尽可能地用非专业术语，以便于决策者、公众等非专业人员全面、准确、迅速地了解 SEA 的有关情况。

SEA 报告书的格式可参照国内项目环境影响评价的要求以及国外 SEA 报告书的情况。SEA 的内容可以根据具体的评价范围、评价力度和资料情况而定。根据 SEA 工作的特点，建议 SEA 报告书的具体格式和内容如下：

（1）封面

封面应包括战略名称、评价者（评价组织者、评价执行者）单位名称、评价时间。

（2）总论

总论可以看成是评价战略的筛选和评价方案的制定，具体包括编制报告书的目的、依据、评价范围和工作等级、评价标准、评价方法、评价步骤。

（3）战略分析（包含战略缺陷分析）

战略分析包括战略内容分析（包括战略目标、战略对象分析、战略行动计划、战略措施等）、战略过程分析（包括战略形成过程分析和战略实施过程分析）和战略组织分析（包括战略制定者及战略执行者的组成、分工、联系、协调）三部分。

（4）评价区域环境状况描述

评价区域包括战略执行区域和执行区域以外的受影响区域，从时间上包括战略执行前、执行中和执行后三个时段的环境状况。

（5）战略环境影响预测、评价及防范措施

这部分是整个 SEA 报告书的核心。包括战略所引致的社会经济活动预测、战略环境效应预测、战略环境效应费用效益（或效果）分析和防治措施。

（6）替代方案分析

替代方案原则上应达到拟订战略方案同样的目标和效益，在 SEA 中应该定量描述替代方案在环境方面的优点与缺点。

（7）综合评价

这一部分把原有战略方附带环境影响防治措施后的战略调整方案，以及战略替代方案的环境效应的费用和效益或效果放在一起按效费比、净效益或效果排出各方案的优劣顺序。

（8）公众参与

这部分内容包括各种参与者构成、地域特征、参与方式、介入时机、公众对于战略方案的反馈意见及相应的措施建议。

（9）结论

按下列形式之一给出评价结论：

①可以接受这一战略方案或该战略方案继续进行；

②修正本战略方案或制定补救措施；

③接受一个或几个替代方案；

④否定或中止该战略。

然后将评价结论反馈给决策者，最终体现在战略的制定和调整上。

（10）附录

这部分包括必要的附图，不易被非专业人员理解但与本次 SEA 关系密切的相关数据及其分析，太长且在正文中不宜给出的但对于决策者又十分有用的表格，与本评价相关的、极其重要的文献复本。

上面给出的是一般情况下 SEA 报告书的框架，不同层次、不同类型的 SEA 在要求上有其自身特点，因此可根据实际情况增加或删减一些评价内容。另外，简评和详评之间在评价内容、工作等级上也应有所不同。

2. 评价工作的总结

由于 SEA 正处在发展初期，因此每次 SEA 工作完成后的总结对于检验 SEA 的理论和方法，完善 SEA 理论体系，进一步指导以后的 SEA 工作具有十分重要的意义。主要是从本次 SEA 工作的成功经验、不足之处及一些问题的思考等方面进行总结。

13.4　战略环境评价方法学概述

战略环境评价方法，泛指在 SEA 中的各个环节、各个具体步骤中使用的技术手段、操作规程以及模拟模型等，而这些共同构成了 SEA 方法学体系。

13.4.1　SEA 方法类型

在 SEA 方法学体系中，按照不同的分类依据，可将其分为不同类型。

1. 按来源分类

就其实质而言，SEA 不仅是 EIA 在这层次上的应用，而且是以政策评价为核心的战略评价向环境领域的拓展。因此认为，传统的 EIA 方法和政策学的相关方法可以应用于 SEA；另一方面，SEA 又不能完全地、简单地搬用这些方法，而是应根据 SEA 的任务、研究对象、规律和特点选择或组合运用各种适用方法，甚至新发展的符合 SEA 自身特点的研究方法。按照来源，SEA 方法可分为传统 EIA 方法、政策评价方法和新发展的 SEA 方法。具体内容在第二节已有介绍。

2. 按表现形式分类

（1）操作规程

操作规程是 SEA 工作必须遵循的规则，是 SEA 方法的可操作性和实效性的具体体现，它保证了 SEA 顺利、科学、有效地进行。

（2）技术路线

SEA 的技术路线是 SEA 工作的具体实施步骤。SEA 的工作步骤包括前期准备（确定评价对象）、制定工作方案（确定评价者、评价目的、评价等级、评价方法和评价标准）、评价实施（战略分析、环境背景描述、战略环境影响识别、预测及综合评价、替代方案及减缓措施）、评价总结（最终形成 SEA 文本或报告书）四个步骤。每个步骤的每个环节又可进一步分成若干个更小的具体步骤。

（3）模拟模型

应用于 SEA 中的模拟模型包括概念模型、数学模型、系统仿真模型等。模拟模型法是 SEA 方法的主要形式。

（4）技术手段

SEA 方法需要现代科技手段的支持。如以系统仿真、GIS 和网络为代表的计算机技术，以卫星和航空遥感为代表的空间技术等广泛应用于战略环境背景调查分析、环境影响识别、预测和评价等环节，并成为新发展的 SEA 方法的主要组成部分。

3. 按结果表述形式分类

SEA 的结论或结果的表述形式可分为定性、定量以及定性与定量相结合三种类型，得出不同表述形式的结果的方法也是不同的。因此，SEA 方法就可以按照所提供结果的表述形式分成定性方法、定量方法、半定量方法或定性与定量相结合的方法三类。

（1）定性方法

SEA 的定性方法是对 SEA 对象的某种特性或某种倾向进行定性描述的方法。由于 SEA 的宏观性和综合性等特点，定性方法是 SEA 的主要方法类型。

（2）定量方法

在 SEA 中，在时间、财力、人力、技术手段等条件允许的前提下，应尽可能多地使用定量方法，来尽量降低 SEA 中的不确定性，保证 SEA 结论的客观、科学。

（3）半定量方法及定性与定量相结合

半定量方法可以看成是介于定性方法和定量方法中间的一种形式，它是对定性结论的定量化或是对定量结果的定性描述。定性与定量相结合的方法是 SEA 中综合运用定性和定量方法，以满足不同层次、不同类型、不同特点环境因子的需要。

4. 按应用范围分类

（1）通用型 SEA 方法

通用型 SEA 方法，就是在 SEA 中的许多甚至是所有环节普遍适用的方法。这些方法一般都以定性研究为主，同时具有较强的主观性和综合性。通用型 SEA 方法可进一步分为主观评价法、模拟模型法和综合集成法三类。

①主观评价法。主观评价法是最基本、最简单易行的 SEA 方法。主观评价法是一种定性方法，主要依靠人的经验、知识和判断能力对战略环境影响进行识别、预测、评价以及 SEA 中的其他方面，包括个人判断法、头脑风暴（Brain-storm）法、德尔斐（Delphy）法等。

②模拟模型法。应用于 SEA 中的模拟模型包括概念模型、空间结构模型、数学模型、系统仿真模型、物理模拟试验模型等不同类型，主要用于 SEA 中的定量分析和研究。SEA 中应用模拟模型法的关键问题有两个：一是模拟模型的建立，包括模型结构识别和参数估计两方面，主要取决于输入—响应关系的定量化分析和投入—产出分析；二是模型检验，由于 SEA 研究中不确定性的存在，使得这一问题成为影响本类方案甚至是整个 SEA 工作有效性的中心环节。

③综合集成法。综合集成法的实质就是将专家群体、数据、信息和计算机技术有机结合起来，把各学科的科学理论和人的知识经验结合起来，发挥其整体优势和综合优势。综合集成法可以应用于战略环境影响识别、预测及综合评价等环节。

（2）专用型 SEA 方法

专用型 SEA 方法是指具体应用于 SEA 工作中某个方面或某个环节的方法。这类方法的共同特点就在于其专门性或专用性，即它仅应用于 SEA 的某个方面、某个环节或者某一层次、某一类型的战略。根据 SEA 工作的具体环节，专用型 SEA 方法可以进一步划分。

①评价战略筛选方法。包括定义法、列表法、阈值法、敏感区域分析法、SEA 的战略相容性分析等。

②战略分析方法。包括战略一般分析（包括战略内容分析、战略组织分析、战略过程分析）和战略缺陷分析（包括战略内容失误分析、战略执行失真分析、战略组织失效分析）。

③环境背景调查分析方法。包括收集资料法、现场调查测试法、遥感与 GIS 技术方法、预测推测法等。

④环境影响识别方法。包括叠图法、清单法、矩阵法、系统流程图、网络法、灰色关联分析等。

⑤指标体系设计方法。

⑥战略环境影响预测方法。包括直观预测法、约束外推预测法、模拟预测法以及新发展的预测方法，如灰色预测法、混沌预测法、模糊预测法、综合集成法等。

⑦战略环境影响评价方法。包括加权比较法、逼近理想状态排列法、费用效益分析法、可持续发展能力评价法、环境承载力评价法、对比分析法等。

⑧环境风险分析方法。

⑨公众参与方法等。

13.4.2 SEA 方法的选择

由于 SEA 涉及社会、经济、环境等不同领域的许多因子，并且各领域内众多因子的特点、属性、运动规律复杂多样，这就决定了应该针对不同因子，甚至同一因子的不同环节，采用不同的 SEA 方法。

选择 SEA 方法时，首先要对 SEA 研究对象及其历史演变做出尽可能透彻的分析，把握方法选择的关键，选择成熟的、被经验证明行之有效的方法；其次必须仔细分析 SEA 研究对象的个性特点，选取能够满足个性特点需要的 SEA 方法；最后在实施时还要注意多种 SEA 方法的结合使用，以相互检验。SEA 方法的选择取决于以下三方面的因素。

1. 环境因子

在选择 SEA 方法时不仅要考虑环境因子的变化形式，更要考虑其本身的内涵。SEA 的环境因子由于其特有的机制而具备极其鲜明的个性，在个性基础上形成了它对 SEA 工作的特殊要求，产生了非通用的 SEA 方法，或对通用 SEA 方法的特殊技术处理。可见，SEA 方法的选择应首先考虑环境因子的特殊性。

2. 评价结果利用或评价目的

评价结果的利用对评价方法提出了某些特定的要求，如精确度、时间、费用、定量化程度等，从而影响了 SEA 方法的选择。

（1）SEA 方法的精度与误差

一般来说，比较复杂、精细的方法所得评价结果的精度要高一些，但所花费的时间、精力和费用也要多一些，对资料、设备的要求也较高，反之亦然。选择 SEA 方法要从评价结果的利用出发确定对结果的要求，然后进行权衡。相对而言，对于较高层次的战略比较低层次战略评价结果的精度要低一些，所选择的 SEA 方法可相应简单些，或更多的使用定性SEA 方法。

（2）SEA 的研究费用

在不同场合，由于评价结果精度不一样，在以后要付出的代价是不同的，所以要把 SEA 研究费用和 SEA 工作之后由于精度不够而付出的费用结合起来考虑，最后选择总费用最小的 SEA 方法。如果预测费用尽管很大，但与预测结果的价值相比却微不足道，这时就可以不考虑费用，采取尽可能精细的预测方法；如果预测结果的使用价值并不很大，采用复杂精细的方法固然预测得很好，却得不偿失。

（3）评价的时间

战略周期和 SEA 的工作持续时间影响 SEA 方法的选择。一般说来，战略周期越长，评价结果的精确性要求越低，SEA 方法也更倾向于简单、精度低的方法或直观的定性方法。而 SEA 的工作持续时间越长，意味着可以投入更多的时间在 SEA 实际工作中，因此就有条件选择较为精确的 SEA 方法。

3. 工作要求的客观条件

SEA 的客观条件包括资料和数据（信息资源）、技术设备条件和必要的行政保证等。在选择 SEA 方法时，必须考虑自己具备的条件以及实施这些方法的可能性，在要求与可能之间进行权衡。

（1）信息资源情况

过去、现在的资料和数据的有无和充分与否对于 SEA 方法的选择至关重要，甚至关系到 SEA 工作能否顺利进行。一般来说，越是依靠数学计算的、比较复杂、精细的定量 SEA 方法，对于历史数据和资料的要求越高，其结果对数据的依赖性也越大。在缺乏这些信息资源或获取信息很困难的情况下，可以考虑采用对信息要求较低的直观 SEA 方法。

（2）技术设备条件

SEA 工作应尽可能利用先进的技术手段，这不仅可以提高研究结果的精度，而且会降低研究的费用，节省研究工作的时间和人力。

（3）必要的行政保证

SEA 目前所面临的挑战之一就是难以介入到战略决策过程中去，难以获得战略制定和实施情况的真实、客观、充分的第一手资料，从而增加了 SEA 工作的难度和不确定性。造成这一问题的根源在于缺乏必要的行政保证来促使各个方面顺利开展，尤其难以保证决策机构人员积极配合并参与到整个 SEA 工作中。

13.4.3 评价技术关键

1. 战略环境风险分析与管理

（1）战略环境风险的内涵

战略环境风险是指在战略制定和实施过程中，由于战略本身的缺陷或自然因素造成的意想不到的不良后果。可见，战略环境风险是一种由人类战略决策行为导致的环境风险。战略环境风险除具有一般风险的双重性、不确定性、潜在性、相对性和可变性等特点外，还具有全局性、长期性、复杂性和不可逆性等自身特点。

战略环境风险按风险因素的性质可分为自然风险和人为风险；按风险发生机制可分为常规风险、事故风险和潜在风险；按风险表现形式可分为环境污染风险、资源退化风险和灾害风险。

（2）战略环境风险分析与管理

处理战略环境风险问题就是通过风险分析，并以此为基础合理地使用多种管理方法、技术和手段对战略活动涉及的风险进行有效控制，采取主动行动创造条件，尽量扩大风险中的"机会"，妥善处理风险的威胁，以最少的成本保证安全、可靠地实现战略总目标。风险分析是进行风险管理的基础性工作和必要的前提条件，而风险管理是风险分析的目的和归宿。

风险分析包括风险识别、风险估计和分析评价三个具体步骤。风险识别的目的是减少战略结构的不确定性，对战略环境因素进行识别、剖析。风险识别的内容是在战略分析、战略环境背景状况调查的基础上，从中区分出重要的异常信号，其方法有事故树分析法、事件树分析法和因果分析法等。风险估计就是估计战略环境风险强度、发生概率、风险成本，以减少战略风险的不确定性。分析成本估计是风险估计中最为关键的部分，风险成本主要指风险事故造成的损失或减少的收益，以及为防止发生风险事故采取的防范措施费用两部分。风险评价需要界定风险源、暴露和因果关系，通过对战略环境风险事件的后果进行评价，确定其严重程度顺序及各个风险的可接受性。环境风险评价则集中在预测对人类健康和环境资源的各种影响的发生概率。目前使用较多的风险评价方法包括比较评价法、风险—效益分析法、费用—效益分析法和可接受性分析法四种。

战略环境风险管理就是按照事先制定好的计划控制风险，并对控制机制本身进行监督以确保其成功，一般具有风险规划、风险控制和风险监督三个阶段。风险规划就是针对不可接受的战略环境风险制定的行动方案，其中包括确立风险管理目标、提出风险规避对策、制定实施计划三个具体步骤。风险控制就是实施风险规避的行动方案，一般风险控制措施包括风险避免、风险控制、风险转嫁、风险补救、风险后恢复等手段。风险监督主要是在战略环境风险决策实施后进行，其目的是查明决策的结果是否符合预期情况，并迅速发现新出现的风险，将信息及时反馈给决策者，以便于决定是否再次进行风险分析。

2. SEA 中的公众参与

公众参与既是工作的必要组成部分，也是最终对战略的环境影响进行预测、评价和制定环境保护对策的依据之一。根据战略的特性、公众参与者的素质及资源的可获得性界定公众参与者，一般应包括受影响的公众、本研究领域及相关领域的专家、感兴趣的团体和新闻媒介等。

公众参与应贯穿全过程，从理论上讲，公众可以参与任何部分。但从效率角度看，应选择经济上合理、技术上可行、时间上允许的部分实施公众参与。公众参与方式包括代表参与的会议式、民意参与的问卷式、舆论参与的媒体式和全民公决的投票式。

3. SEA 有效性

SEA 有效性是指 SEA 的预期目标与具体目标的实现程度或实施效果的一致性。目前还没有 SEA 有效性评价的可靠定量手段。对应于 SEA 有效性的层次特点，可以从制度和具体战略两个方面探讨衡量 SEA 有效性的原则或准则：

①从制度层次偏高 SEA 有效性原则。包括衡量是否有一个坚实的法律基础、是否有一套完备的 SEA 技术导则、是否有高效权威的管理机构、是否有完备先进的信息技术支持系统、是否有高素质的评价者等。

②从具体战略层次评估 SEA 有效性。包括衡量 SEA 接入时机、所考虑的环境影响、广泛充分的公众参与、SEA 所建议措施的可操作性、评价结论的准确性、SEA 的执行经费、战略决策者对 SEA 结论的重视程度等。

13.5　战略替代方案及其环境影响减缓措施

SEA 通过系统、科学、正式的评价，在建议方案与众多替代方案中选择能够以最小环境代价同样可以达到既定战略目标，而且在技术条件、资源条件、社会认同等方面可行的战略方案。同时，对其可能的环境影响提出减缓措施，使之消除或降低到合理的、可接受的水平。战略替代方案及环境影响减缓措施是整个 SEA 工作的重点内容，同时也是最为关键的环节之一。

13.5.1　战略替代方案分析

战略替代方案又称为可供选择方案或备选方案，具体是指能够实现与建议方案具有共同战略目标的、解决各种困难的其他实施方案。决策就是从建议方案和众多替代方案中选择一个环境代价小、经济社会效益高的最佳方案，或者是能够实现社会、经济、环境"三效益"的最佳均衡方案。

1. 战略替代方案的特点

战略替代方案的特点主要有综合性、层次性、多样性、互不相容性和包括零替代方案等。

（1）战略目标的综合性

战略目标属于宏观层次，其影响范围更广，实现该目标所需的时间更长，战略目标也不是单一的目标，而是多目标的协调与综合。为实现综合性的战略目标，任何一个战略方案也都是一个涉及社会、经济、环境各领域的综合性方案。

（2）结构上的层次性

由于战略具有法规、政策、计划、规划等不同层次的表现形式，因此战略替代方案也具有层次性的特点。某一战略的所有替代方案应与该战略同属一个层次。一般来说，层次性越高，可供选择的替代方案越多，该替代方案的综合性也越强；反之，战略层次性越低，战略替代方案可选择的余地越小，该替代方案越具体。

（3）表现形式上的多样性

为实现某一既定战略目标，可以从不同层次、不同角度去设计、制定实施途径，因此也就有许多不同类型、各具特色的替代方案。这就是战略替代方案的多样性。

（4）在内涵上的互不相容性

尽管同一层次上的所有替代方案具有共同的战略目标，但是每个替代方案具有严格的区别和明确的界限，即同一层次战略替代方案之间在内涵上不能互相包容。战略替代方案的互不相容性并不反对最终的战略决策结果是所有替代方案中若干甚至是全部方案的综合与集成。

（5）包括零替代方案

任何战略的所有替代方案中都必须包括一个零替代方案（do-nothing alternative），或称之为"继续保持现在发展趋势"的替代方案，即在建议战略没有实施的情况下可能的发展状况，并以此作为比较各替代方案的背景或本底依据。对于零替代方案的分析，主要集中在已有决策在建议中的战略时间跨度内所导致的行为或发展情况。

2. 战略替代方案的制定原则

（1）目标约束性原则

目标约束性原则，要求所制定的任何替代方案都不能偏离建议方案的战略目标，或者偏重于战略目标的某些领域（如经济目标）而忽视了其他领域（如环境目标）。

（2）充分性原则

制定战略替代方案，应充分考虑从不同角度去设计，这样才能保证战略替代方案的多样性特点，为战略决策提供更为广泛的选择余地，并且不失去任何可供选择的机会。

（3）现实性原则

现实性原则就是要求所制定的战略替代方案在现实中具有可行性，即从技术条件、拥有的资源、时间尺度、政治氛围等方面可行。

（4）广泛参与原则

为保证最终形成的替代方案的科学性、可行性和先进性，应在广泛的公众参与的基础上最终形成各种替代方案。

3. 战略替代方案的对比与选择

（1）战略方案的对比内容

战略方案的对比内容包括战略方案的运行成本和战略方案的效益或效果。战略方案运行成本体现在战略方案制定、执行及战略效应等各个方面和各个阶段，按涉及因素分为社会成本、经济成本、环境成本，从性质上分为有效成本和无效成本。在实际中，每个方面的战略成本的确定都将是极其复杂的。战略运行的经济成本一般可以通过市场信息，利用市场观察可以加以确定，社会成本和环境成本的确定则要通过支付意愿法、替代市场法等进行。战略方案的效益也可以分为社会效益、经济效益、环境效益三个方面，战略方案的效益确定同样是一项复杂、难度极大的工作，甚至有时无法做定量分析。在这种情况下也可以定性制定战略方案的结果或效果。

（2）战略方案的对比方法

战略方案的对比，首先要确定战略方案的运行成本和战略效益或效果，利用费用效益分析技术，确定各个战略方案的费用效益比和净效益，根据两者情况确定最佳战略方案。对于难以确定战略效益的方案，可通过费用效益分析进行方案优选，即在战略效果差别不大的情况下，战略成本最小的方案为最优，在战略方案运行成本一样的情况下，选择战略效果好的方案。

13.5.2　战略环境影响减缓措施

减缓措施是指用来避免、降低、修复或补偿战略环境的措施。减缓措施主要针对于显著的、潜在的环境影响进行，其目的就是使该环境影响下降到某一合理的可接受水平。

1. 避免措施

避免措施是用来消除建议战略方案中对环境有害的要素，如尽可能的消除战略缺陷，尤其是战略在环境方面的缺陷。

2. 最小化措施

最小化措施是指通过限制和约束行为的规模、强度或范围，尽可能地使环境影响最小化。如通过限制机动车的数量来降低城市大气环境污染程度。

3. 减量化措施

减量化措施是指通过采取行政措施、经济手段、技术设备等强制性控制措施，降低环境影响。如鼓励使用清洁燃料来降低大气污染物排放量。

4. 修复补救措施

修复补救措施是指对于已经受到影响的环境进行修复或补救。如通过封山育林来修复已经遭受破坏的森林生态系统。

5. 重建措施

重建措施是指对于无法恢复的环境，通过重建的方式来代替原有环境。如建造动物园来取代已经被破坏的野生动物栖息地。

根据"预防费用小于治理费用"这一原则，应按 1 > 2 > 3 > 4 > 5 的优先顺序来制定或选择减缓措施，即避免措施的选择优先权最大，重建措施的选择优先权最小。

第14章 累积影响评价

14.1 累积影响的概念与分类

14.1.1 概念

累积影响的概念最早见于美国 1978 年颁布的《关于"国家环境政策法"的若干规定》。该规定称累积影响是"当一项行动与过去、现在和可预见的将来行动结合在一起时对环境所产生的递增的影响……发生在一段时间内,单独的影响很小,但累积起来影响却很大的多项行动会导致累积影响"。

加拿大环境评价法(1992)中将累积影响定义为:累积环境影响来源于一个项目与已完成或将要开展的其他项目或活动的共同作用。

1997 年,美国环境质量委员会发布的报告《根据国家环境政策法考虑累积影响》中指出:累积影响产生于在时间和空间上过于密集的对环境的扰动。当人类行动对环境的第二个扰动发生时,生态系统尚未从第一个扰动的影响下恢复,则人类行动的影响将会发生累积(USCEQ,1997)。

累积影响的定义都基于一个共同的概念模型——因果关系模型。因果关系模型包括三个基本组成部分:累积影响源、累积过程或累积途径、累积效应。如图 14-1 所示。

图 14-1 累积影响的因果关系模型

累积影响源可以是单个行动,也可以是多个行动;可以是性质相同的行动,也可以是性质不同的行动。累积途径包括影响的加和与影响的相互作用;累积效应则是环境影响累积的表现形式。

综合所述,本书中将累积影响定义为:人类行动的环境影响通过加和或相互作用等途径进行时间或空间上的累积,导致环境状态和结构发生变化、环境功能受损等类型的效应。

累积影响可分为环境系统层次上的累积影响和环境要素层次上的累积影响。

环境系统层次上的累积影响是指单个或多个项目产生的不相关联的多种影响,以不同的途径共同损害生态系统的功能或影响社会经济水平。如大气酸沉降、旅游业发展、工业点源排放含有毒化学物质废水、湖区渔业活动和农业非点源排放含营养物质废水等,共同影响一个湖泊的生态系统。这种累积效应是环境影响在环境系统整体层次上发生的,影响之间关联程度相当复杂(其关联体现在共同影响某一环境系统,使之发生整体性变化)。由于环境系统是一个复杂巨系统,人们目前尚未完全认识环境系统中的相互作用和环境系统的演化机制，因此，研究环境系统层次上的累积影响是较困难的。

环境要素层次上的累积影响是指多个项目通过加和或协同作用共同影响某一环境要素的一种或几种因子（参数），如汽车尾气与火电厂排气共同影响大气环境中 NOx 的水平。这种累积是环境影响在环境要素层次上的累积，影响之间的关联程度较高（其关联体现在影响之间以加和、协同或抵抗作用共同影响某一环境要素）。这是目前累积影响研究的主要对象，其时空尺度相对于前者较小，复杂性也相对前者较低。

14.1.2 分类

根据累积影响的因果关系模型，可以从累积影响源、累积途径和累积效应三个方面对累积影响进行分类。

1. 累积影响源分类

人类对环境的扰动是累积影响的主要来源。人类行动可简单地分为单个行动和多个行动两大类。

2. 累积途径分类

累积途径可简单地分为两类。

①加和，即影响按线性关系进行叠加，累积影响等于单个影响之和。

②相互作用，即影响之间发生相互作用而按非线性关系进行累积，累积影响不等于单个影响之和。

更详细来划分，累积途径可归纳为五种。

①物理输运：一种物理的或化学的污染组分从项目排放地被运输至别处过程中，与其他开发行动排放的污染物发生加和或相互作用，如上游项目排放含盐废水与下游项目排放的含盐废水发生加和作用，使河水盐度增加。

②化合或协同：即多个影响源或多种途径协同产生的影响，如多种大气污染物质在一定环境条件下产生的光化学烟雾，农药在水体中通过化学反应产生多种毒性更强的化合物。

③蚕食性损失：土地利用方式的改变、栖息地的逐渐破坏或丧失，如不断清除某一区域天然植被，分期建设居住区，造成区域天然植被逐渐减少；建设进入林区的道路不断蚕食动物栖息地和林地植被等。

④空间和时间拥挤：在一个小区域中较短的时段内，进行过多的开发行动将带来累积环境影响。累积环境影响的发生可能很快，也可能逐渐发生，经过一段较长的时间后，累积效应才显现出来。空间拥挤导致各种行动在一定范围空间中环境影响的叠加，时间拥挤导致各种行动在一定时段内环境影响的叠加（即在环境系统从上一影响中恢复之前，有新的影响发生）。

⑤诱发其他行动：每一项开发行动都能诱发新的行动，这些诱发的行动会与拟议行动产生累积环境影响，构成一种正反馈效应，如图 14-2 所示。这些诱发的行动可以看作"可合理预见的将来行动"的一种。

图 14-2 拟议行动与其诱发行动的正反馈累积

3. 累积效应分类

目前为大多数学者所接受的累积效应分类最初是由加拿大环境评价研究会和美国国家研究委员会在1986年提出的,后又经一些研究者修改完善。该分类将累积效应分为以下八类(USCEQ,1997)。

①时间拥挤效应:即环境影响重复发生的时间间隔,小于某一环境要素从影响中恢复出来所需要的时间。典型的例子是森林砍伐的速度超过了其再生速度。

②时间滞后效应:即影响所产生的效应经过一段时间才表现出来。如致癌效应,在症状出现之前有很长的潜伏期。

③空间拥挤效应:空间拥挤即环境影响的空间密度过高,超过了环境的恢复能力,如密集的点源造成水质的恶化。空间拥挤是人类开发行动造成环境问题的主要方式。

④空间滞后效应或跨边界效应:空间滞后效应或跨边界效应表现为影响出现在远离污染源的地方,如跨国界的酸雨问题。污染物长距离输送是造成空间滞后效应的主要原因。

⑤破碎效应或蚕食效应:破碎效应或蚕食效应表现为景观模式上的变化,如自然湿地由于人类行动而被分割、蚕食。

⑥复合效应:即多个影响源或多种途径协同产生的影响,如各种农药通过化学反应产生多种有毒化合物,大气污染物在阳光作用下产生光化学烟雾等。

⑦间接效应:是在初级影响的基础上,经过复杂的过程,产生次级或更多级的影响,如高速公路建设带动两侧地区的商业开发。间接效应具有一定的隐蔽性和较高的不确定性,往往难以分析预测。

⑧触发点或阈值效应:即环境影响的程度超过某一限值,导致环境系统状态和结构发生大的改变。如大气中CO_2逐渐增加,导致全球变暖。

4. 累积影响分类方法

同时考虑累积影响源、累积途径和累积效应的特征,累积影响源分为单个行动和多个行动两类;累积途径分为加和与相互作用两类;累积效应分为状态效应、结构效应和功能效应三类;三个方面组合起来构成十二种累积影响类型,如表14-1所示。

单个行动通过加和产生功能效应(类型3)和多个行动通过加和产生功能效应(类型9)两种累积影响类型,但须指出造成功能效应的累积途径多为相互作用,因为功能效应一般是在状态效应或结构效应的基础上产生的,往往具有时间滞后或阈值效应等的特点,累积过程中多包含了复杂的非线性特征。

表14-1 累积影响分类系统

累积影响类型	累积影响源	累积途径	累积效应	举　例
类型1	单个行动	加和	状态效应	某工厂日复一日排放的含铅烟气引起周围土壤中铅浓度逐渐增加
类型2	单个行动	加和	结构效应	油田开发(包括多个采油点)引起区域土地利用结构变化
类型3	单个行动	加和	功能效应	森林砍伐引起水土流失,降低了区域的植被支持能力
类型4	单个行动	相互作用	状态效应	某工厂排放有机化合物(如PCBs)在食物链中的富集效应,导致大型哺乳动物的毒性剧增
类型5	单个行动	相互作用	结构效应	湖泊放养外来鱼种,引起湖泊内鱼类种群组成变化
类型6	单个行动	相互作用	功能效应	网箱养鱼向水体输入大量营养物质(N、P、BOD等),引起水质恶化,无法满足渔业用水功能

累积影响类型	累积影响源	累积途径	累积效应	举　例
类型 7	多个行动	加和	状态效应	农业灌溉、生活用水、工业用水共同造成地下水位下降
类型 8	多个行动	加和	结构效应	交通、居住、工业等建设引起区域土地利用结构变化
类型 9	多个行动	加和	功能效应	河流中上游地区过度使用水资源，造成下游河段水量减少，灌溉功能降低
类型 10	多个行动	相互作用	状态效应	多种来源的营养物质排放，共同造成湖泊富营养化
类型 11	多个行动	相互作用	结构效应	多种来源的营养物质排放，共同造成水库水库富营养化，引起水生生态系统种群组成变化
类型 12	多个行动	相互作用	功能效应	多种来源的营养物质排放，共同造成水库富营养化，使水库丧失饮用水源地功能

14.2　累积影响评价

14.2.1　累积环境影响评价发展

1. 美国的累积影响评价开展情况

1978 年，美国环境质量委员会在《关于"国家环境政策法"的若干规定》中明确提出了评价累积影响的要求。

虽然法规中对累积影响评价作出了明确的规定，但累积影响评价并未广泛地付诸实践。

1997 年初，美国环境质量委员会（CEQ）公布了《根据国家环境政策法考虑累积效应》的研究报告。

2. 加拿大的累积影响评价开展情况

1985 年，加拿大和美国召开了累积影响评价的联合研讨会。此次会议后，加拿大环境评价研究会提出了一项累积影响评价研究计划，开展了一系列有关累积影响评价的研究，同时许多项目环境评价中开始纳入累积影响评价的内容。

1991 年，议会同意政策、计划和规划要进行环境评价，即开展战略环境评价。累积影响评价的概念随之扩展到政策、规划评价中，并成为将来土地利用规划的重要依据。

1995 年，加拿大《环境评价法》正式实施，明确要求在环境评价中考虑累积影响。

早在 1994 年，加拿大环境评价署就已发布了一份《累积影响评价参考导则》（CEAWG，1994），1997 年 12 月，又发布了《累积影响评价参与人员导则》的讨论稿，并于 1999 年正式发布。

3. 我国的累积影响评价研究和实施情况

目前，我国已有许多学者和环境管理人员认识到了累积影响问题的严重性和累积影响评价的重要性，但是有关累积影响评价的研究尚处于起步阶段，主要是介绍和引入国外累积影响评价的概念和方法。

我国目前在法规中没有评价累积环境影响的要求，但在《非污染生态环境影响评价技术导则》和《规划环境影响评价技术导则》中提到了累积环境影响的内容。近年来开展的区域 EIA 和规划环境影响评价中部分体现了累积影响评价的思想。

14.2.2 概念与分类

累积影响评价是在较大的时空范围内系统分析和评估人类开发行动的累积影响，并提出避免或消减累积影响的对策措施，为决策人员提供全面、有效的环境影响信息。

累积影响评价可以分为专门的区域累积影响评价和结合在项目 EIA 中的累积影响评价。专门的累积影响评价一般针对一个区域，识别和评价区域内在过去和现在已发生的累积影响问题，分析造成累积影响的原因，并预测将来区域累积影响的发展趋势，制定减轻和预防区域累积影响的对策措施。结合在项目 EIA 中进行的累积影响评价则是在对拟议项目环境影响分析（传统 EIA 内容）的基础上，进一步在扩大的时空范围内分析拟议项目与其他人类行动（包括过去的、现在的和可预见将来的人类行动）的累积影响，评价累积影响的重大性和对区域环境资源可持续性的影响，提出消减累积影响的对策措施。

从时间上来划分，累积影响评价可分为对已有累积影响或累积效应的评价和对将来累积影响的预测评价。对已有的累积影响或累积效应的评价类似于通常所说的环境质量回顾评价，较为简单；对将来的累积影响的预测评价较为困难。对已有的累积影响进行评价是预测和评价将来累积影响的基础。由于许多环境问题是难以恢复或不可逆的，因此相对于对已有累积影响的评价，后者意义更为重大。在项目 EIA 中进行的累积影响评价通常同时包括了对已有的累积影响的评价和对将来的累积影响的预测评价。

累积影响评价是为克服传统 EIA 的缺陷而发展起来，比传统 EIA 进步之处表现在，累积影响评价能够评价多项行动的累积影响，在更大的时空尺度下更全面的研究人类行动的环境影响及其长期后果。这就保证了在决策过程中全面考虑人类活动的环境后果，促进人类行动与环境保护在区域层次上长期的协调，从而促进了区域的可持续发展。因此，累积影响评价的目的是为区域决策人员提供开发行动的全面的环境影响信息，对开发的类型、速度和空间布局进行管理，以使一定空间和时间范围内的最终环境影响保持在一定的阈值范围内，避免人类行动引发严重的环境后果。在更高的层次上来讲，累积影响评价的目的是促进国家乃至全球的可持续发展。只有将累积环境影响纳入环境规划与管理的范围，一个地区或一个国家才可能走向可持续发展。

14.2.3 累积影响评价的视角

累积影响评价在项目 EIA 中引入了新的视角。如图 14-3 所示，传统项目 EIA 关注的是一个项目或拟议行动对环境资源所造成的影响，是以项目为中心来识别和预测项目对各个自然环境要素以及社会环境因素的影响。而累积影响评价关注的是受影响的环境资源，是以环境资源为中心来识别和预测多个项目或行动对环境资源产生的影响及其累积效应。

14.2.4 累积影响评价的程序

根据我国多年来实施的 EIA 工作程序，参考加拿大和美国的累积影响评价程序，林逢春提出我国的累积影响评价程序如图 14-4 所示。累积影响评价程序与 EIA 过程一样分为三个阶段。

第一个阶段是准备阶段，主要任务为：

图 14-3　传统项目 EIA 与累积影响评价的视角比较

图 14-4　建议的我国累积影响评价程序

①识别拟议行动的环境影响，识别可能的与拟议行动相关的累积环境影响问题；

②确定受到影响的环境资源范围，在此基础上确定评价的时空范围；

③识别对评价范围内环境资源产生影响的其他行动（包括过去的、现在的和将来可能的）；

④编制评价工作大纲，在评价工作大纲中既包括对传统 EIA 内容方面的要求，又包括对累积影响评价方面的要求。

其中①、②、③是累积影响评价的关键环节和非常重要的内容。

第二个阶段是正式工作阶段，主要的任务是：

①调查评价区的环境现状和历史情况以及评价区环境影响的现状和历史情况，识别区域内已发生的累积影响问题及其产生原因，并分析其发展趋势；

②通过对区域历史和现状情况的分析，确定区域的环境阈值（对应于传统 EIA 中的评价标准）；

③分析拟议行动的特征，预测其环境影响；

④结合其他行动进行累积影响分析；

⑤根据累积影响的大小、强度和持续时间等，参照区域环境阈值，评价累积影响的重大性，并分析其对区域环境可持续性的影响。

第三个阶段是报告书编制阶段，主要的任务是：

①分析、汇总第二阶段的评价结果；

②提出避免或消减累积影响的措施；

③制定累积影响的区域性监测、管理方案；

④从累积影响的角度给出评价结论，完成评价报告书。

上述累积影响评价工作程序和内容建立在这种认识基础上，即累积影响评价是对 EIA 的改进和完善，而不是一种全新的类型。此外，在上述三个阶段中都必须按项目的具体情况安排公众参与。

在此须指出，累积影响评价是一个动态的反复的过程。如果在评价过程中发现前面所作的假定和结论不正确，则必须随时返回到前面的步骤中，重新作出假设并进行分析。累积影响评价完成后，若监测结果表明累积影响评价的结论有误或出现了评价中未预见到的问题，则必须重新进行累积影响评价。

在累积影响分析中，有几个关键的环节与传统的 EIA 有着质的区别，而且这些环节也是累积影响评价的难点所在，包括确定评价的时空范围、识别评价范围内的其他行动、环境阈值的确定、区域环境资源可持续性影响分析、累积影响消减措施等。

14.2.5 累积影响评价范围的确定

在累积影响评价中，如果范围确定得太大，则基础数据无法满足评价要求，评价所需的时间、资金和人员都会急剧上升，同时累积环境影响的复杂性也将超出现有的认识水平，使累积影响评价难以进行。如果范围确定得过于狭小，则可能使重要的累积影响问题没有包括在评价范围内，从而无法为决策人员提供关于开发行动的环境后果的全面信息。为此，评价人员必须在理想的评价范围与现实可行的评价范围之间寻找一个平衡点，即合适的评价范围，既较为全面地考虑了重要的累积环境影响，又将评价的时间、资金和人员限制在合理的范围内。

评价范围的大小与评价的深度及不确定性密切相关，评价范围较大，则分析工作将较粗浅，评价中的不确定性相对较高。若评价范围较小，则分析工作能够做得较深入细致，评价中的不确定性相对降低，但可能漏掉重要的累积影响源。

1. 空间范围的确定

（1）传统 EIA 的空间范围是累积影响评价空间范围确定的基础

确定累积影响评价范围较确定传统 EIA 空间范围复杂得多。最简单就是将按 EIA 技术导则规定所确定的评价空间范围作为项目累积影响区，确定累积影响评价空间范围就是将项目影响区进行合理的扩展。

（2）累积影响评价空间范围随环境要素或资源类型的不同而不同

项目影响区随环境要素或资源类型的变化而变化，这是由不同环境要素受到影响的传播特点决定的。因此，要确定累积影响评价范围也必须依据不同的环境要素或资源类型而定。

（3）确定累积影响评价空间范围时应考虑的因素

在确定累积影响评价范围时必须从下列几个角度来进行分析：

①项目的特点；

②受影响的环境要素或资源类型；

③区域的自然、生态和社会特征；

④累积影响的类型和特征；

⑤可能获得的资料范围；

⑥评价工作的时间、资金和人员限制。

（4）确定累积影响评价空间范围的步骤

根据以上分析，可按照图 14-5 中的程序确定累积影响评价空间范围。

图 14-5　确定累积影响评价空间范围的程序

2. 时间范围的确定

与空间范围的确定类似，时间范围的确定也应以传统 EIA 的时间范围作为解决问题的基点。在我国已发布的 EIA 技术导则中没有时间范围的具体规定。实际工作中一般以建设前的环境状况作为评价基线（Baseline），然后分析项目建设期和运行期的环境影响，即 EIA 的时间范围是项目建设前至项目服务期结束。在开展累积影响评价时，必须作相应拓展。

14.2.6 累积影响的消减措施

当累积影响超出容许水平或将要产生重大的累积影响时，可能存在 4 种情况，相应的对策措施如下。

①现有的其他项目对累积影响贡献最大，这时消减累积影响有两种途径：一是现有的其他项目应采取一定的措施，减轻其影响，这种途径超出了拟议项目的范围，往往实行起来有一定的困难；二是拟议项目向现有的其他项目购买排污权，即提供资金或采取措施减轻其他现有项目的影响，这种方式在区域污染物总量控制中已有应用。若上述两种途径均不可行，应提出拟议项目的替代选址方案。

②拟议项目对累积影响贡献最大，这时拟议项目应采取有效的对策措施，减轻其环境影响。

③拟议项目将诱发大量新的开发行动，产生诱发影响，这时由于诱发行动的具体信息往往难以获得和确定，应随后制定区域开发规划，以确保将来的开发行动与区域环境保护相协调，避免产生重大的累积影响。

④将来的其他项目对累积影响贡献最大，这时应提请管理部门警惕，在审批该项目时要求其严格地采取有效的消减措施。

14.3 累积影响评价方法

14.3.1 概述

累积影响评价虽然与传统的 EIA 在评价范围、内容以及评价原则等诸多方面有着较大的区别，但评价方法上基本采用了较为成熟的 EIA 方法，并针对累积影响的特点作了一些改进。

累积影响评价方法应具备下列特性或功能：

①能够对多项活动进行分析（包括诱发的活动）；

②能够适应多种不同的时间、空间范围，尤其是扩大的时空范围；

③能够识别和说明影响累积途径；

④能够对多个影响进行综合（包括影响的加和及相互作用）；

⑤能够分析与时间相关的累积影响（时间拥挤效应、时间滞后效应）；

⑥能够分析与空间相关的累积影响（空间拥挤效应、跨边界效应、破碎效应）；

⑦能够反映环境影响累积的非线性特征（如阈值效应、协同或拮抗效应、间接效应）；

⑧能够综合利用定性和定量信息

现有的大多数累积影响评价方法往往只能满足上述八个方面中的部分要求，例如 GIS 可以满足大多数方面的要求，但却没有分析累积途径的能力，而网络法能够分析累积途径和间接效应，却无法定量分析环境影响的时间累积和空间累积，模拟模型可以满足大多数方面的要求，但对数据资料要求较高，历史数据的缺乏和不一致常常限制模拟模型的应用和分析结果的准确性。因此在进行累积影响评价时必须组合使用多种评价方法，如在累积影响评价的开始阶段应用因果图和网络法来识别累积影响和累积途径，然后利用景观分析或模拟模型进行更全面深入的分析、评价，而分析的结果则纳入规划方法（如多准则评估、土地适宜性评价）来建立和比选累积影响管理方案。可见，要有效地分析、评价和管理累积影响就必须应用多种累积影响评价方法。

14.3.2　美国和加拿大累积影响评价方法的应用情况

Canter 等分析了美国已开展的累积影响研究和环境影响报告书中所采用的累积影响评价方法。在其研究中，选取了 8 项累积影响研究和 5 份环境影响报告书，分析和描述了其中应用的累积影响评价方法，并总结了累积影响评价方法应用的经验和教训，详细情况如表 14-2 和表 14-3 所示。

表 14-2　美国 5 份环境影响报告书中累积影响评价方法的应用情况

项目名称	年　代	所用方法	定性/定量	不足之处
新墨西哥州石油、天然气开发利用	1991	核查表法	定性/定量分析	漏掉了一些重要的累积影响，部分被识别的影响没有进一步分析
Stonebridge Ranch 居住区开发项目（德克萨斯州 Mckinney 市）	1990	核查表法	定性描述	没有用系统的方法来识别和评价累积影响
美国航空管理局在所有机场安装和使用多普勒天气雷达的规划	1991	核查表法	定性分析	仅有粗泛的累积影响分析，缺乏对具体地点具体项目的定量分析
俄勒冈州 Rogue 河 Elk Creek Lake 大坝项目	1991	核查表法数学模型栖息地评价程序	定性/定量分析	
德克萨斯州 Titus 县 Monticello B-2 区露天煤矿项目	1990	核查表法	定性分析	没有说明累积影响评价空间范围，对其他现有矿区与项目的累积影响研究不够

加拿大累积影响评价参与人员导则中给出了 10 项案例研究，从中可以看出累积影响评价方法在加拿大应用的情况，如表 14-4 所示。由表可以发现，①90 年代以来，越来越多的 EIA 中包括了累积影响评价的内容，所用的累积影响评价方法也多种多样，随项目及其所处环境特征的不同而不同；②一个项目的累积影响评价中常使用多种评价方法，如冷湖油田扩建项目累积影响评价中同时使用了 GIS、模拟模型和定性分析等多种方法；③GIS 在累积影响评价中应用较为广泛，10 个案例中有 4 个应用了 GIS；④定性分析在累积影响评价中起着不可替代的作用。定性分析常用于下列情况：在初评阶段或问题较为简单，定性分析已能说明问题时；没有合适的定量方法或数据资料缺乏，无法应用定量方法时；在分析复杂的问题（如生态影响）时，定量结果往往需要结合专家的判断。将数值结果转化为定性的结论，才能更好地为决策人员所采用。

表 14-3 美国 8 项研究中累积影响评价方法的应用情况

研究项目	年代	研究区域	受影响的环境资源	所用方法	方法的优点	方法的局限性
Salmon 河流域集簇影响评价程序（CIAP）（矩阵评分方法）	1989	Salmon 河流域	切奴克鲑鱼	修正的 CIAP（矩阵法）	能够综合利用定性和定量信息	通常只能获得部分资料和低质量的数据；利用矩阵和指数进行评价常常影响研究结论为他人所接受
对 Salmon 河流域麋和大耳黑尾鹿的累积影响研究（影响加和与相互作用模型）	1988	Salmon 河流域	麋和大耳黑尾鹿	修正的 CIAP（矩阵法）	同上	同上
对华盛顿州西部越冬秃鹰的累积影响研究（栖息地方法）	1988	华盛顿州 Hamma Hamma 河和 Snohomish 河流域	秃鹰	矩阵法	同上	同上
Columbia 河流域影响模型	1989	Columbia 流域	鲑鱼	矩阵法	能够综合利用定性和定量信息	同上
GIS 用于累积影响评价	1988	明尼苏达州 Minneapolis – St. Paul	湿地	GIS	直观表示自然和生物栖息地的变化	只能表示变化情况，只是累积影响评价中的一个步骤
阿拉斯加 Predhoe 湾油田累积影响的地植物制图	1986	阿拉斯加 Predhoe 湾油田	自然特征和生物栖息地	地植物分布图和自动制图技术（GIS）	直观表示自然和生物栖息地的变化	同上
Flathead 河流域累积影响分析	1990	蒙大拿州 Flathead 河流域	生态	指数法	评价过程较为客观	评价组成员无法就社会资源和生态资源的权值达成一致
沿海石油和天然气开发的累积影响分析	1985		物理的和化学的环境因子	影响分析框架、核查表法	研究程序明确	须针对具体问题调整分析框架

表 14-4 加拿大 10 项环境影响评价中累积影响评价方法应用情况

项目名称	项目类型	时间	受影响的环境资源	所用方法	优点
Albert-Pacific 纸浆厂	加工工业	1989	水质、水生生物	①DO-BOD 模型 ②dioxin 迁移模型	考虑了其他的 BOD 和 dioxin 源
Saskatchewan 北部铀矿开采	采矿（地下）	1991	空气质量、地下水、地表水、植被野生生物、人体健康	网络图	将多个建议的采矿项目放在一起进行评价
Cheviot 煤矿	采矿（露天）	1996	麋、灰熊	①基于 GIS 的栖息地模型 ②灰熊累积影响模型	定量分析了对代表物种的累积影响
Huckleberry 铜矿开采	采矿（露天）	1994	水质、大气质量、野生生物和湿地	定性分析	项目的规模较小，地理位置偏僻，地形阻挡了污染物的扩散，而且附近有一大项目，故不需进行详细的累积影响评价

续表

项目名称	项目类型	时间	受影响的环境资源	所用方法	优　点
冷湖油田扩建	开采、提炼	1996	水质、大气质量、水量、植被、鱼、黑熊等	①因果图 ②GIS ③基于定量结果和专家判断的定性分析	融合 EIA 方法与 CEA 方法，定性分析与定量分析相结合，确定了明确的时空边界
Eagle Terrace 居住小区	居住区开发	1996	麋、狼、画眉	①GIS ②幕景分析	定量评价了伴随着不同开发阶段的区域栖息地变化和拟议项目的贡献
Keenleyside 水电站	水电设施建设	1997	水质、水量、鱼	多方人员组成的讨论组（初评阶段）	建立了指导累积影响评价的七步程序（由一系列问题组成）
横穿加拿大高速公路 Banff 国家公园段拓宽（三期）	高速公路	1994	麋、驼鹿、狼、山狗、灰熊等	①GIS ②指数法	定量分析与专家判断（评分和分级）相结合，评价结果更易于为决策人员所利用
Glacier 和 Banff 国家公园的交通干线	高速公路、铁路	1979	景观	项目建议前后景观图像比较	视觉影响预测和消减结合在一起进行
La Mauricie 国家公园徒步旅行小路	娱乐路线	1996	狼、黑熊、潜鸟	定性分析	分析了项目可能诱发的影响（较小的项目也会导致区域性的影响）

　　美国环境质量委员会和加拿大环境评价署建议的累积影响评价方法列表如表 14-5 所示。

表 14-5　美国和加拿大建议的累积影响评价方法

美国环境质量委员会建议方法	加拿大环境评价署建议方法
①调查表、会谈和讨论组 ②核查表 ③矩阵法 ④网络法和系统图 ⑤数值模型 ⑥趋势分析 ⑦叠图与 GIS ⑧承载力分析 ⑨生态系统分析 ⑩经济影响分析 ⑪社会影响分析	①相互作用矩阵 ②影响模型 （网络法和因果图） ③GIS ④指数法 ⑤数值模型

14.3.3　幕景分析法

　　一种幕景代表的是某一时刻的人类行动情况和环境状况，是对某一时刻人与环境系统的"快照"（snapshot）。幕景分析法是设定一系列幕景，通过对比分析各幕景下的人类行动和相应的环境状况，来评价不同幕景下的累积影响，分析区域内各种人类行动或各个时段人类行动对累积影响的贡献。

在累积影响评价中，可采用以下四类基本幕景系列。

①原始幕景：在大规模的人为开发之前的情况，这种情况可通过历史资料分析和推断来确定。

②当前幕景：指近期与现状。

③将来幕景（无拟议行动）：在没有拟议行动情况下预测的将来情况。

④将来幕景（有拟议行动）：在拟议行动发生情况下预测的将来情况。

每一类幕景都包含一系列的场景（分幕景）。

由当前幕景与原始幕景的比较可以分析过去和现在开发行动的累积影响；由将来幕景（无拟议行动）与当前幕景的比较可以分析将来其他开发行动的累积影响；而由将来幕景（有拟议行动）与将来幕景（无拟议行动）的比较可以分析拟议行动对累积影响的贡献。

在加拿大 Canmore 镇的 Eagle Terrace 居住区开发项目的 EIA 中采用了幕景分析法来评价累积影响。该项目位于 Banff 国家公园东边的 Bow 山谷，毗邻该镇附近的现有居住小区。Bow 山谷的一部分从 20 世纪起经历了广泛开发。山谷野生生物栖息地受到的累积或蚕食性损失以及道路、居住区建设对野生生物栖息地的阻隔受到了人们的关注。评价中设定了四种幕景：①原始幕景，将山谷中现有的所有开发行动移去，代表山谷开发前的情况；②现状幕景，即山谷现状，包括现有的居住、道路和其他开发；③可预见的将来幕景，包括现状幕景中的开发行动和正在建设中的项目以及有较大可能进行的项目；④全部建设（full build）幕景，包括幕景③中的所有开发行动和 Eagle Terrace 居住区开发项目。

也可以在基本幕景的基础上设定更多的幕景，以便进行更为详细的累积影响分析。例如为评价和管理多个小船坞对河口区水质的累积影响，McAllister 等设定了 5 种河口开发幕景，研究了 5 种幕景下河口各段所能容纳的船只的最大数量。5 种幕景分别为：①不考虑现有的开发行动和生态约束（鱼苗生长区和贝类生长区）；②考虑为保护鱼苗生长区和贝类生长区水质所确定的生态约束；③考虑河口区现有的点污染源（一个生活污水处理厂）；④考虑河口区现有的小船坞；⑤同时考虑现有的生活污水处理厂和现有的小船坞以及生态约束。每一幕景又同时考虑了最大开发度（河口区容纳船只达到极限）和均匀开发（河口区每一段所容纳的船只数量正比于该河段的长度）两种情况。

在对将来的其他行动了解较少时，也可以对将来的其他行动作出多种假定，如设定几种将来的区域开发水平，构成几种不同的将来幕景，采用幕景分析法进行累积影响评价。1992 年，加拿大 British Columbia 省政府在审批一个天然气工厂扩建项目时要求对面积为 5000 km^2 的 Monkan/Grizzly 山谷天然气开发区域今后的开发计划进行累积影响评价。该项评价中，利用区域开发幕景来确定近期和中期的开发范围和开发强度，以区域开发幕景代替了具体的 1993～1998 年的勘探和生产计划。设定的三种区域开发幕景为：现状开发水平、最小开发水平和最大开发水平。针对三种区域开发幕景分别确定了重要环境资源敏感区，并确定了道路公里数、管线公里数、脱水工厂数量、天然气井数量等多种指标的限值。

幕景分析法通过人为建立一系列在时间上离散的幕景，避免了累积影响评价中难以确定评价时间范围的问题。这种方法可操作性较好，易于实施，但受评价人员主观因素影响较大，设定幕景时应进行专家咨询。

但幕景分析法必须与 GIS 或环境数学模型或矩阵法结合在一起使用，因为幕景分析法只是建立了一套进行累积影响评价的框架，分析每一幕景下的累积影响还必须依赖于 GIS、环境数学模型或矩阵法等更为具体的累积影响评价方法。如 Eagle Terrace 居住区开发项目 EIA 中利用 GIS 来分析比较 4 种幕景下的生物栖息地累积损失。又如 Mc Allister 等利用水质分析模拟程序 WASP4 来分析 5 种幕景下多个小船坞对河口区水质的累积影响。

14.4　累积影响评价案例

——M 水库投饵网箱养鱼项目累积影响评价

M 水库位于某城市东北方向，距市区约 90km，库区跨越 A、B 两河。水库常年蓄水量为 $20 \times 10^8 \mathrm{m}^3$ 左右。该水库现为城市饮用水水源地，保护水库水质是直接关系到城市人民生活和健康的重大问题。

14.4.1　项目简介

M 水库从 1984 年开始进行投饵网箱养鱼试验，此后网箱养鱼规模逐步扩大，1990 年发展至网箱面积近 $2.5 \mathrm{hm}^2$。网箱内饲养的主要鱼种是鲤鱼。

网箱养鱼主要分布于 M 水库南部沿岸的多个库湾内，这样可以减少风浪的影响，并便于管理操作。

根据历史资料推测，当地政府为发展库区经济，提高库区群众收入水平，拟将网箱养鱼面积由 1990 年的 $2.5 \mathrm{hm}^2$ 扩大至 $4.67 \mathrm{hm}^2$。以下针对此项目（以下简称拟议网箱养鱼项目）进行累积影响评价。

14.4.2　累积影响识别

M 水库 1990 年网箱面积为 $2.5 \mathrm{hm}^2$，拟议项目是在此基础上将网箱养鱼规模扩大至 $4.67 \mathrm{hm}^2$，因此，拟议项目将与过去和现在的网箱养鱼以及将来可能的其他网箱养鱼项目的影响进行累积，加重对水库水质的影响。

假定 M 水库周边某乡镇计划在 M 水库开展面积为 $1.0 \mathrm{hm}^2$ 的网箱养鱼活动，且该项目（以下简称其他将来的网箱养鱼项目）正在审批过程中。此项目与拟议网箱养鱼项目（$2.17 \mathrm{hm}^2$）对水库水质产生同样的影响，并产生累积效应。

上游来水水质和水量是决定水库水质的重要因素。上游来水水质受到上游流域范围内人类行动的影响，包括生活污水、工业废水排放、农业非点源污染等。因此，M 水库上游流域内的人类活动会与网箱养鱼项目发生累积影响，共同作用于 M 水库的水环境。

网箱养鱼一般每年春季投放鱼种，5～10 月集中投喂，11 月捕捞成鱼，是每年重复进行的活动。网箱养鱼分布于 M 水库的多个库湾内，是空间分散的人类活动。时间上重复发生、空间上分散的网箱养鱼活动会产生一定的累积效应。

考虑到 M 水库过去和现在的网箱养鱼、将来可能的其他网箱养鱼项目，以及上游地区人类活动后，累积影响识别如表 14-6 所示。

表 14-6 累积影响识别

环境资源		拟议网箱养鱼项目	其他网箱养鱼	上游地区人类行动	累积影响
水体	水质	＊	＊	＊	＊＊
	底质	＊	＊	＊	＊
	水生生物	＋	＋	＊	＋
社会经济	就业	＋	＋		＋
	相关产业	＋	＋		＋
	交通运输	＋	＋		＋
	居民收入	＋	＋		＋
	税收	＋	＋		＋
	水产品市场	＋	＋		＋
供水	源水水质	＊	＊	＊	＊＊
	水厂运行费用	＊	＊	＊	＊＊
健康	市民健康	＊	＊	＊	＊
	医疗费用	＊	＊	＊	＊

注：＊表示轻微不利影响；＊＊表示中等不利影响；＋表示有利影响。

M 水库水质是受到网箱养鱼项目影响的环境资源中最为重要的，以下对网箱养鱼项目及以上识别的其他人类活动对水质产生的累积影响进行定量分析。

14.4.3 幕景设定

为分析拟议网箱养鱼项目及其他人类活动对 M 水库水质的累积影响，以下从 A、B 河入流水质和水库网箱养鱼规模两个方面来设定多种幕景。

A、B 河入流水质设定为 4 种水平。

a：A、B 河入流水质采用 1991 年实际监测数据作为基线水平，代表水库来水水质在 2015 年前保持不变的情况；

b：A、B 河入流水质采用 2000 年预测值，代表 A、B 河入流水质受到上游地区人类活动所新增污染负荷（2000 年预测情况）影响时的情况；

c：A、B 河入流水质采用 2010 年预测值，代表 A、B 河入流水质受到上游地区人类活动所新增污染负荷（2010 年预测情况）影响时的情况；

d：A、B 河入流水质采用 2015 年预测值，代表 A、B 河入流水质受到上游地区人类活动所新增污染负荷（2015 年预测情况）影响时的情况。

M 水库网箱养鱼规模设定为 3 种情况：

①水库网箱养鱼规模保持现状 2.5hm²；

②拟议网箱养鱼项目（2.17hm²）实施后，水库网箱养鱼规模为 4.67hm²；

③同时考虑拟议网箱养鱼项目（2.17hm²）和将来可能的其他网箱养鱼项目（1hm²），水库网箱养鱼规模为 5.67hm²。

将 4 种 A、B 河入流水质和 3 种网箱养鱼规模进行组合，可得到 a、b、c、d 四个系列共 12 种幕景，如表 14-7 所示。

表 14-7　用于累积影响分析的 12 种幕景

网箱养鱼规模	入流水质			
	a	b	c	d
①	幕景 1a	幕景 1b	幕景 1c	幕景 1d
②	幕景 2a	幕景 2b	幕景 2c	幕景 2d
③	幕景 3a	幕景 3b	幕景 3c	幕景 3d

12 种幕景的涵意如下：

幕景 1a：代表水库来水水质不变，网箱养鱼规模保持现状时的水库水质情况，即水库按现状情况运行时的水质情况。

幕景 2a：代表水库来水水质不变，拟议网箱养鱼项目（2.17hm²）实施后的水库水质情况。反映拟议网箱养鱼项目对 M 水库水质的影响。

幕景 3a：代表水库来水水质不变，拟议网箱养鱼项目（2.17hm²）和将来可能的其他网箱养鱼项目（1hm²）实施后的水库水质情况。反映拟议网箱养鱼项目与现在的和将来可能的其他网箱养鱼活动对 M 水库水质的累积影响。

幕景 1b、1c、1d：代表水库网箱养鱼规模保持现状，A、B 河入流水质受到上游地区人类活动所新增污染负荷影响时的水库水质情况。反映上游地区将来人类活动对水库水质的影响。

幕景 2b、2c、2d：代表同时考虑拟议网箱养鱼项目（2.17hm²）和 M 水库上游地区人类活动情况下的水库水质情况。反映上游地区将来人类活动和拟议网箱养鱼项目对水库水质的累积影响。

幕景 3b、3c、3d：代表同时考虑拟议网箱养鱼项目（2.17hm²）、将来可能的其他网箱养鱼项目（1hm²），以及 M 水库上游地区将来人类活动情况下的水库水质情况。反映评价空间范围内人类活动（包括过去的、现在的和将来的人类活动）对 M 水库水质的全面累积影响。

14.4.4　累积影响评价

将各幕景的入流水质、水量、出流水量、水库春季水质和天气等数据输入 WQRRS（Water Quality for River – Reservoir System）模型进行模拟，可以得到该幕景一年中各月的水质情况。由于预测结果数据繁多，在此就 11 月份水质预测结果（表 14-8）进行分析。由于 M 水库在秋末发生翻库，因此 M 水库 11 月份水质表层、中层和底层水质一致。

表 14-8　M 水库 11 月份水质预测结果　　　　　　　mg/L

幕　　景	DO	NH_4-N	NO_3-N	NO_2-N	PO_4-P
幕景 1a	8.2	0.070	0.972	0.021	0.022
幕景 2a	8.1	0.083	0.928	0.025	0.024
幕景 3a	8.0	0.089	0.910	0.027	0.026
幕景 1b	8.0	0.080	0.929	0.024	0.024
幕景 2b	7.9	0.092	0.890	0.028	0.027
幕景 3b	7.9	0.098	0.871	0.029	0.028
幕景 1c	8.0	0.083	0.926	0.025	0.025
幕景 2c	7.9	0.094	0.887	0.028	0.027

续表

幕　景	DO	NH_4-N	NO_3-N	NO_2-N	PO_4-P
幕景 3c	7.9	0.101	0.867	0.030	0.028
幕景 1d	8.0	0.084	0.926	0.025	0.025
幕景 2d	7.9	0.095	0.887	0.029	0.027
幕景 3d	7.8	0.101	0.868	0.030	0.029

将 11 月份水质预测结果与水质标准比较可知：

各种幕景下，DO、NH_4-N、NO_2-N 和 NO_3-N 均符合水质标准。

幕景 1a、1b、1c、1d，幕景 2a，PO_4-P 符合标准，而幕景 2b、2c、2d 和幕景 3a、3b、3c、3d，PO_4-P 超标。说明单独考虑拟议网箱养鱼项目或上游将来人类活动新增的污染负荷，对 M 水库水质均无重大影响。而考虑其他将来的网箱养鱼项目（幕景 3a）后，或考虑上游地区新增的污染负荷（幕景 2b、2c、2d）后，或综合考虑其他将来的网箱养鱼项目和上游地区新增的污染负荷（幕景 3b、3c、3d）后，累积影响导致水库 PO_4-P 超标。

M 水库换水周期较长（4 年左右），P 作为持久性物质，将在水库中随时间累积。由于 M 水库为 P 限制性水体，PO_4-P 的累积将加速水库的富营养化进程，从而使水库水质无法满足城市饮用水水源地的功能要求。因此，尽管拟议网箱养鱼项目本身对 M 水库水质无重大影响，但考虑到累积影响后，拟议网箱养鱼项目对 M 水库水质的影响是重大的。

14.4.5　累积影响消减措施

由于累积影响是现有库区上游的社会经济活动、现有网箱养鱼、拟议网箱养鱼项目、将来可能的其他网箱养鱼项目和上游地区人类活动共同作用的结果，因此必须在 M 水库流域范围内采取累积影响消减措施。建议采取以下几方面的措施：①提高饲料效率；②回收残饵和鱼粪；③建议网箱养鱼区应布设于距离水库出水口足够远的库湾内；④建议该网箱养鱼项目分期分批实施，根据前面一期实施后水库水质变化情况，决定后续项目是否实施。在审批其他的网箱养鱼项目时应谨慎，不能超出 M 水库对网箱养鱼活动的承载力；⑤建议在网箱中搭配养殖滤食性鱼类或在设箱水域增放一定数量的滤食性鱼类；⑥采取有效措施，减少上游地区农业和生活污染负荷；⑦加快水库上游地区水源保护林建设。

第15章 环境风险评价

15.1 风险评价概况

15.1.1 风险评价概念

风险评价是以实现整个系统的安全为目的，运用安全系统工程原理和方法对其中存在的风险因素进行辨识与分析，判断系统发生事故和职业危害的可能性及严重程度的工作，并根据评价结果为指定防范措施和管理决策提供科学依据。因此，风险评价也称为安全评价。

我们常说的风险评价指的是事故风险评价。它主要考虑与项目在一起的突发性灾难事故，包括易燃易爆和有毒物质、放射性物质失控状态下的泄漏，大型技术系统（如桥梁、水坝等）的故障。这些灾难性事故的发生概率虽然很小，但影响程度却是很大的。

15.1.2 风险评价程序与方法

1. 风险评价程序

风险评价程序流程如图 15-1 所示。风险评价各步骤的主要内容如下：

图 15-1 风险评价程序

（1）准备阶段

明确评价对象和范围；进行现场调查；收集国内外相关法律和技术标准；了解同类工艺或设备的生产和事故情况等；根据所确定的工艺流程或现场的特点分析其潜在的危险和有害因素。

（2）评价阶段

根据被评价对象的特点选择合理、适用的定性、定量的评价方法。

（3）控制阶段

根据所确定的评价方法对有可能导致危险、事故的有害因素进行定性、定量评价，以确定事故可能发生的部位、严重程度、结果等；根据定性、定量评价结果制定安全对策措施，提出消除或减弱危险、有害因素的技术和管理措施及建议；指出建设项目应重点防范的重大危险源，确定所给出的对策是否符合国家有关法律、法规、技术标准；编制安全评价报告书，报告书应包括以下重点内容。① 概述：a. 安全评价依据；b. 建设单位简介；c. 建设项目概况。② 生产工艺简介。③ 安全评价方法和评价单元：a. 安全评价方法简介；b. 评价单元确定。④ 定性、定量评价：a. 定性、定量评价；b. 评价结果分析。⑤ 安全对策措施及建议：a. 在可行性研究报告中提出的安全对策措施；b. 安全对策措施及建议。⑥ 安全评价结论。

2. 风险评价方法

常用的风险评价方法有：事故致因安全评价方法；能够提供危险度分级的安全评价方法；提供事故后果的安全评价方法。

3. 风险评价的发展过程

对于事故风险的评价，国际上是沿着三条线发展的：① 概率风险评价（Probability Risk Assessment，简称 PRA）：它是在事故发生前、预测某项目可能发生什么事故及其可能造成的环境风险。其最好的范例是美国核管会（NRC）于 1975 年完成的对核电站所进行的极其系统的安全研究，其研究成果就是著名的 WASH—1400 报告；② 实时后果评价：它是在事故发生期间给出实时的有毒有害物质的迁移轨迹及实时浓度分布，以作出正确的防护措施。1988 年 10 月国际原子能机构（IAEA）与美国利物莫国立实验所联合召开了第一届实时剂量评价国际研讨会；③ 事故后果评价：主要研究事故停止后对环境的影响。1988 ~ 1994 年由 IAEA 及欧盟共同发起主持的有 20 多个国家参加的大型长期国际协调研究项目"核素在陆地、水体、城市诸环境中迁移模式有效性研究"（简称"VAMP"），主要研究前苏联切尔诺贝利核电站事故停止后对中、西欧的影响后果。

我国的环境风险评价研究起步于 20 世纪 90 年代，且主要以介绍和应用国外研究成果为主。目前还没有一套适合中国的有关风险评价程序和方法的技术性文件，尽管如此，其后在一些部门的法规和管理制度中已经明确提出风险评价的内容。1993 年国家环保局颁布的中华人民共和国环境保护行业标准《环境影响评价技术导则（总纲）》（HJ/T 2.1—1993）规定：对于风险事故，在有必要也有条件时应进行建设项目的环境风险评价或环境风险分析。同时，该导则也指出"目前环境风险评价的方法尚不成熟，资料的收集及参数的确定尚存在诸多困难"。

15.2　环境风险评价概述

15.2.1　环境风险评价的发展

环境风险评价的发展大体经历了三个阶段：①20 世纪 30 ~ 60 年代，风险评价萌芽阶段。以定性研究为主，主要采用毒物鉴定方法进行健康影响分析。②20 世纪 70 ~ 80 年代，风险评价研究的高峰期，基本形成风险评价体系，主要以事故风险评价和健康风险评价为主。③20 世纪 90 年代以后，风险评价不断发展和完善，以生态风险评价为新的研究热点。

1. 国外环境风险评价发展

在国外，1975 年由美国核管会完成的《核电厂概率风险评价实施指南》，即著名的 WASH—1400 报告，该报告系统地建立了概率风险评价方法，成为事故风险评价的代表作。

1976 年由美国国家环保局颁布了"致癌物风险评价准则",正式提出风险评价并形成系统。20 世纪 80 年代以来,美国及国际机构与组织颁布了一系列与风险评价有关的规范、准则,风险评价技术迅速发展。1983 年美国国家科学院出版《联邦政府的风险评价:管理程序》,提出健康风险评价"四步法"。1985 年,世界银行环境和科学部颁布了关于"控制影响厂内外人员和环境重大危害事故"导则(World Bank 1985a)和指南(World Bank1985b)。1986 年美国颁布了《致癌风险评价指南》、《致畸风险评价指南》、《化学混合物的健康风险评价指南》、《暴露风险评价指南》等。1988 年联合国环境规划署(UNEP)制定了阿佩尔计划(APELL),即《地区性紧急事故的意识和防备》。1995 年联合国出版《环境保护的风险评价和风险管理指南》,之后出版其修订本《环境风险评价与管理指导方针》。1998 年美国出台了《神经毒物风险评价指南》和《生态风险评价指南》。

2. 国内环境风险评价发展

我国于 20 世纪 80 年代开始环境风险评价研究,1990 年国家环保局下发 57 号文,要求对重大环境污染事故隐患进行环境风险评价,中国具有重大环境污染事件隐患的建设项目环境影响报告中普遍开展了环境风险评价;1990 年中国开始在核工业系统开展环境健康风险评价的研究;1993 年中国环境科学学会举办的"环境风险评价学术研讨会"首次探讨怎样在中国开展风险评价;1997 年国家攻关计划开展了燃煤大气污染对健康危害的研究;2001 年国家经贸委发布《职业安全健康管理体系指导意见》和《职业安全健康管理体系审核规范》;2004 年底由国家环保总局颁布中华人民共和国环境保护行业标准《建设项目环境风险评价技术导则》(HJ/T 169—2004),对开展环境风险评价起到了积极的推动作用;2005 年底国家环境保护总局发布了《关于防范环境风险加强环境影响评价管理的通知》(环发〔2005〕152 号),特别对化工石化类项目的环境风险评价提出了更严格的要求。2005 年 11 月"松花江污染事件"的发生与责任追究,使环境风险评价工作得到了空前的重视与关注。

15.2.2　环境风险评价的定义

环境风险是由自发的自然原因和人类活动(对自然和社会)引起的,并通过环境介质传播的,是能对人类社会及自然环境产生破坏、损害乃至毁灭性作用等不幸事件发生的概率及其后果。环境风险具有双重性或多重性,其发生可导致灾难后果的可能性,在环境风险评价中常用意外事件来阐明,以出现概率来表征。《建设项目环境风险评价技术导则》(HJ/T 169—2004)中定义,环境风险是指突发性事故对环境(或健康)的危害程度,用风险值 R 表征,其定义为事故发生概率 P 与事故造成的环境(或健康)后果 C 的乘积,用 R 表示,即:

$$R[危害/单位时间] = P[事故/单位时间] \times C[危害/事故]$$

环境风险的内涵:

①风险源,即导致风险发生的客体以及相关的因果条件。风险源既可以是人为的,也可以是自然的;既可以是物质的,也可以是能量的。

②风险行为。风险源一旦发生,它所排放的有毒有害物、释放的能量流将立即进入环境,并可能由此导致一系列的人群中毒、火灾、爆炸等严重污染环境与破坏生态的行为,即为风险行为。

③风险对象,即评价终点或受害对象(受体),风险对象可以是人类,也可以是实物

的、生态的。对单个受害体所产生的风险，可以称为个体风险，对一组个体的风险可以称群体风险或总体风险。

④风险场，即风险产生的区域及范围。它包括风险源与风险对象，是风险源物质上和能量上运动的场，具有相应的时空条件。

⑤风险链，风险源一旦在风险场中发生，其周围的风险对象都有可能因此受到影响。随着时间的推移，这种影响不仅局限于某一个风险对象，它会逐渐扩展到与该风险对象相关联的其他对象，并可能沿着这些受影响的对象继续传递。

⑥风险度，即风险源作用于风险对象物质上或能量上的贡献大小，也可定义为损害程度或损害量。风险度的大小取决于风险源的强度与风险场的时空条件，它可以通过风险标准（不同级别的接收水平）来判断，对于不同的风险对象，其标准体系不同。

⑦风险损失，即风险产生的经济损失，可以用货币来度量。环境风险是在一定区域或环境单元内，由自然和人为因素单独或共同作用而导致的事故对人类健康、社会发展和生态平衡等造成的影响和损失。

广义上的环境风险评价是指评价由于人类的各种社会经济活动所引发或面临的危害（包括自然灾害）对人体健康、社会经济、生态系统等可能造成的损失，并据此进行管理和决策的过程。狭义上的环境风险评价通常指对有毒有害物质（包括环境化学物、放射性物质等）危害人体健康和生态系统的影响程度进行概率估计，并提出减小环境风险的方案和对策。

本书中所提及的环境风险评价除有毒有害物质造成的人体健康和生态风险评价外，还包括从风险源（各种风险事故）到风险后果，以及风险管理组成的环境风险系统的全面评价过程。

按评价的内容，环境风险评价可分为：

①环境化学品的评价，是确定某种化学品（化学物）从生产、运输、消耗直至最终进入环境的整个过程中，乃至进入环境后，对人体健康、生态系统造成危害的可能性及其后果。对化学品的环境风险评价，要从化学品的生产技术、产量、化学品的毒理性质等方面进行综合考虑，同时应考虑人体健康效应、生态效应和环境效应。

②建设项目的环境风险管理，是针对建设项目本身引起的环境风险进行评价。其主要考虑的是建设项目引发环境事故发生的概率及其危害后果。危害范围包括工程项目在建设和正常运行阶段所产生的各种事故及其引发的急性和慢性危害，人为事故、自然灾害等外界因素对工程项目的破坏所引发的各种事故及其急性与慢性危害，工程项目投产后正常运行产生的长期危害。

15.2.3 环境风险评价的特点

近年来，许多发达国家已将环境风险评价纳入环境管理的范畴，环境风险评价在维护人类健康、保护脆弱生态系统方面发挥了积极的作用。较一般意义上的风险，环境风险还具有如下特殊之处。

①不确定性。由于客观世界的复杂性和人类自身认识能力的局限性，导致对风险过程中的某些现象和机制缺乏科学的认识，环评文件不可能包含全部环境风险事故，预测后果的环境风险有可能发生也有可能不发生，而发生环境污染事故的风险极有可能环评文件中没列出，而且在实际环境风险评价工作中大多采用模型进行计算，其中的不确定性更加难以避

免。也就是说环境风险不可能被精确地衡量出来，它只是一种估计。如 2005 年发生的吉化苯胺污染松花江事故，对水环境的影响数百公里，吉化的建设项目环境风险评价按此进行，时间、技术方法等都是很难做到的。

②危害性。是针对风险事件的后果而言，具有环境风险的事件对其承受者会造成威胁，并且一旦事件发生，就会对环境风险的承受者造成损失或危害，如对人身健康、经济财产、社会福利和生态系统等带来不同程度的危害。

③相互性。各种环境风险是互相联系的，降低一种环境风险可能提高另一种环境风险，这也是由环境事故的特殊性和多因子性决定的。同时，环境风险和社会效益、经济效益也是相互联系的，通常风险越大，效益越高，意味着需要平衡降低风险与获取社会效益和经济效益的轻重关系。

④效益相关性。环境风险是与社会效益、经济效益和环境效益密切相关的。通常情况下环境风险越大，则各种效益越高。在现实的人类活动中，降低一种环境风险，可能意味着降低社会效益和经济效益，但却可以相应的提高环境效益。

⑤每个环境事件的风险并不容易被识别，有些严重的环境后果和生态效应需要经过较长时间之后才能被识别出来。

⑥环境风险观因生存环境不同而异。对于同一种环境风险，不同的环境风险观可以有不同的评价结论。

15.2.4 环境风险评价与安全评价的主要区别

安全评价，国外也称为风险评价或危险评价，它是以实现工程、系统安全为目的，应用安全系统工程原理和方法，对工程、系统中存在的危险、有害因素进行辨识与分析，判断工程、系统发生事故和职业危害的可能性及其严重程度，从而为制定防范措施和管理决策提供科学依据。环境风险评价与安全评价的主要区别如表 15-1 所示。

表 15-1 环境风险评价与安全评价的主要区别

项 目	环境风险评价	安全评价
关注对象	厂界外环境、公众、生态环境	厂界内环境和员工安全与健康
风险类型	泄漏、火灾爆炸等	机械伤害、物体打击、高空坠落、起重伤害、电器伤害、火灾爆炸等
事故严重度	关注最大可信污染事故	关注各类职业伤害事故
危害因素	危险化学品、危险废物、工业废水、工业废气	物理性危险有害因素、化学性危险有害因素、生物性危险有害因素、心理，生理性危险有害因素、行为性危险有害因素
危害后果	环境污染、生态灾难	工伤事故、职业病、灾难
评价方法	以定量评价为主，如概率法，指数法等，评价方法较少	侧重于定性评价，如安全检查表危险预先分析，危险和可操作性研究、人员可靠性分析等，评价方法种类多
主管部门	政府环境保护管理部门	政府安全生产监督管理部门

15.3 环境风险评价内容与程序

15.3.1 评价工作级别与范围

环境风险评价工作等级划分为一级、二级、三级。建设项目有重大危险源，根据其所在地的环境敏感程度、涉及物质的危险性，按照表15-2确定评价工作等级。建设项目无重大危险源，评价工作等级确定为三级。

表15-2 环境风险评价工作级别划分

建设项目所涉及环境的敏感程度	建设项目所涉及物质的危险性质和危险程度		
	极度和高度危险物质	中度危险物质	火灾、爆炸物质
环境敏感区	一	一	二
非环境敏感区	一	二	三

重大危险源又称为危险化学品重大危险源，其判定依据是《危险化学品重大危险源辨识》（GB 18218—2009）；

敏感区系指《建设项目管理名录》中规定的需特殊保护的地区、生态敏感与脆弱区及社会关注区。建设项目下游水域10km以内分布的饮用水水源保护区、珍稀濒危野生动植物天然集中分布区、重要水生生物的自然产卵场及索饵场、越冬场和洄游通道、天然渔场，应视为选址于环境敏感区；建设项目边界外5km范围内、管道两侧500m范围内分布有以居住、医疗卫生、文化教育、科研、行政办公等为主要功能的区域，应视为选址、选线于环境敏感区。

一级评价应当进行风险识别、源项分析、后果计算、风险计算和评价，提出环境风险防范措施及突发环境事件应急预案。

二级评价应当进行风险识别、源项分析、后果计算及分析，提出环境风险防范措施及突发环境事件应急预案。

三级评价应当进行风险识别，提出环境风险防范措施及突发环境事件应急预案。

大气环境风险评价范围为一级评价距建设项目边界不低于5km；二级评价距建设项目边界不低于3km；三级评价距建设项目边界不低于1km。长输油和长输气管道建设工程一级评价距管道中心线两侧不低于500m；二级评价距管道中心线两侧不低300m；三级评价距管道中心线两侧不低于100m；地面水和海洋评价范围按《环境影响评价技术导则 地面水环境》（HJ/T 2.3—1993）规定执行。可能受到影响的环境保护目标应当纳入评价范围。

15.3.2 环境风险评价的基市内容

建设项目环境风险评价基本内容包括风险识别、源项分析、后果计算、风险计算和评价、提出环境风险防范措施及突发环境事件应急预案等5个方面内容。

1. 风险识别

风险识别的范围包括生产设施环境风险识别和生产过程所涉及的物质环境风险识别。生产设施环境风险识别对象为主要生产装置、贮运系统、公用工程系统、工程环保设施及辅助生产设施；物质环境风险识别对象为主要原材料、辅助材料、燃料、中间产品、最终产品以及生产过程排放的"三废"污染物等。

风险识别的内容包括：建设项目工程资料、环境资料、环境事件资料的收集与准备；对项目所涉及的有毒有害、易燃易爆物质进行危险性识别和评价，筛选环境风险评价因子；生产过程潜在危险性识别，确定潜在危险单元及危险化学品重大危险源。

2. 源项分析

源项分析的目的是确定最大可信事故及其概率。源项分析方法含定性分析和定量分析：前者包括类比法、加权法和因素图分析法，后者包括概率法（如事故树、事件树）和指数法（火灾爆炸危险指数法）。

3. 后果计算

主要包括：有毒有害物质在大气中的扩散计算、有毒有害物质在水体中的扩散计算、污染造成的人员伤害估算、爆炸破坏范围及综合损害计算。依据计算结果确定最大可信事故的危害范围与危害程度。

有毒有害物质在大气中的扩散，可采用烟团模式。对于重质气体污染物的扩散、复杂地形条件下污染物的扩散，应对模式进行相应的修正。

有毒有害物质在水环境中的迁移转化预测包括有毒有害物质进入水环境的途径和方式。途径包括事故直接导致的和事故处理处置过程间接导致的有毒有害物质进入水体；方式一般包括"瞬时源"和"有限时段源"。突发性事故产生的废水（含消防废水）得到有效处置，不排入外环境，需分析废水的性质、处置处理措施的适用性。对于纯有毒有害物质（相对密度 $\rho \leqslant 1$）直接泄漏的情形，需要分析其在水体中的溶解、吸附、挥发特性；对于纯有毒有害物质（相对密度 $\rho > 1$）直接泄漏的情形，需要分析其在底泥层的吸附、溶解特性。

4. 风险计算与评价

（1）风险计算

①风险表示为事故发生概率及其后果的乘积。

$$\left(\text{风险值}\frac{\text{后果}}{\text{时间}}\right) = \left(\text{概率}\frac{\text{事故数}}{\text{单位时间}}\right) \times \left(\text{危害程度}\frac{\text{后果}}{\text{每次事故}}\right)$$

②对于大型建设项目（如千万吨级炼油、百万吨乙烯、煤化工联合项目、涉及光气的建设项目等）应考虑进行风险计算。对任一有毒有害物质泄漏，只考虑急性危害的环境风险。

③最大可信事故对环境所造成的风险值 R 按下式计算

$$R = P \cdot C \tag{15-1}$$

式中　R——风险值；

　　　P——最大可信事故概率（事件数/单位时间）；

　　　C——最大可信事故造成的危害（损害/事件）。

最大可信事故因吸入有毒有害物质造成的急性危害 C 与下列因素相关

$$C \propto f(C_L(x,y,t), \Delta t, n(x,y,t), P_E) \tag{15-2}$$

式中　　　C——因吸有毒有害气体物质造成的急性危害；

$C_L(x, y, t)$——在 x、y 范围和 t 时刻，$\geqslant LC_{50}$ 的浓度；

$n(x, y, t)$——t 时刻相应于该浓度包络范围内的人数；

P_E——人员吸入毒性物质而导致急性死亡的概率。

④对一种最大可信事故下存在的 n 种有毒有害物质所致的环境危害 C，为各种危害的总和

$$C = \sum_{i=1}^{n} C_i \tag{15-3}$$

式中　C——最大可信事故下存在的 n 种有毒有害物质所致的环境危害；

　　　C_i——某种有毒有害物质所致的环境危害。

⑤环境风险评价需要从各单元的最大可信事故风险值中，选出危害最大的作为评价项目的最大可信事故风险值。即

$$R_{max} = f(R_j) \tag{15-4}$$

式中　R_{max}——项目的最大可信事故风险值；

　　　R_j——各单元的最大可信事故风险值。

（2）风险预测结果分析

对预测计算的最大可信事故风险值与同行业可接受风险水平比较：

当 $R_{max} \leqslant R_L$ 时，认为环境风险水平是可以接受的；

当 $R_{max} > R_L$ 时，需要进一步采取环境风险防范措施，以达到可接受水平。

5. 风险管理

（1）风险防范措施

1）充分性分析

分析项目拟采取的风险防范措施，以及依托措施是否涵盖了所有识别出的重大环境风险。风险防范措施应包括（但不限于）：

①事故预防措施：加工、贮存、输送危险物料的设备、容器、管道的安全设计；防火、防爆措施；危险物质或污染物质的防泄漏、溢出措施；工艺过程事故自诊断和连锁保护等。

②事故预警措施：可燃气体和有毒气体的泄漏、危险物料溢出报警系统；污染物排放监测系统；火灾爆炸报警系统等。

③事故应急处置措施：事故报警、应急监测及通讯系统；终止风险事故的措施，如消防系统、紧急停车系统、中止或减少事故泄放量的措施等；防止事故漫延和扩大的措施，如危险物料的消除、转移及安全处置，在有毒有害物质泄漏风险较大的区域做地面防渗处理、设置安全距离，切断危险物或污染物传入外环境的途径、及设置暂存设施等。

④事故终止后的处理措施：事故过程中产生的有毒有害物质的处理措施，如污染的消防废水的处理处置。

⑤对外环境敏感目标的保护措施，如必要的撤离疏散通道、避难所的设置，重要生活饮用水取水口的隔离保护措施等，应提出要求和建议。

2）有效性分析

针对环境风险事故的污染物量、传输途径、影响范围及受害对象等，从设计能力、服务范围及控制效果等方面，分析风险防范措施能否有效地防范风险事故的影响。对重要或关键的防范措施，如全厂性水污染风险防范措施等，应通过计算、图示说明论证结果。环境风险的防范体系要完整。

3）可操作性分析

针对风险防范措施的应急启动和执行程序，分析其能否满足风险防范和应急响应的

要求。

4）替代方案

经分析论证，建设项目拟采取的风险防范措施不能满足风险防范要求时，应提出替代方案或否定结论。

5）环境风险防范措施论证反馈

环境风险防范措施的分析论证结果应及时反馈给源项分析及预测计算，对初始风险评价做修正，以确定在采取了风险防范措施之后，识别出的重大环境风险是否已降低并保持在可接受的程度。

6）环境风险防范措施的落实

应对环境风险防范措施在设计、施工、资源配置等方面提出落实要求。设计应保证设施的能力能满足防范风险的需要；施工应保证设施的安装质量符合工程验收规范、规程和检验评定标准；资源配置应能满足工程防范措施的正常运行。

7）"三同时"检查内容

凡经过论证为可实施的风险防范工程措施均应列为"三同时"检查内容，逐项列出。

（2）应急预案

①在建设项目环境影响评价文件中，应从环境风险防范的角度，提出突发环境事件应急预案编制的原则要求。

②突发环境事件应急预案应体现"企业自救、属地为主，分类管理，分级响应，区域联动"的原则，并与所在地地方人民政府突发环境事件应急预案相衔接。明确环境风险三级（单元、项目和园区）应急防范体系。

③对于改建、扩建和技术改造项目，应当对依托企业现有突发环境事件应急预案的有效性进行评估，提出完善的意见和建议；对于新建项目，应当明确事故响应和报警条件，规定应急处置措施。按表 15-3 对各级别应急预案提出要求。

表 15-3　应急预案基本内容

序　号	项　　目	具 体 内 容
1	总则	1.1　编制目的
		1.2　编制依据
		1.3　环境事件分类与分级
		1.4　适用范围
		1.5　工作原则
2	组织指挥与职责	
3	预警	
4	应急响应	4.1　分级响应机制
		4.2　应急响应程序
		4.3　信息报送与处理
		4.4　指挥和协调
		4.5　应急处置措施
		4.6　应急监测
		4.7　应急终止

续表

序　号	项　目	具　体　内　容
5	应急保障	5.1　资金保障
		5.2　装备保障
		5.3　通讯保障
		5.4　人力资源保障
		5.5　技术保障
		5.6　宣传、培训与演练
		5.7　应急能力评价
6	善后处置	
7	预案管理与更新	

15.3.3　环境风险评价程序

外国学者曾于 1992 年提出定量环境风险评价的通用程序，认为一个完整的定量风险评价程序应包括 4 个阶段：危害识别、事故频率和后果估算、风险计算、风险减缓。《建设项目环境风险评价　技术导则》HJ/T 169—2004 提出如图 15-2 所示环境风险评价工作程序，为我国各环境影响评价机构广泛采用。

图 15-2　环境风险评价工作流程图

15.4　环境风险评价标准

15.4.1　环境风险评价标准的制定

环境风险评价标准是为评价系统的风险性而制定的准则，是为管理决策服务的。风险评价标准应遵循科学、实用、可操作性强、技术上可行、公众可接受等原则。评价标准的制定应考虑社会准则和公众的道德标准，应参考公众的意见并发起公众对于风险可接受性的讨论。可以使用公众意见调查、民意测试、公开讨论咨询会、公众咨询以及公民陪审团等方法获得必要的公众信息，这些都要求随机选择参与者，或选择代表成员。他们允许获得专家意见和权威信息，在向决策者明确叙述代表性观点时可以全面地讨论问题。

地震、火山爆发、风暴等自然灾害突发性事件虽然发生概率小，但一旦发生，后果将非常严重。对于自然灾害的风险评价，以灾害对当地人和财产损失的可接受水平为评价标准。若灾害后果严重则需采取防范措施用于降低风险，比较用于降低风险的费用与带来的效益，确定是否可接受。主要根据历史资料灾害可能发生地区的自然以及社会经济条件，预测可能造成的后果，最后确定个人和社会可接受的风险值。工业领域的许多行业都有各自相应的可接受风险值，对不同类别行业进行比较并制定同一行业风险评价标准。制定各行业环境风险评价标准即各行业最大可接受水平，需要对各种行业事故发生的概率及损害程度进行统计和分析，如统计和分析各行业职业灾害统计，事故致死率统计以及财产损失。

将预期风险的严重性与历史同类事件或日常事件的风险进行比较，用来说明与管理决策相关的风险大小。判断风险是否能被接受，必须比较用于降低风险的费用与带来的效益，而且把该风险同已存在的同类风险的费用效益分析进行比较，综合决策。随着风险减缓措施费用的增加，年事故发生率会下降，但达到某点时，增加费用部分从减少事故损失得到的补偿甚微，此时的风险度可作为评价标准，即常用的补偿极限标准。

15.4.2　环境风险评价数值标准

每个数值标准应充分考虑相关内容的性质，被测参数的统计变化范围以及测量检验的需要进行详细说明。因此，应优先考虑统计上可检验的理想标准，该标准可以与暴露（如：暴露浓度）和影响（如：生殖损伤）的测量有关。标准必须识别测量方法中的自然变化和不确定性，可变性和不确定性反过来要求为数据和方法的质量建立一个独立且充分的标准。各国有关机构均有推荐的最大可接受风险水平和可忽略风险水平。荷兰建设和环境部（MHPPE）推荐，对于个人死亡风险，最大允许和可忽略风险水平分别为 $10^{-6}/a$ 和 $10^{-8}/a$；对于剂量水平的影响，最大允许风险水平被定为无影响物质浓度，可忽略风险水平被定为最大允许风险水平的 1%。群体风险定义为每年至少一定数量的群体在一次事故中受害的可能性，根据可接受死亡数量的增加来说明。如，一个 100 人死亡的事故的可能性比一个 10 人死亡事故低 10^{-2}。生态系统最大允许风险水平设定在生态系统中 95% 种群被保护的有毒物质浓度，可忽略风险水平设定在 95% 种群被保护浓度的

1%。美国 EPA 规定，小型人群可接受风险值为 $10^{-5} \sim 10^{-4}/a$，社会人群可接受风险值为 $10^{-4} \sim 10^{-6}/a$；法国炼油厂的灾难性事故的可接受风险上限值为 $10^{-5}/a$；瑞典环保局推荐最大可接受水平为 $10^{-6}/a$；英国皇家协会推荐最大可接受水平和可忽略水平为 $10^{-6}/a$ 和 $10^{-7}/a$。

　　一方面，我国尚无环境风险评价标准体系，给风险评价工作带来了许多不便。因此，亟待研究建立一整套适合中国国情、社会公众接受的风险评价标准体系，为中国风险评价和管理决策服务。另一方面，环境风险评价中的风险标准，即风险可接受水平问题，由于涉及不同人群的利益，不同区域的自然条件和社会经济水平存在的差异，评价标准也存在很大不确定性。

参 考 文 献

［1］Rau, J. G. Wooten D. G, Environmental Impact Andysis Handbook ［M］. New York John Willey & Sons Inc. , 1980.

［2］Canter L. W. and J. Kamath. Questionnaire checklist for cumulative impacts ［J］. Environmental Impact Assessment Review, 1995, 15：311-339.

［3］McDonald, G. T. and L. Brown. Going beyond environmental impact assessment：environmental input to planning and design ［J］. Environmental Impact Assessment Review, 1995, 15：483-495.

［4］Canter, L. W. , Environmental Impact Assessment/Scecond edition ［M］. Singapore：Mc Graw Hill Inc. , 1996.

［5］McAllister, T. L. , M. F. Overton and E. D. Brill. Cumulative impact of marinas on estuarine water quality ［J］. Environmental Management, 1996, 20（3）：385-396.

［6］Ortolano. Leonard Environmental regulation and impact assessment ［M］. Singapore：John Willey & Lnc. 1997, 402-408.

［7］Council on Environmental Quality. Considering cumulative effects under the national environmental policy act ［R］. Executive office of the President, Washington, D. C. , 1997.

［8］Boyle J. Basic elements of an effective EIA plan ［J］. Environmental Impact Review, 1998, 18（2）：97-102.

［9］The Cumulative Effects Assessment Working Group. Cumulative effects assessment practitioners guide ［R］. Canadian Environmental Assessment Agency, Hull, Quebec, Canada, 1999.

［10］张书农. 环境水力学 ［M］. 南京：河海大学出版社, 1985.

［11］李宗恺, 潘云仙等. 空气污染气象学原理及应用 ［M］. 北京：气象出版社, 1985.

［12］傅国伟. 河流水质数学模型及模拟计算 ［M］. 北京：中国环境科学出版社, 1987.

［13］郭仲伟. 风险分析与决策 ［M］. 北京：机械工业出版社, 1987.

［14］高荣松. 环境影响评价原理与方法 ［M］. 四川：四川科学技术出版社. 1989.

［15］国家环境保护局. 大气环境影响评价实用技术 ［M］. 北京：中国环境科学出版社, 1991.

［16］国家环保局开发监督司. 工业危险评价技术指南 ［S］. 1992, 6：26～27.

［17］国家环保局开发监督司. 环境影响评价技术原则和方法 ［M］. 北京：北京大学出版社, 1992.

［18］史宝忠. 建设项目环境影响评价 ［M］. 北京：中国环境科学出版社, 1993.

［19］叶文虎, 栾胜基. 环境质量评价学 ［M］. 北京：高等教育出版社, 1994.

［20］李家华. 环境噪声控制 ［M］. 北京：冶金工业出版社, 1995.

［21］席立德. 清洁生产 ［M］. 重庆：重庆大学出版社, 1996.

［22］毛文锋, 吴仁海. 建议我国开展累积影响评价的理论与实践研究 ［J］. 上海：环境科学研究, 1998, 6（6）：61～65.

［23］陆雍森. 环境评价（第二版）［M］. 上海：同济大学出版社, 1999.

［24］林逢春. 累积影响评价理论、方法与实践研究 ［D］. 上海：同济大学博士论文, 1999.

［25］国家环境保护总局监督司. 中国环境影响评价培训教材 ［M］. 北京：化学工业出版社, 2000.

［26］何德文, 陆雍森. 试论区域环境影响评价的有效性与公众参与 ［J］. 上海：环境科学研究, 2000, 19（1）：7-9.

［27］丁桑岚. 环境评价概论 ［M］. 北京：化学工业出版社, 2001.

［28］陆书玉. 环境影响评价［M］. 北京：高等教育出版社，2001.

［29］邓南圣，王小兵. 生命周期评价［M］. 北京：化工出版社，2003.

［30］尚金城，包存宽. 战略环境评价导论［M］. 北京：科学出版社，2003.

［31］蔡艳荣. 环境影响评价［M］. 北京：中国环境科学出版社，2004.

［32］徐新阳. 环境影响评价教程［M］. 北京：化学工业出版社，2004.

［33］罗云等. 风险分析与安全评价［M］. 北京：化学工业出版社，2004.

［34］包存宽，陆雍森，尚金城. 规划环境影响评价方法及实例［M］. 北京：科学出版社，2004.

［35］崔莉凤. 环境影响评价和案例分析［M］. 北京：中国标准出版社，2005.

［36］朱坦. 战略环境评价［M］. 天津：南开大学出版社，2005.

［37］金腊华，邓家全，吴小明. 环境评价方法与实践［M］. 北京：化学工业出版社，2005.

［38］张凯，任丽军. 山东省战略环境评价方法与应用研究［M］. 北京：科学出版社，2005.

［39］柴立元，何德文. 环境影响评价学［M］. 长沙：中南大学出版社，2006.

［40］胡二邦. 环境风险 – 评价使用技术和方法［M］. 北京：中国环境科学出版社，2006.

［41］陈怀满. 环境土壤学［M］. 北京：科学出版社，2006.

［42］王罗春，何德文，赵由才. 危险化学品废物的处理［M］. 北京：化学工业出版社，2006.

［43］朱世云，林春锦. 环境影响评价［M］. 北京：化学工业出版社，2007.

［44］刘绮，潘伟斌. 环境质量评价（第二版）［M］. 广州：华南理工大学出版社，2008.

［45］何德文，李铌，柴立元. 环境影响评价［M］. 北京：科学出版社，2008.

［46］郝吉明，马广大等. 大气污染控制工程（第三版）［M］. 北京：高等教育出版社，2008.

［47］李铌，何德文，李亮. 环境工程概论［M］. 北京：中国建筑工业出版社，2008.

［48］中华人民共和国环境保护部. 环境影响评价技术导则　大气环境（HJ 2.2—2008）［S］. 北京：中国环境科学出版社，2009.

［49］中华人民共和国环境保护部. 环境影响评价技术导则　总纲（HJ 2.1—2011）［S］. 北京：中国环境科学出版社，2012.

［50］李爱贞，周兆驹等. 环境影响评价实用技术指南（第2版）［M］. 北京：机械工业出版社，2011.

［51］钱瑜. 环境影响评价（第二版）［M］. 南京：南京大学出版社，2012.

［52］王宁，孙世军. 环境影响评价［M］. 北京：北京大学出版社，2013.

［53］中华人民共和国环境保护部环境工程评估中心. 环境影响评价技术方法［M］. 北京：中国环境科学出版社，2013.

［54］中华人民共和国环境保护部环境工程评估中心. 环境影响评价技术导则与标准［M］. 北京：中国环境科学出版社，2013.